地理信息系统理论与应用丛书

遥感地学应用

明冬萍　刘美玲　编著

科学出版社

北　京

内 容 简 介

本书作者针对遥感地学应用技术体系繁芜庞大的特点，结合地理信息及遥感相关专业多年的教学和科研实践，编写了这本教材。作为遥感地学应用高级进阶教材，本书在内容上以"不同数据源—不同信息提取手段—不同应用领域"为主线，涵盖中低空间分辨率遥感影像像元分类、高空间分辨率影像信息提取、遥感指数计算、定量遥感统计模型、定量遥感物理模型、主动式遥感三维信息获取等核心内容，在介绍原理和方法的基础上配以应用案例。本书作者将后续出版相应的《遥感地学应用实验教程》。

本书可用作地理信息科学、遥感科学与技术等相关专业本科生及研究生相关课程的教材，也可作为资源环境相关领域高年级本科生、研究生，以及广大教学科研人员的工作、学习的参考资料。

图书在版编目（CIP）数据

遥感地学应用/明冬萍，刘美玲编著. —北京：科学出版社，2017.9
（地理信息系统理论与应用丛书）
ISBN 978-7-03-054284-7

I. ①遥… II. ①明… ②刘… III. ①地质遥感–应用 IV. ①P627

中国版本图书馆 CIP 数据核字(2017)第 212724 号

责任编辑：彭胜潮 丁传标 / 责任校对：张小霞
责任印制：吴兆东 / 封面设计：陈 敬

科 学 出 版 社 出版
北京东黄城根北街 16 号
邮政编码：100717
http://www.sciencep.com

北京市金木堂数码科技有限公司印刷
科学出版社发行 各地新华书店经销
*

2017 年 9 月第 一 版 开本：787×1092 1/16
2025 年 1 月第五次印刷 印张：15 1/4 插页：6
字数：346 000
定价：98.00 元

(如有印装质量问题，我社负责调换)

前　言

根据教育部高等教育发展规划的精神，以及地理信息科学专业培养教育目标，结合遥感和地理信息系统相关专业多年的教学和科研实践，编写了《遥感地学应用》及其配套的《遥感地学应用实验教程》。作为遥感地学应用高级进阶教材，本书可用作地理信息系统、遥感科学与技术等相关专业本科生、研究生，以及广大教学科研人员的工作、学习的参考资料。

本书以"不同数据源—不同信息提取手段—不同应用领域"为内容主线，介绍利用遥感数据进行空间几何信息和空间属性信息提取的基本原理、方法技术及应用。第1章介绍遥感地学应用相关概念及遥感技术发展趋势；第2章介绍传统遥感常用分析方法；第3章介绍遥感地学应用方法体系；第4章介绍中低分辨率遥感像元分类；第5章介绍高空间分辨率影像信息提取；第6章介绍遥感指数计算及应用；第7章介绍定量遥感模型及应用；第8章介绍主动式遥感三维信息获取。

在本书的编写过程中，得到了中国地质大学（北京）教务处、信息工程学院的大力支持，刘湘南教授和郑新奇教授对本书的编写提供了很多建设性意见，在此表示感谢！感谢硕士生张慧丽、张仙、冯桂香、马燕妮、陈扬洋、闫鹏飞、闫东阳、邱玉芳、宋海航、周文、逯婷婷、洪昭立、周科琦在资料收集和文稿校对过程中的帮助！

由于遥感技术体系繁芜庞大，本书难以面面俱到，但旨在从遥感技术体系认知层面，帮助学生及遥感工作者梳理遥感信息提取技术体系脉络，初步领会遥感地学应用方法与技术之道。由于编者水平有限，书中难免有不妥之处，恳请各位前辈、同行、同学批评指正！

目　　录

第1章 概　　述

　　遥感技术是于 20 世纪 60 年代兴起并迅速发展起来的一门综合性对地观测技术。1960 年美国发射的第一颗气象卫星掀开了人类对地观测的新时代。从此，人类开始从新的视角来重新认识自己赖以生存的地球。经过 50 多年的发展，航天与航空遥感，结合探空火箭和气球遥感，构成了全球综合观测系统，遥感科学技术体系得到了长足的发展，为人类认识国土、开发资源、监测灾害、评价环境、分析全球变化等找到了新的途径（周成虎等，2009）。人类获取地球系统数据的手段和对地球系统的认知方式也发生了改变，遥感技术已成为大气、陆地、海洋等地学研究的基础支撑。

1.1　遥感地学应用相关概念

　　遥感（remote sensing）即"遥远的感知"，可从广义和狭义两个角度来理解（陈述彭和赵英时，1990；梅安新等，2001）。

　　从广义理解，遥感泛指一切无接触的远距离探测，包括对电磁场、力场、机械波（声波、地震波）等的探测。对重力、磁力的空间探测称为地球物理探测，主要应用于区域测量、地质找矿、工程测量等；对水体的声波测量，主要用于水下测量，如海洋环境探测或河道水下地形探测等；对地震波的探测，主要用于石油资源勘测。在实际工作中，我们将这些探测划分为物探（物理探测）的范畴，而只有用于电磁波谱探测或基于电磁辐射测量的对地观测范畴属于遥感。

　　从狭义理解，遥感是使用探测仪器，在不与探测目标相接触，从远处把目标的电磁波特性记录下来，通过进一步分析，揭示出目标物体的特征性质及其变化的综合性探测技术。

　　因此，综合起来遥感技术指的是在不同高度的平台上，利用各种传感器，在不直接与地球表层观测目标或现象接触下的情况下，接收来自各类目标或现象的电磁波信息，再通过信息处理、加工、分析，揭示出目标或现象的结构性质及其变化的综合性空间探测技术。

　　地学是以我们所生活的地球为研究对象的学科的统称，通常包含地质学、地理学、海洋学、大气物理等学科。其中地理学是研究地球表面自然现象和人文现象，以及它们之间的相互关系和区域分异的学科，简单说就是研究人与地理环境关系的学科；地质学是关于地球的物质组成、内部构造、外部特征、各圈层间的相互作用和演变历史的学科和知识体系；海洋学是研究海洋中各种现象及其规律和各组成部分之间相互联系与作用的科学；大气物理学是研究大气的物理现象、物理过程及其演变规律的学科，是大气科学的一个分支[①]。

---

① http://baike.baidu.com/link?url=f0Ne-Cnmh9XaP4qSHmJF9z7_MOJntUBQFMq6SLbuySF1cW0_xdm8rUAezb9RoEL6xMws3Pi2JvA-UBlGQBXvma. 百度百科. 2016-02-23。

地学遥感则是以电磁波与地球表面物质相互作用为基础，探测、分析和研究地球资源与环境，揭示地球表面各要素的空间分布与时空变化规律的一门学科技术（薛重生等，2011）。

遥感信息主要反映的是地球表层信息。由于地球系统的复杂性和开放性，地表信息是多维的、无限的，而又由于遥感信息传递过程中的信息衰减等局限性，以及遥感信息之间的复杂相关性，决定了遥感信息的不确定性和多解性。遥感应用研究的本质就是通过对遥感信息进行综合分析，建立与分析目标相应的信息流映射关系模型，从而导出地物的生物、物理属性，或进行目标识别和空间分布划分，因此遥感应用研究的基础是需要根据地学应用的目的来建立一定的遥感信息的处理和分析模型。遥感地学应用则是指以地学规律为基础，通过建模，从简单到复杂地分析图像，从少到多地利用图像，从遥感数据中获取需要的信息，来复原、反演并揭示地表甚至地球内部各种现象、格局和过程的规律，并最终服务于地学问题的解决。

1.2 遥感信息地学评价标准

遥感地学评价是在深入分析遥感数据基本属性（多平台、多波段、多时相），并透彻了解遥感研究对象的地学属性（空间分布、波谱反射与辐射特征及时相变化），以及由于时间、地理位置变化而引起的光谱响应的变化（即光谱响应的时间效应与空间效应）的基础上，把这些信息与遥感信息本身的物理属性（空间分辨率、波谱分辨率、时间分辨率）对应起来，从而获得较好的分析结果。因此，在介绍遥感数据地学评价指标之前，先简单介绍一下遥感数据的基本属性和遥感研究对象的地学属性。

1.2.1 遥感数据的基本属性

遥感技术的发展、采集手段的多样性，以及观测条件的可控性等，确保了遥感信息的多源性，包括多平台、多波段、多时相、多视场、多极化、多角度等，这里重点介绍遥感信息的三种基本属性：多平台、多波段和多时相。

1. 多平台

遥感平台是用来安置各种传感器的运载工具，使传感器从一定高度或距离对地面目标进行探测。现代遥感平台种类多样，距地距离、观测范围、运行速度、图像分辨率、应用目的等也不尽相同，构成了对地球表面观测的立体观测系统。现代常用遥感平台类型及其特点和应用目的见表1.1。

2. 多波段

遥感应用的电磁波谱范围主要是紫外线 UV（0.3～0.38μm）—可见光 VIS（0.38～0.74μm）—近红外 NIR（0.74～1.3μm）—短波红外 SWIR（1.3～3μm）—中红外 MIR（3～6μm）—远红外 FIR（6～15μm）—微波 MW（1mm 至 1m）。其中紫外—远红外（0.3～15μm）为光学波段。不同波长的电磁波与物质的相互作用有很大差异，即物体在不同波段的光谱特征差异很大，因此研制出不同的传感器，利用多种不同的波谱通道来采集信息，如图 1.1 所示。

表 1.1 遥感平台类型和特点（陈述彭和赵英时，1990）

遥感平台			高度/km	分辨率/m	应用目的
航天遥感	宇宙飞船		250～900		宇宙探测
	轨道卫星	气象卫星	36000	1000～4000	地球观测、天气分析、降水径流估算，雪被及全球性研究
			800～1600		
		陆地卫星	200～1000	10～80	地球观测、地质构造、资源清查、环境监测等
		海洋卫星	700～1000	25～1000	海温、海流、海冰、海水污染等
	航天飞机		250	20～40	资源环境与调查、侦察
	探测火箭	资源火箭	200～280	100000～150000	资源环境与调查、侦察
		气象火箭	20～80		气象、环境调查
航空遥感	气球	漂浮气球	20～50	10～15	资源环境与调查、侦察
		系留气球	1～20	1～10	资源环境与调查、侦察
	航空飞机	高空飞机	10～20	1～4	资源环境与调查、航测
		中空飞机	5～8	0.5～1	资源环境与调查、航测
		低空飞机	0.5～4	0.1～0.5	资源环境与调查、航测
近地面遥感	高塔		0.03～0.5		定点观测、波谱测试、机制分析
	遥感车		0.01～0.03		波谱测试、机制分析、仪器标定、胶片检验
	近地面观测		0.0015		实况调查、胶片检验、波谱测试

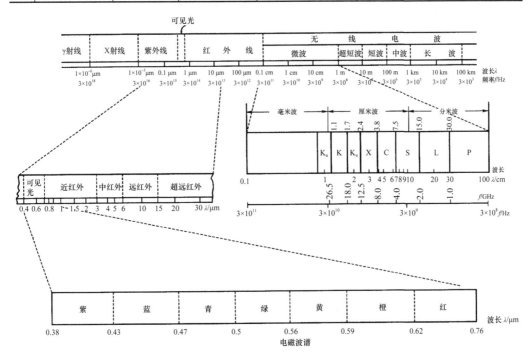

图 1.1 遥感系统的电磁波谱范围

3. 多时相

遥感探测器按照一定的时间周期重复采集数据,即可以按固定周期实现对地球重复覆盖。因此,可以得到同一区域不同时间的数据。这种属性可以用于地表演变、遥感监测等动态分析。由于遥感平台的高度、运行周期、轨道间隔、轨道倾角、视场角等参数多样性,所以重复观测的时间周期也各不相同,如陆地卫星每隔9~18天重复采集数据,气象卫星每隔0.5~2小时重复采集数据等。

以上构成了遥感信息多源性的主要方面,而多源性属性决定了遥感信息的三个物理属性,即空间分辨率、光谱分辨率和时间分辨率。这三个物理属性是度量和描述遥感数据信息的标准,也就是遥感信息地学评价的标准。

1.2.2　遥感研究对象的地学属性

在遥感应用研究中,以上三个遥感基本属性对应到遥感研究对象中,也存在着三个基本地学属性,即空间分布、波谱反射和辐射特征、时相变化。这是一切自然界地物存在的基本特性(陈述彭和赵英时,1990)。

1. 空间分布

自然界中所有地学研究对象,均具有一定的空间分布特征。按照其空间分布的平面形态,地面对象可分为以下三类:面状、线状和点状。研究对象的空间分布特征可根据以下几方面来确定:①空间位置;②大小(对于面状目标而言);③形状(对于面状或线状目标而言);④相互关系。空间位置、大小、形状三个特征针对单个目标而言,可以用一些数据来表示。

点状目标的空间位置由其实际位置或中心位置的$(x、y)$坐标确定;线状目标的空间位置由线性形迹的一组$(x、y)$坐标对确定;面状目标的空间位置由其界线的一组$(x、y)$坐标对来确定。面状目标的大小可通过坐标计算求得。通过坐标也可相应地求得反映自然景观单元区域分异程度的形状参数。

空间相互关系针对的是某个区域地面目标集合。地面目标往往受某种空间分布规律的影响,该分布呈现一定的空间组合形式,这种形式仅单一目标是难以反映出来的,如区域内不同类型地质体的有规律排列,从而形成独特的空间结构(线性结构、弧形结构、环形结构等)。这种特有的空间组合形式,可作为遥感影像目标识别的一个重要依据。

2. 波谱反射和辐射特性

地面景观(或物质)都具有自己特有的波谱反射和辐射特性。组成物质的最小微粒——原子的振动、分子的转动及电子的能级跃迁引起物质电磁波的发射和吸收作用。任何物质本身都具有发射、吸收和反射电磁波的能力和基本特征。相同物质具有相同的电磁波谱特征,不同的物质由于物质组成和结构的不同,产生的电磁波谱特征存在差异,如图1.2所示。因此,可以根据传感器接收到的电磁波谱特征的差异来识别不同的地物,这是遥感的理论基础,也是遥感的基本出发点。

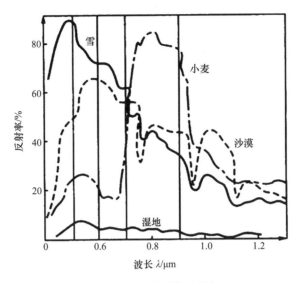

图 1.2 不同物质的反射率

地物波谱特征的研究，不仅能为传感器的研制、频道的选择提供直接的科学依据，还能为在具体应用中选择合适波段，在遥感影像处理中建立影像分析的定量标准来有效提取专题信息，甚至为成像机理分析提供重要依据。因此，系统地测定地物波谱及相关特征的研究是遥感重要的基础研究之一。

3. 时相变化

地面对象都具有时相变化，时相包含两方面的含义：一是自然变化过程，即其发生、发展和演化过程；二是节律，即事物的发展在时间序列上表现出某种周期性重复变化的规律，如每天的日出日落节律变化，农作物生长周期的变化。自然界对象或现象都具有节律这一特征，且不同对象或现象的节律长短不一致。但是，每个遥感研究对象都是处于一定时态中的，都具有一定的时相变化过程。由于遥感影像记录信息是瞬间记录，因此在使用遥感影像进行相关研究和分析时必须考虑研究对象本身所处的时态，不能超越一个瞬时信息所能反映的范围。

例如，统计北京市密云区 2013～2015 年植被覆盖情况，在数据选择时，必须选择相应时间的遥感影像。首先植被覆盖率的统计需在植被生长茂盛的季节，此时是植被统计的最佳时期。其次，涉及三年的植被变化情况，在考虑植被生长情况的同时，最好选择同时期的（日期相近的或相隔一两天的）数据，如 2013 年选择 6 月 15 日的数据，2014 年和 2015 年最好也选择 6 月 15 日前后两天的数据。这样能减少统计误差，使统计结果更加精确。因此，使用遥感影像进行植被覆盖情况统计时，必须使遥感数据的时间分辨率与研究对象的时相变化相对应，否则难以达到预期的应用目的。

此外，遥感研究时相变化，主要反映在地物目标光谱特征随时间变化而产生的变化上，如同一地区的同一作物，由于处于不同的生长时期，其光谱特征不同，这就是光谱响应的时间效应。可通过动态监测了解该光谱变化过程和变化范围，从而充分认识地物的时间变化特征及光谱特征的时间效应，来确定识别目标的最佳时间，提高识别地物目标的能力。

以上分析说明，若要正确判读遥感数据，必须深入了解研究对象的地学属性（空间分布、波谱反射与辐射特征及时相变化），以及由于时间、地理位置变化而引起的光谱响应变化（即光谱响应的时间效应与空间效应），并把它们与遥感影像本身的物理属性（空间分辨率、光谱分辨率和时间分辨率）对应起来，才能获得较好的分析结果。

1.2.3　遥感信息地学评价标准

基于以上遥感数据的基本属性和遥感研究对象的地学属性分析，构建出遥感信息地学评价标准包括以下三方面（陈述彭和赵英时，1990）。

1. 空间分辨率

空间分辨率又可称地面分辨率，前者是针对传感器或图像而言，指图像上能够详细区分的最小单元的尺寸或大小；后者是针对地面而言，指可识别的最小地面距离或最小目标物的大小。

空间分辨率具有三种表示方法。

（1）像元（pixels）：指瞬时视域内所对应的地面面积，如图 1.3 所示，即一个像元所对应的地面面积的大小，单位为 m。例如，GF-1 PMS 相机可以获取 2m 的全色黑白图像，一个像元相当于地面 2m×2m 的范围，简称空间分辨率 2m。像元是扫描影像的基本单元，是成像过程中或用计算机处理时的基本采样点。

（2）线对数（line pairs）：是对于摄影系统而言，影像最小单元的确定通过 1mm 间隔内包含的线对数，单位为线对/毫米。所谓线对指一对同等大小的明暗条纹或规则间隔的明暗条纹对。

（3）瞬时视场（IFOV）：指传感器内单个探测元件的受光角度或测试视野，单位为毫弧度（mrad）。一个瞬时视场内的信息，表示一个像元；瞬时视场越小，得到的光通量越小，最小可分辨单元（可分像素）越小，空间分辨率越高。

需要注意的是，在遥感地学应用中，不同的自然现象有不同的最佳观测距离和尺度，并不一定是距离越近越好，观测越细微越好。

2. 波谱分辨率

波谱分辨率指传感器在接收目标辐射的波谱时能分辨的最小波长间隔。波谱分辨率决定了传感器所选用的波段数目、波段波长位置、波段宽度。波段的波长范围越小，波段越多，波谱分辨率越高，专题研究的针对性越强，对物体的识别精度越高，遥感应用分析的效果也就越好。

如图 1.4 所示，陆地卫星多波段扫描仪（MSS）和专题制图仪（TM），在可见光范围内，MSS 3 个波段的波谱范围均为 0.1μm；TM1～3 波段的波谱范围分别是 0.07μm、0.08μm 和 0.06μm。后者波谱分辨率高于前者。MSS 共有 4～5 个波段；TM 共分 7 个波段，也说明后者波谱分辨率高于前者。因地物波谱反射或辐射电磁波能量的差别，最终反映在遥感影像的灰度差异上，故波谱分辨率也反映区分不同灰度等级的能力。例如，

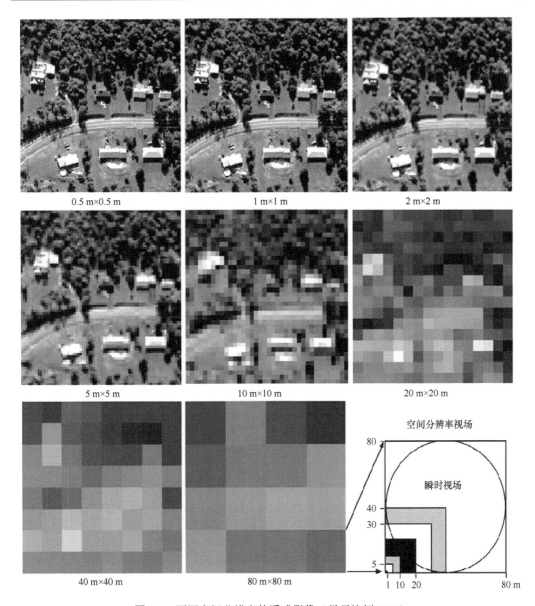

图 1.3　不同空间分辨率的遥感影像（显示比例 65%）

MSS 多波段扫描仪在可见光的 3 个波段能区分 128 级，而第 4 波段（波长范围 0.3μm）只能区分 64 级，可见光波段波谱分辨率比近红外波段高。

波谱分辨率是评价遥感传感器探测能力和遥感信息容量的重要指标之一。提高波谱分辨率，有利于选择最佳波段或波段组合来获取有效的遥感信息，提高判读效果。但对扫描型传感器来说，波谱分辨率的提高不仅取决于探测器性能的改善，还受空间分辨率的制约。

3. 时间分辨率

时间分辨率是指遥感影像成像间隔时间的一项性能指标，指对同一地点进行重复覆

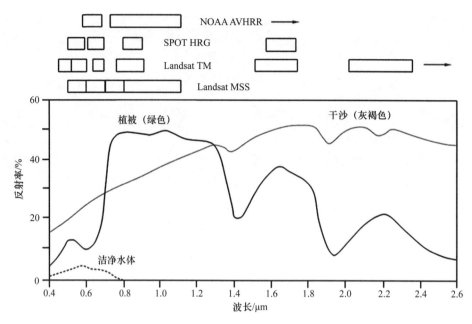

图 1.4　不同传感器的波谱分辨率

盖采样的时间间隔，即采样的时间频率，也称重访周期。时间间隔大，时间分辨率低，反之时间分辨率高。时间分辨率主要由飞行器的轨道高度、轨道倾角、运行周期、轨道间隔、偏移系数等参数所决定。

时间分辨率是评价遥感系统动态监测能力的重要指标。根据地球资源与环境动态信息变化的快慢，可选择适当的时间分辨率范围。按研究对象的自然历史演变和社会生产过程的周期划分为 5 种时间分辨率类型。

（1）超短期的，如台风、寒潮、海况、渔情、城市热岛等，需以小时计。例如，气象卫星的时间分辨率多是以小时计，地球静止卫星更是实现了实时的信息获取。

（2）短期的，如洪水、冰凌、旱涝、森林火灾或虫害、作物长势、绿被指数等，要求以日数计。例如，常见的各种高空间分辨率商用卫星的重访周期一般为 3～7 天。

（3）中期的，如土地利用、作物估产、生物量统计等，一般需要以月或季度计。例如，各种地球资源卫星的重访周期一般为 15～30 天。

（4）长期的，如水土保持、自然保护、冰川进退、湖泊消长、海岸变迁、沙化与绿化等，则以年计。

（5）超长期的，如新构造运动、火山喷发等地质现象，可长达数十年以上。

目前的对地观测遥感卫星的时间分辨率主要体现为以上（1）～（3）三种类型。而从地学研究的角度来讲，目前的遥感卫星因其较高的时间分辨率能充分获得长周期的遥感观测数据，则完全能满足那些长期或者超长期的地学过程问题的研究需要。例如，城市扩张是一个长期的动态变化过程，利用时间分辨率 20 天左右的 Landsat 卫星影像可以很细致地展示其长期的城市演变过程。图 1.5（彩图 1.5）显示了美国拉斯维加斯从 1984～2001 年的城市扩张过程。

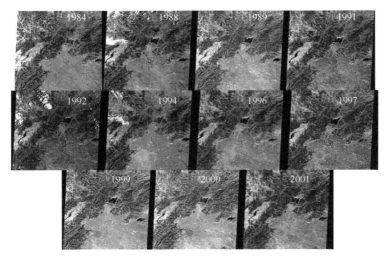

图 1.5 美国拉斯维加斯城市扩张过程（1984～2001 年，Landsat 影像）

1.3 遥感技术的发展

最早使用"遥感"一词的是美国海军研究局的艾弗林·普鲁伊特（Evelyn L. Pruitt，1960）。1961 年，在美国国家科学院（National Academy of Sciences）和国家研究理事会（Nation Research Council）的资助下，密歇根大学（University of Michigan）的威罗·兰（Willow Run）实验室召开了"环境遥感国际讨论会"之后，在世界范围内遥感作为一门新兴的独立学科，获得了飞速的发展。但是，自从 17 世纪人类成功发明望远镜至今，遥感学科的技术积累和酝酿却经历了几百年的历史和发展阶段（梅安新等，2001），遥感数据获取技术也呈现出"三高"和"三多"的趋势。

1.3.1 遥感技术经历的几个发展阶段

1608 年，人类发明望远镜之后，就开始了无记录的遥感阶段。自 1839 年开始，遥感技术开始使用气球、风筝与鸽子，到后来的飞机等常规的航空摄影平台获取航摄影片，这些航空影片只能获取可见光部分的混合信息，所获取的资料为全色黑白影片和天然彩色航摄影片。此阶段被称为遥感技术的萌芽阶段。

1931 年，红外航空胶片试验成功，首次获取了目标物的不可见信息，20 世纪 60 年代，多光谱摄影被用于航空勘测上，标志着遥感数据获取进入非常规航空摄影阶段，即航空遥感阶段。与常规航空摄影相比，其获取的目标物信息，或者为不可见光的，或者是同一目标的多波段信息的。第二次世界大战期间，德国与美国已开始试验性应用非摄影方式遥感，50 年代以来，以热红外扫描、多光谱扫描和机载侧视雷达技术等为主要代表的非摄影方式成像系统，进行了大量的理论研究和实验。到了 60 年代，它们以崭新的面貌正式的加入遥感技术系统中，成为遥感技术发展中的一个重要的里程碑。

20 世纪 60 年代初期，随着空间技术的不断发展，人们开始从卫星或载人飞船平台上观察地球，美国当时用照相机从"泰罗斯"（Tiros）、"云雨"（Nimbus）等气象卫星上，从双子星座（Gemini）和阿波罗（APOLLO）等载人飞船上，拍摄了世界上第一批地球卫星像片，标志着遥感数据获取进入航天遥感阶段。

紧接着一系列的地球资源卫星、气象卫星得以发展。20 世纪 80 年代，各国遥感技术迅猛发展。到了 90 年代一系列的新思想、新技术、新概念、新工艺逐渐成熟，迎来了星载雷达和高光谱遥感的快速发展。进入 21 世纪以来，高空间分辨率卫星迅猛发展。美国、以色列、印度、日本、欧洲等主要航天大国和地区纷纷推出了自己的商业化遥感卫星系统。我国的高分遥感卫星主要由政府运作，近年来民间资本也开始进入遥感卫星产业（如 2005 年 7 月发射的"北京一号"小卫星）。目前高分辨率遥感卫星的商业化进程和行业应用已经成为国际潮流。

1.3.2　遥感技术发展趋势

卫星遥感是综合对地观测的重要组成部分，也是国际对地观测技术竞争的关键点之一。随着空间技术和传感器技术的不断发展，遥感技术呈现出"三高"（高空间分辨率、高光谱分辨率和高时间分辨率）和"三多"（多平台、多传感器和多角度）的发展趋势（李德仁，2003），一个多层次、多角度、全天候、多分辨率互补的全球观测网络正在逐步形成。对地观测卫星影像的空间分辨率在 20 世纪每 10 年提高一个数量级，1～5m 的空间分辨率已经成为 21 世纪前 10 年新一代民用遥感卫星的基本指标；21 世纪第二个 10 年又进入了亚米级时代；中等空间分辨率遥感卫星的时间分辨率已经达到 1 天以内，意味着人类已经具备每天对地球任意区域进行卫星监测的能力；遥感卫星的光谱分辨率已经从 20 世纪 70 年代的 50～100μm 发展到目前的 5～10μm；能够穿透云层和植被的微波遥感及其自动测图技术，使人类不受天气的影响，实现全天候对地观测（周成虎等，2009）。

遥感技术是一个复杂的技术系统，包含从遥感数据获取、遥感数据处理、遥感数据应用和服务的整个技术链条，因此遥感技术的发展总体上也体现在以下几个方面。

1. 遥感数据获取技术的发展

1）遥感数据获取技术逐渐趋向"三多"

短短几十年，遥感数据获取手段得到迅速发展，所能获得的数据源种类越来越多。包括多平台、多空间分辨率、多时相、多光谱等。其中，多平台有地球同步轨道卫星（35000 km）、太阳同步卫星（600～1000 km）、太空飞船（200～300 km）航天飞机（240～350 km）、探空火箭（200～1000 km），还有高、中、低飞机，无人飞机，以及地面车载、船载、手提、固定或活动高架平台等。传感器有框幅式光学相机，缝隙、全景相机，光机扫仪，光电扫描仪，CCD 线阵、面阵扫描仪，微波散射计，雷达测高仪，激光扫描仪和合成孔径雷达等，这些传感器几乎覆盖了可透过大气窗口的所有电磁波段。其中，三行 CCD 阵列传感器可以同时获得 3 个不同角度的扫描成像，EOS Terra 卫星上的 MISR

可同时从 9 个不同角度对地扫描成像（李德仁，2003）。

　　2）遥感技术获取的数据逐渐趋向"三高"

　　从空间分辨率上来讲，遥感卫星数据的空间分辨率范围涵盖了从气象卫星的千米级到资源卫星的数十米、十几米级，再到普通商用高分卫星的米级、亚米级，甚至军事侦察卫星的 0.1m。我国在 2010 年 5 月全面启动"高分专项"，计划到 2020 年建成我国自主的陆地、大气和海洋观测系统。截至目前为止，成功发射了"高分一号"和"高分二号"光学遥感卫星，其中"高分二号"卫星影像的全色波段的空间分辨率已达 0.8m。今后将陆续发射"高分三号"（1m 分辨率雷达遥感卫星）和"高分五号"（装有高光谱相机和多部大气环境和成分探测设备[①]）等高性能新型遥感卫星，进一步丰富中国自主高分辨率遥感数据类型。

　　在光谱分辨率上，高光谱遥感的出现和发展是遥感技术的一场革命，它使本来在宽波段遥感中不可探测的物质，在高光谱遥感中能被探测。目前的卫星遥感高光谱分辨率已达到 5～6nm，500～600 个波段，如在轨的美国 EO_1 高光谱遥感卫星，具有 220 个波段；EOS AM_1（Terra）和 EOS PM_1（Aqua）卫星上的 MODIS 具有 36 个波段的中等分辨率成像光谱仪。我国的环境减灾 HJ1 小卫星于 2008 年 9 月 6 日顺利升空，其中 A 星搭载了我国自主研制的空间调制型干涉高光谱成像仪（HSI），其对地成像幅宽为 50km，星下点像元地面分辨率为 100m，在工作谱段 459～956nm 内有 115 个波谱通道，重访观测周期 96 小时。在未来的几年里，我国还将发射由上海微小卫星工程中心研制的光谱分辨率小于 5nm、空间分辨率在 15m 左右、波段数大于 300 的高光谱遥感卫星[②]，届时我国的高光谱遥感探测能力将达到国际先进甚至领先水平。

　　在时间分辨率方面，小卫星技术的发展进一步提高了时间分辨率，通过发射地球同步轨道卫星、合理分布的小卫星星座，以及传感器的大角度倾斜，感兴趣地区的遥感图像获取周期可以提高到 1～3 天。美国、加拿大、德国等国家已经先后建立了各自的遥感系统，我国也正在全方位地推进遥感数据获取手段，形成自主的高时间分辨率的、对环境与灾害进行实时监测的小卫星群（李德仁，2003）。作为我国高分专项工程首批启动立项的重要项目之一，2015 年 12 月 29 日 0 时 04 分成功发射的地球同步轨道高分四号卫星为 50m 空间分辨率实时光学成像卫星，也是目前世界上空间分辨率最高、幅宽最大的地球同步轨道遥感卫星，同时该卫星还是目前我国时间分辨率最高、设计使用寿命最长的遥感卫星。

　　3）新型传感器不断涌现，微波遥感、激光雷达遥感迅速发展

　　遥感在短短不到 40 年的时间里，无论在理论、技术和应用方面均得到了迅猛发展。20 世纪的后半叶，不断研制出新型传感器，未来诸多领域倾向于合成孔径雷达、成像光谱仪的广泛应用。微波遥感技术是近十几年发展起来的具有广阔应用前景的主动式探测方法。微波具有穿透性强、不受天气影响的特性，可全天时、全天候工作。微波遥感采

用多极化、多波段及多工作模式,形成多级分辨率影像序列,以提供从粗到细的对地观测数据源[①]。随着卫星和雷达技术的高速发展,雷达遥感能力也在不断的提高,雷达技术从 SAR(synthetic aperture radar)发展到 InSAR(interferometric synthetic aperture radar)和 DInSAR(Differential InSAR),特别是双天线 InSAR 使高精度三维地形及其变化测定成为可能,SAR 雷达遥感可获取的目标信息越来越多,应用领域越来越广(董玲等,2014)。例如,美国"奋进"(Endeavour)号航天飞机于 2000 年 2 月 11 日发射,经过 9 天多的在轨雷达对地测量,采用干涉测量技术(即在一架航天飞机上安装了两个雷达天线,对同一地区一次获取两幅图像,然后通过影像精匹配、相位差解算、高程计算等步骤得到被观测地区的高程数据)绘制出了 56°S~60°N,占全球面积 75%的三维世界地图,其精度高出传统地图 100 倍。若按现行先进的 GPS 航空摄影测量技术,在一年能够测绘出 1000 万 km² 面积三维地图的情况下,也需要几十年时间才能完成。

激光雷达近年的发展也越来越引起人们的关注。目前,激光雷达以其无可比拟的优越性能,已经发展成既可"上九天"拍摄月球三维图像,又可"下五洋"进行水下探测和建模的探测雷达,广泛应用于森林调查、海水深度海浪高度测量、海水盐温等参数测量、大气和气象环境监测、土地及地质测绘、城市三维建模等方面。

4)遥感数据获取技术趋于智能化和自动化

遥感数据获取技术智能化体现为遥感传感器的可编程。遥感数据的获取不仅可以按照传感器预设的方式进行扫描,而且可以根据具体需求由地面进行控制编程,用户可以获得多角度、多分辨率的数据。同时,可通过智能化的传感器进行在轨数据处理,包括图像自动融合、图像自动配准、基于统计和基于结构的目标识别与分类等,处理完之后发送回来的有可能直接为信息,不一定都是影像数据(李德仁,2003;孙显等,2011)。

2. 遥感数据处理与应用服务的发展

从总体上来说,目前遥感地学分析的发展大致覆盖了几个方面:①传统地学分析方法支持下的遥感信息地学分析;②GIS(geographic information system)支持下以地学辅助信息和遥感信息相结合的遥感综合地学分析;③人工智能理论和方法支持下的智能化遥感信息处理和分析。一方面,目前遥感地学分析研究的前沿和发展方向是在传统定性化地学分析方法和数理统计、神经计算、演化计算等新型人工智能理论与计算技术支持下,建立智能化地集成地学知识、地理信息和遥感信息等处理分析模型的综合遥感影像地学理解与分析系统。另一方面,随着新型传感器的不断涌现,相应的数据处理和应用技术也随之快速发展,如雷达干涉技术、影像融合技术等。具体来说,遥感数据处理与应用呈现出以下四方面的发展趋势。

1)定量化和精细化水平逐步提高

遥感科学的本质是为了获得有关地物目标的几何与物理特性,遥感技术从定性判读向信息系统应用模型及专家系统支持下的定量分析发展,定量遥感成为当前遥感研究与

---

① http://www.cehui8.com/3S/RS/20141022/2602.html. 中国测绘网. 2014-10-22.

应用的前沿领域。定量遥感是利用遥感传感器获取的地表地物的电磁波信息，在先验知识和计算机系统支持下，定量获取观测目标参量或特性的方法与技术。作为新兴的遥感信息获取与分析方法，定量遥感强调通过数学的或物理的模型将遥感信息与观测地表目标参量联系起来，定量地反演或推算出某些地学目标参量（李小文，2005）。同时，随着"空天地"立体化遥感观测体系逐步建立，传感器物联网技术、数据融合和同化处理等技术研究的不断深入，遥感应用也呈现出精细化发展的趋势，如精准农业、世界自然遗产及风景名胜区、城市建筑节能、园林绿化、城市污水垃圾处理、保障房建设进度、市政设施、饮用水水源安全等领域的精细化管理都对遥感技术有应用需求（郭理桥等，2013），地理信息系统为遥感提供了各种有用的辅助信息和分析手段，提高遥感信息的识别精度。

2）遥感数据处理与应用自动化和智能化水平逐步提高

随着多种新型传感器和遥感平台的出现与成熟，遥感数据获取的能力得到了显著地增强，也为遥感数据的处理与应用带来了新的机遇与挑战（万幼川和张永军，2009）。为了更好地发挥遥感为国民经济建设服务的巨大潜力，必须从技术上建立一个自动化和智能化的空间对地观测数据处理系统（李德仁，1994）。计算机自动化信息提取方法发展迅速，在数理统计模型上增加特征知识维数，结合地学规则和知识，将神经网络、支撑向量机、模糊集，构建基于知识的遥感信息提取技术系统，既可以发挥图像解译专家知识的指导作用，在一定程度上为模式识别提供经验性的知识，又可以利用数字遥感图像本身提供的特征，提高计算机解译的灵活性。遥感与 GIS 的集成也从一定程度上推进了遥感数据处理与分析的自动化水平。与此同时，国际上相继推出了一批高水平的遥感图像处理商业软件包，用以实现遥感的综合应用。

3）综合应用的深度和广度不断扩展

目前，遥感技术正经历着一场质的变化，综合应用的深度和广度不断扩展，表现为从单一信息源分析向包含非遥感数据的多源信息的复合分析方向发展；从静态研究向多时相的动态研究发展。另外，通过遥感的定量分析，从区域专题研究向全球综合研究发展，实现从室内的近景摄影测量到大范围的陆地、海洋信息的采集乃至全球范围内的环境变化监测，利用多时像影像数据自动发现地表覆盖的变化趋向实时化。

4）商业遥感时代的到来

近年来，在国家政策和体制的推动下，卫星产业逐渐走向"军、民、商"的融合，商业化趋势日益明显，世界各主要航天大国相继研制出各种以对地观测为目的的遥感卫星，并逐步向商用化转移。因此，国际上商业遥感卫星系统得到了迅速发展，产业界特别是私营企业直接参与或独立进行遥感卫星的研制、发射和运行，甚至提供端对端的服务，也是目前遥感发展的一大趋势。但目前总体上来说，与已经在市场上逐步站稳脚跟且产业初具规模的卫星通信、卫星导航相比，卫星遥感的商业化步伐稍微缓慢，空间产业链的各个环节发展也有较大的差异，大部分应用行业均未形成适应行业应用的相对比较成熟的信息处理软件系统，遥感产业化应用还有待进一步开拓。

3. 遥感研究亟待解决的问题

尽管遥感无论在理论研究方面还是应用领域方面都得到了迅猛发展，但遥感仍处在由定性向定量的过渡阶段，专家的经验和知识还难以有机结合到遥感计算机信息提取过程中，遥感应用的精度和自动化程度还不能完全满足不同用户的需求。我们获取到的遥感数据越来越多，数据堆积和信息渴求的矛盾日益突出，如何有效地存储、管理和使用获取到的数据资料，已成为世界各国科技工作者亟须解决的问题之一；遥感数据的融合与压缩、遥感信息的自动识别、影像理解和应用仍然是未来遥感面临的重要问题；定量遥感、新型数据处理、相关技术的结合等方面与生产应用尚有差距。

综合分析造成这种局面的原因，大致包含以下两方面：一是遥感技术系统及地学现象自身的复杂性决定了遥感基础研究的薄弱，人们对遥感成像机理和地学现象尺度效应认知不足是造成遥感应用瓶颈的直接原因；二是人们对遥感基础研究的投入不足，在过去很长的时期内，遥感发展（尤其是我国的遥感发展）的政策一直以优先发展信息获取环节为指导思想，而忽略了信息处理的重要环节，以至于对于一些基础数学、物理定理在遥感图像像元尺度上的使用不清。这样势必造成实践与理论的脱节，导致我国自主遥感数据源和许多国际先进遥感数据源在未精确处理的情况下不能有效利用。因此，在未来遥感事业中，必须加大基础理论的研究，加强理论与实践的结合，促进遥感事业的长足发展。

此外，遥感数据呈现复杂、巨量、更新快速的大数据特性，遥感数据的爆炸式增长给聚集人类最高智慧的地球影像数据打上鲜明的大数据烙印。然而，大规模遥感数据获取与社会化地理信息服务之间依然存在巨大的"鸿沟"，究其根源，是遥感数据本质认知及大数据计算模式方面缺乏理论基础与关键技术的支撑。从高分遥感"图-谱"本质特性出发构建遥感大数据图谱协同计算模型，探索建立大数据环境下高分数据主动处理、信息按需生产到产品推送更新的多级协同计算体系，发展用户驱动的遥感大数据服务新模式，从众多的遥感大数据中挖掘出更多、更精准的用户关心的信息将是遥感信息提取与计算的一个主要发展方向（王强，2011）。在遥感信息计算过程中，协同计算主要是指多种遥感数据、信息、特征、知识，以及计算过程中用到的计算资源、计算方式等资源的协同，是更好、更快解决遥感信息提取任务的一种重要途径。通过多数据、知识及计算资源的协同计算，能够提高遥感信息提取的精度与效率，更好地实现遥感信息挖掘及遥感应用服务（明冬萍等，2006；沈占锋等，2016）。发展遥感大数据协同计算对于进一步拓展和深化遥感对地观测数据的应用，提升遥感精细化监测与服务能力，促进国产高分数据发挥社会与经济效益，具有十分重要的意义（骆剑承等，2016）。

参 考 文 献

陈述彭, 赵英时. 1990. 遥感地学分析. 北京: 测绘出版社
董玲, 陈彦, 贾明泉. 2014. 雷达遥感机理. 北京: 科学出版社
郭理桥. 2013. 城市精细化管理遥感应用. 北京: 中国建筑工业出版社

李德仁. 1994. 论自动化和智能化空间对地观测数据处理系统的建立. 环境遥感, 9(1): 1-10

李德仁. 2003. 论 21 世纪遥感与 GIS 的发展. 武汉大学学报(信息科学版), 28(1): 127-131

李小文. 2005. 定量遥感的发展与创新. 河南大学学报(自然科学版), 35(4): 49-56

骆剑承, 胡晓东, 吴炜, 等. 2016. 地理时空大数据协同计算技术. 地球信息科学学报, 18(05): 590-598

梅安新, 彭望琭, 秦其明, 等. 2001. 遥感导论. 北京: 高等教育出版社

明冬萍, 骆剑承, 周成虎, 等. 2006. 空间数据计算模式分析与应用. 地球信息科学学报, 8(2): 84-90

沈占锋, 李均力, 于新菊. 2016. 基于协同计算的白洋淀湿地时序水体信息提取. 地球信息科学学报, 18(5): 690-698

孙显, 沪琨, 宏琦. 2011. 高分辨率遥感图像理解. 北京: 科学出版社

万幼川, 张永军. 2009. 摄影测量与遥感学科发展现状与趋势. 工程勘察, 37(5): 6-12

王强. 2011. 异构环境下的航空遥感影像协同存储及处理关键技术研究. 武汉: 武汉大学博士学位论文

薛重生, 张志, 董玉森, 等. 2011. 地学遥感概论. 武汉: 中国地质大学出版社有限责任公司

周成虎, 骆剑承, 明冬萍, 等. 2009. 高分辨率卫星遥感影像地学计算. 北京: 科学出版社

第 2 章　常用遥感分析方法

遥感探测所获取的是同一时段、覆盖大范围地区的遥感数据，这些数据综合地展现了地球上许多自然与人文现象，宏观地反映了地球上各种事物的形态与分布，真实地体现了地质、地貌、土壤、植被、水文、人工构筑物等地物的特征，全面地揭示了地理事物之间的关联性。在大量数据信息中，如何提取出需要的信息，抑制无用的信息，则需要进行遥感综合分析。

区域综合分析，是指遥感信息的地学处理过程（geo-processing）（陈述彭和赵英时，1992）。而遥感地学分析方法引用了部分地学分析的常规方法，如相关分析法、主导因素法等，并结合遥感的特点，赋予了这些方法新的内容。以下介绍几种经典的遥感地学分析方法，包括遥感地学相关分析法、分层分类法、系列制图法及信息复合法等。

2.1　遥感地学相关分析法

在一定的区域范围内，地理环境中的各种自然景观、地理要素间相互依存、相互制约，同时包含了广泛的能量和物质交换。遥感影像可以反映这一区域特定地理环境的综合整体，因此，各种地理要素或地物的遥感信息特征之间必然存在一定的相互关联性，那么就可以利用这种信息的相互关联进行遥感影像的分析（赵英时，2003），这种方法无论是在遥感目视解译工作中，还是在遥感影像计算机自动分析中都应用地十分广泛。

以下是一个通过地物与地理环境等其他要素的相关性与组合特征进行相关分析以识别地物类型的典型案例（赵英时，2003）。8 月的标准假彩色合成图像（即近红外波段、红光波段、及绿光波段分别赋予 R、G、B 色）上，红色地物反映地表植被覆盖，包括耕地（水田、水浇地、旱地、菜地等）、林地（天然林地、人造林地）、灌丛地、草地、沼泽芦苇和低湿草甸等。若要具体细分，可首先根据农事历、物候差通过不同时相的对比（如与 9 月下旬收割季节卫星图像的比较），区分出耕地与林、草。再运用地貌相关法可区分林、草、低湿草甸。林地多在山地阴坡，呈红色；灌丛多在山地阳坡、色暗发黄；草地在较平坦地面呈浅红、黄绿色，纹理较为均一；低湿草甸、沼泽芦苇多在水体附近，而后者为鲜红色，色调均匀。浅黄-白色地物基本包括裸沙、干裸土、盐碱地、休闲地、道路等。其中裸沙多呈斑点状、垄状纹理，与风向或河道有关，呈黄-浅黄-黄白系列。而白色多为盐碱土与沙土，它们又可依据地貌部位、地下水埋深、土地利用状况等相关特征的差异加以区分。这个遥感解译案例将地物间的复杂相关性作为一种先验知识融入到整个解译过程中，其实质则是应用了地学相关分析法。

综合起来，遥感地学相关分析指的是充分认识地物之间，以及地物与遥感信息之间的相关性，并借助这种相关性，在遥感影像上找寻目标识别的相关因子即间接解译标志，通过影像处理与分析，提取出这些相关因子，从而推断和识别目标本身（陈述彭和赵英时，1992）。

在常规地学分析中，常常要结合具体问题，总结相关影响因素，并找出主导因子。在遥感地学相关分析中，为了取得较好的分析效果，首先要找出与目标关系最密切的主导因子，若主导因子在遥感影像上反映不明显，则可以进一步寻找与目标信息相关的其他因子。所选择的因子须具备两个条件：一是与目标相关性明显；二是在影像上有明显的显示，或通过影像分析处理易于提取和识别。

常用的遥感地学相关分析法包括主导因子相关分析法、多因子相关分析法和指示标志分析法。

2.1.1　主导因子相关分析法

一个地区的自然环境和特点，是由自然和人为综合因子决定的，如降水、地形、地貌、人工开采或建造等。其中，主导因子对该地区的环境和特点起主导和决定作用。因此在利用遥感图像提取某个专题信息时，应首先找出其主导因子。例如，土壤类型划分中，地形因子是其首先要考虑的要素。对于不同的应用目的，起主导作用的因子是不同的，同一应用目的中，不同等级的分类系统主导因子也可能不同（陈述彭和赵英时，1992）。

图 2.1 显示了山东省惠民县李庄一带的盐碱图斑，中间有一块异常的黑灰色斑块。以下以盐碱土遥感识别为例，说明如何运用地貌主导因子分析方法分析该异常黑灰色斑块的类型及成因。

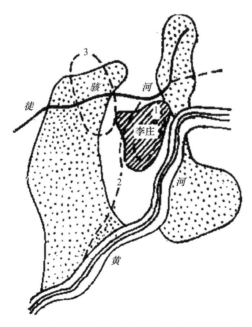

图 2.1　山东省惠民县李庄一带的盐碱图斑（陈述彭和赵英时，1992）

我国华北平原的地貌类型比较简单，主要表现为岗地、坡地、洼地。这种"微"地貌导致平原水、盐、土、植等一系列的相关的规律性变化："微"地貌（岗、坡、洼）影响了地下水的分布与埋深，控制着水盐动态变化，因此制约着土壤的形成与盐渍化，呈现出"岗旱、洼涝、二坡碱"的地学规律，而这种地学规律控制着作物、植被的分布及村落的集聚等。3～4月干旱、多风的气候促使地下盐分运移到地表，出现盐霜、盐壳的现象。在陆地卫星全色波段影像上看，重盐碱土的反射率较高，一般为白色斑块，易于识别。但山东惠民县李庄一带的遥感影像上出现了一块异常的黑灰色斑块。从"微"地貌上看，它位于徒骇河与黄河之间，三面被黄河决口扇所包围，很像地下水位高的河间、扇间洼地，猜测可能是种植作物或生长芦苇的潮土地。但该区域在9月初的假彩色影像上，并未呈现反映作物或芦苇生长期的红色，而是呈现反映荒地的灰绿、灰蓝色，说明以上猜测不成立。进一步研究得知，该处紧靠黄河与徒骇河，受河水的侧渗作用，地下水位高，水盐上升而成重盐碱土，因而呈现没有生机的荒地景观。而重盐碱土中含大量的氯离子（$MgCl_2$、$NaCl$），吸湿性较强，所以旱季影像上仍显暗色调，当地把这种盐碱土（卤碱）称为"黑油碱""万年湿"。

可见，把遥感影像分析与地貌、土地利用、水文状况等相联系的地学分析结合起来，可以减少误判，提高识别精度（赵英时，2003）。

2.1.2　多因子相关分析法

在遥感图像分析过程中，所识别目标受到多种因素的影响与干扰，有时会难以确定其主导因子。这时可采用多因子相关分析法，对各个因子进行数量化统计分析，以确定有明显效果的相关变量，再通过选择的若干相关变量分析，达到识别对象目标的目的。

例如，周志强（1983）将多因子相关分析方法应用于遥感地质找矿工作。选取湖北变质岩系地层广为出露的地区作为试验区，该地区地质构造复杂，岩浆活动频繁，矿化普遍，与成矿有关的因素很多且关系复杂，难以判别主导因子。区内已做过大量常规地质工作，但尚未发现有一定规模的矿床。采用多因子的点群分析聚类方法，以现有的物化探、地质情况、地震情况等资料（将其归纳为线性影像特征密度、矿床矿点密度、航空磁异常、岩浆岩、地层、地震参数、化探异常元素、重砂异常元素等八大类）及遥感影像构造解译为基础，寻找各个因子与成矿的内在关系，通过多变量分析，可以找出可能存在的矿区。研究结果表明，断裂构造起到控岩、控矿的重要作用，与成矿关系最密切；岩体、地层、物化探异常均与成矿有关；唯有地震与成矿无关，说明地震构造是成矿后发生的。这些研究结果为遥感找矿进一步提供了理论依据。

徐琳（2014）以大连近岸海域为研究区，考虑了多个水色影响因子，分析了影响多光谱遥感水深反演的各种因素，最终将影响多光谱遥感水深反演的因素主要概括为悬浮泥沙与叶绿素a和海底基质，如图2.2所示，采用HJ-1A多光谱CCD和HSI高光谱遥感影像为数据源，利用实测数据与各波段DN值的相关分析来选择遥感水深反演的适合波段，进行了基于BP人工神经网络技术的浅海水深反演。曹文熙等（1999）分析了叶绿素、黄色物质和无机悬浮颗粒等要素对海水光谱反射率的贡献，并由这些要素的光学

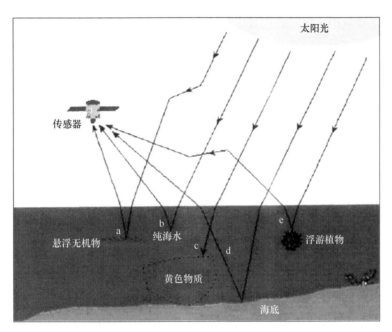

图 2.2　影响传感器接收离水信号的主要海水因子分析示意图

特性正演光谱反射率，在此基础上，利用主成分分析方法（principal component analysis，PCA），进行光谱反射率数据的特征向量变换和主因子回归，建立了反演南海海水叶绿素和溶解有机碳的遥感算法。

于德浩等（2008）为了克服传统地面找水方法勘察面积小、时效性差、风险性高的缺点，实现大面积、快速、动态地勘察浅层地下水资源，选用 SRTM-DEM 数据和 Landsat-7 ETM 数据，研究了一种基于多指标因子的浅层地下水预测模型。该模型根据代数法建立，综合考虑了地形、地貌、水文、地表温度、地表湿度、植被对浅层地下水的影响，并提取相应的指标作为推断因子，可以从宏观上圈定找水远景区。

2.1.3　指示标志分析法

地球表面环境的形成与发展是地球大气圈、水圈、生物圈、岩石圈等各圈层相互作用的综合表现。环境中各组分自身的变化或相互关系的变化往往会造成局部区域内出现一系列生物地球化学异常现象的出现（赵英时，2003）。我们可以基于各环境要素间的相关性，利用遥感手段在图像上寻找相关因子和"异常"标志，从而分析该地区的环境要素组分。这种方法在遥感生物地球化学找矿及地植物学找矿，找地热、油气藏，以及环境污染监测、植物病虫害监测等方面都有广泛应用。

近地表的矿床和矿化地层，经风化后，地球化学元素的迁移、集中，往往形成元素富集的分散流和分散晕（矿化晕），从而造成一定范围内的地球化学元素异常。这会使得土壤内化学元素的含量过量或缺少，进而导致植物体内的化学成分、水分、结构及其他生理机制发生变化，以至于一些植物出现生长受压抑、病变或者特别茂盛、植物群体分布特别稀疏或集中等现象，形成"生物地球化学异常"或"地植物学异常"（赵英时，2003）。这些植物即指示植物，也就是指示标志的一种。例如，我国的"铜草"（又称海洲香薷）可吸附土壤中的铜元素，还有中非的"铜花"（*Ocimun homblei*），都是铜（Cu）的典型指示植物；杜松（*Juniper*）是探铀（U）的指示植物；波西米亚的七瓣莲（*Trientalis europaea*）为锡（Sn）的指示植物等。另外，由于某些植物的生长需要特定的元素，所以如果某个地区某种植物数量多且茂盛，也可成为某种矿物的指示标志，如桉树长势繁茂可能因为存在铀矿，大量针茅草或锦葵生长的地方可能会有镍矿，在富含锌的地方车前草和三色堇生长的特别旺盛，羽扇豆生长的好的地方也许土壤中含有大量的锰，等等。

除对特定植物的生长位置和颜色有影响外，金属、毒化、过量甲烷都会对植物的发育产生胁迫效果，影响植物正常发育（生长期差异、种属变异、稀矮等），在影像上表现为植物波谱异常（地植物异常晕）。例如，在盐类和石膏矿床上，植物一般比较矮小；硫化物矿区内因为地下水酸度过大，易使植物枯萎；青蒿在富含硼的土壤中植株会又矮又小；猪毛草的枝叶会因为硼元素过量而变得扭曲而膨大等。若重金属元素富集于植物体内，会干扰植物体本身对基本营养物质的吸收和利用，影响其正常发育，使植物的水分、色素含量及细胞结构等出现异常，进而导致植物群落的变化。马建伟等（1996）总结了植物体中缺少某些元素时其生态变化，这些生态变化特征最终会在遥感影像上引起植物群落波谱特征的变化。

遥感影像在特定分辨率可区分这些异常，因此可以对异常区进行重点探矿研究。图2.3 显示了某矿区受铜钼胁迫的红杉林反射曲线的蓝移。所谓"蓝移"，指当植物由于受金属元素"毒害"、感染病虫害、污染受害或者缺水缺肥等原因而"失绿"时，"红边"会向波长短的方向移动的现象。生长在金矿区内的植物受到金元素的影响，叶面光谱反射率也会明显升高 5%～30%，且在红界区反射波谱的波形出现 5～15nm 的"蓝移"现象，在 700～730nm 处波谱曲线陡坡的平均斜率值增高，在 1300～1400nm 处出现 10～15nm 的红移现象等。另外，随着重金属元素影响的加重，植物的近红外反射率值、叶绿素反射峰值与叶绿素吸收峰值之差均呈下降趋势。由于受毒害的植物叶面积较小，导致 550nm/800nm 的反射率比最大限度地增大。生长在金属含量异常高的土壤中的植物在 400～950nm 有较高的反射率比等（徐瑞松，1992；马跃良，1999），这些光谱特征的变化能较为准确地指示金矿的存在。生态效应方面，由于金及伴生元素对植物的"毒化作用"，金矿区内的植物多表现为：①叶体颜色变异，毒害严重者呈枯黄色；②叶体收缩、叶面粗糙、光泽度差；③叶面多黄褐色斑，毒害越严重，枯黄叶越多，甚至死亡；④植物的花早谢、果不易成熟等特征，利用遥感技术，可准确识别以上光谱特征和生态特征，如可见光波段可精确探测植物的色素异常；近红外波段可探测植物叶冠结构和叶子细胞结构异常；中红外波段可探测植物叶冠的水含量异常；远红外波段可精确测定叶冠表面温度异常；微波可探测植物叶体的水含量、叶冠表面温度及叶冠结构异常等。再根据植物光谱、生态等特征的变化，可判断出研究区内可能存在的矿藏。

在油气遥感探测领域，石油化探人员早在 20 世纪 30 年代就发现烃类微渗透现象。埋藏于地下深部的油气藏中的烃类物质（甲烷、轻烃、重烃、不饱和烃），通过渗透水动力、扩散等各种方式，以上覆地层中节理、裂隙断裂、孔隙等为通道被运移至地表

（300m/14d），甚至扩散到近地表大气中（祝民强等，2007）。这些微渗漏烃类或烃类物质造成土壤、大气中烃组分异常，并作用于上覆岩层、土壤等，引起蚀变，造成红层退色、磁异常、黏土矿化、碳酸盐化、植物异常、放射性等异常，这种异常称为烃类微渗漏晕（简称烃晕），进而在遥感影像上形成地表波谱异常，如图 2.4 所示。

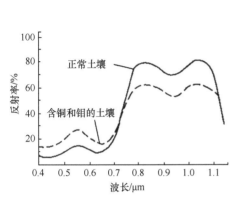

图 2.3　某矿区受铜钼胁迫的红杉林反射曲线的"蓝移"

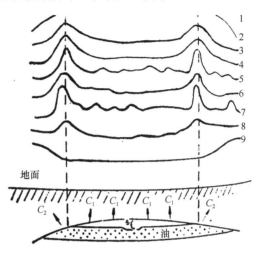

图 2.4　油气上部地表波谱异常

　　目前为止，已经发现的烃晕有 9 种可作为识别烃类微渗漏标志，即土壤吸附烃晕、霾状晕（图 2.5，彩图 2.5）、热异常晕、红层褪色晕、低价铁富集晕、黏土化晕、碳酸盐化晕、地植物异常晕和放射性晕。这些烃晕与地下油气藏有很好的相关关系，现代遥感技术使我们能从波谱特性角度，一般在 2.3m 之后，烃类反射光谱明显上升，通过检测烃组分异常和蚀变现象可探测油气藏，通过综合分析，确定油气远景区。

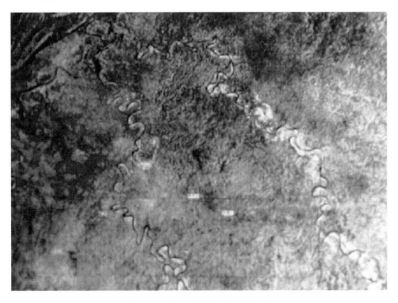

图 2.5　遥感影像上的霾状晕

2.2 分层分类法

自然界中，各地物地类间相互联系并复杂多变，且由于自然、人为等多种因素影响，地物特征及组合方式呈现出多种变化的特点，其可分性与不可分性也是时刻在变化的。因此，在处理复杂的景物、现象或一组复杂的数据时，不可能利用一个统一的分类模式对区域地物进行识别与分类。分层分类法的思想就是将复杂的地区、地物依照地物间的关系逐级分层，建立分类树，在不同层次上结合遥感信息与地学知识进行深层次的区分识别。

2.2.1 分类树的建立

用分类树的形式表示地物类别的总体结构与分层结构可以清楚地看到不同类别之间的关系，便于进行分类操作，且可提高信息提取的精度（陈述彭和赵英时，1992）。图 2.6 是从遥感应用的角度建立的地物类别分类树，表示其总体结构与分层关系。分类树顶部是一般地表特征类别（云、地表水体、植被、裸露地表、人工特征），下一层为各类别的子类，如植被被分为天然植被与人工栽培植被，裸露地表被分为裸岩和裸地等，依层次逐步细分，如天然植被又被分为森林、灌木丛、草地等。也可以根据特定的目的，把分类树中感兴趣的部分描述得更为详细。

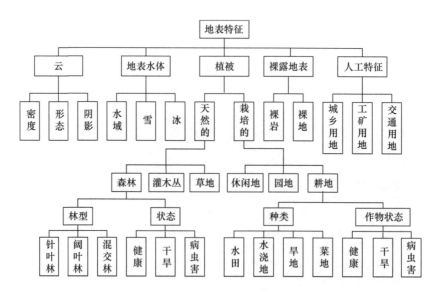

图 2.6 典型地表特征类别的信息树（陈述彭和赵英时，1992）

信息树应符合以下要求：

（1）表达的类别在各层次中均无遗漏。

（2）各类别都必须具有信息价值，即必须与识别的地物有关联、有意义，在分类中能起到作用。

（3）所列类别必须能通过遥感数据处理方法得以区分。

2.2.2　分层分类法的特点

遥感分层分类法就是根据信息树所描述的景物总体结构按其特征建立分类标志或设计分类器，对影像中各像元进行若干次判别分类，以得出最终判别结论。

它与传统分类法的不同在于，它不仅是按层次一步步地分类，而且在层次间不断加入遥感与非遥感的决策函数，从而组成一个最佳逻辑决策树。由于信息并非都能从遥感影像上得以反映，因而在建立信息树的过程中，必须不断地补充其他资料（如一些边界条件、分类参数等），以逐步满足某种分类的需要，最后完善这个最佳逻辑决策树，得出满意的分类结果。

分层分类法的优点在于用分级逻辑判别的方式使人的知识及判别思维能力与图像处理实现有效的结合，避免出现某些逻辑上的错误分类结果。另外由于复杂景物被层层分解，因此地物类别被简化，则可以根据具体情况分别采取有针对性的分类方法，包括特征选择和分类算法。针对较少的类别，可以使用较小的特征集，并采用更合适的分类算法。

地理环境是十分复杂的，在许多情况下，对于目标的分类，仅靠光谱信息的统计分析和自动分类，精度较低。为了提高计算机辅助分类的精度，往往要引入光谱知识及空间属性、空间分布、DTM 等信息或知识，根据一定的知识规则，参与遥感的分层分类。因此需要遥感应用分析人员有牢靠的地学知识且训练有素。

关于分类树建立的更多细节，赵英时（2003）阐述了包括分类特征的统计分析、光谱图叠合及基于知识的分层分类等关键技术问题，详见相关参考文献。

2.2.3　分层分类法遥感应用

下面以基于知识的土地覆盖分层分类为例介绍分层分类遥感分析法的具体应用。

欧立业等（2008）选取的研究区为青海省都兰县和江西省都昌县两处区域。都兰县位于柴达木盆地东南端，该区域内覆盖着干旱区所具有的主要土地利用类型；都昌县位于鄱阳湖以北，县境内水面辽阔，港汊众多，丘陵、岗地和滨湖平原交错。两处研究区域都具有一定代表性。数据主要采用遥感数据、DEM 和其他图件资料，以及实地考察数据。其具体研究方法如下。

（1）采用最大似然法、纹理分析法、BP 神经网络分类法分别对两个研究区进行分类并对分类结果分别进行精度评价，特别是对每一种方法提取的各种土地利用类型的效果分别评价。结合各种知识对每一种土地利用类型确定其提取方法。

（2）根据实地调查资料，研究各种地物的光谱特征，并根据上述三种分类方法中出现的混分现象，利用各地类的最佳提取方法加入辅助数据和先验知识，将待分图像进行分层分类。当一地物或几类地物成功从待分影像中提取之后，采用图像处理技术把已经提取的地物从原待分影像中去除，然后从剩余地物的图像中采用最佳提取方法再次进行分层，直到最后一个地物被提取出来为止。

（3）在 GIS 支持下，将所提取的信息进行叠置分析，得到最终结果图。

以都兰县为例，第一次分层时，结合 NDVI 将植被覆盖区和地植被覆盖区分层；对于植被覆盖区，结合 DEM 划分出山地与平地。根据坡度、坡向结合最大似然法将林地与高覆盖草地分出；对于平地采用纹理分析法将林地、耕地、草地进行划分。对于非植被覆盖区，采用 BP 神经网络将水体与非水体进行划分。对于非水体，采用纹理分析将沙地提取出；在剩余的非沙地中再次用 BP 神经网络进行分类，提取出城镇居民用地；最后采用最大似然法对剩余的地物进行分类。流程如图 2.7 所示。

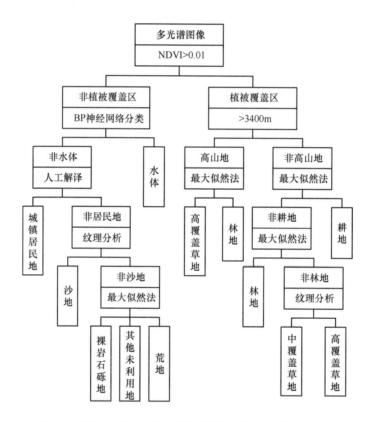

图 2.7　基于知识的分层分类法流程图（欧立业等，2008）

这种基于知识的分层分类法综合了每一种地类的最佳提取方法。每一次分层的目标明确，使得问题相对简单，而且综合了各方面的信息，提高了每一类地物的提取精度，从而提高最终结果的精度。

张红梅等（2014）以安徽省淮南市为例，采用 2005 年 Landsat-5 多光谱数据，分析地物谱间关系，选择改进归一化差异水体指数、归一化植被指数、归一化建筑指数、DEM、高程和坡度等特征值，构建决策树分类规则，完成研究区土地利用遥感分类，如图 2.8 所示。结果表明，不同的特征组合对于某两种地类有更好的区分作用，能较好地解决耕地和园地混淆问题。该方法的分类总精度高于最大似然分类法。

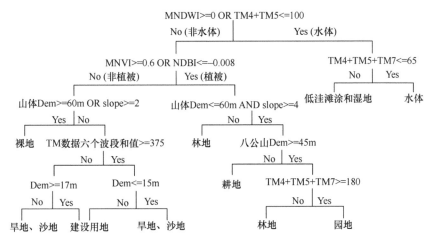

图 2.8　分层分类规则（张红梅等，2014）

2.3　系列制图法

自然界各种要素相互联系、相互影响和相互制约，并按一定的空间组合和分异形式，构成一个完整的统一体——自然综合体。自然界的各种现象有它自身的发生、发展、变化规律。这个规律与其他现象是相互联系的。因此，单凭对一种现象的分析是难以系统、全面地阐明这种相互联系的，而现代遥感技术的飞速发展，以及科学研究的不断深入，为基于综合系列地图的区域综合分析提供了可能。

综合系列地图是按照一定主题统一设计编制，有机联系地反映制图区域或部门基本概况的一组地图。遥感系列制图是遥感区域综合分析的重要手段，也是区域研究成果的科学表达方式，是遥感技术和地图学的结合。

遥感影像包含丰富的信息，能够客观地反映地理景观的结构和特征，以及具有数量化、动态的特点。遥感系列制图便是研究如何利用丰富的遥感信息，结合地学调查研究，进行遥感地学综合分析判读和成图处理的技术，它以一套图文并茂、统一协调的专题地图来反映自然综合体的统一性和自然条件与自然资源的多样性，反映影像信息的特征和它们内在的联系，以供科学研究和生产建设有关部门认识特定地区的自然条件、清查自然资源、编制发展规划。这样的一套遥感专题系列图是由不同专业人员按照各自的应用目的和要求，通过图像解译与综合调查分别获得的，并将获得的专题信息按统一协调的分类和图例系统，转绘和表示在统一的地理基础底图上，这样可在每一种专题图上既反映专题内容又兼顾到与之有关的内容，避免出现矛盾。因而，它具有专业性、系统性、综合性，可以相互对比与引证，达到统一协调的目的。

2.3.1　遥感系列制图的基本条件

遥感系列制图有三个基本条件（陈述彭和赵英时，1992）。

1. 以同一遥感信息源作为制图的基础

由于利用同一地区和时间，统一基础资料和观察方法，在科学体系上易于统一。尽管各学科观点有所不同、研究程度各异，但在相互借鉴下，分类指标、分类系统、分类等级便于协调。这里应该说明的是，在遥感系列制图过程中，往往还需要运用其他遥感和非遥感信息，作为基本信息源的一种补充。

2. 统一的制图规范和相对应的分类原则

制图规范，指基础底图、表达方式、分幅、地图整饰、图例、制图综合、制图精度等方面内容均是统一的。分类原则指无论地貌图、地质构造图、土壤图……其各级分类系统、分类等级和类型都必须对应。其中各专业间分类标准详略的一致性，是各专业类型界线统一协调的基础。在对整个地区的自然环境各要素发生和发展过程及相互关系的深刻了解的基础上，找出它们共同的分类基础，作为各个学科协调的依据。同时制定出适于该区的制图分类原则、分类等级、表示方法。在统一的制图规范下，对统一的地理基础底图，按照自然环境的区域分异原则及各级地理景观的空间结构与相互关系，划分各专题类型的重要界线，以保持各级界线在轮廓上互相协调，彼此对应。这样在综合的基础上分析，在专题分析的基础上综合，强化了对专题内容理解的深度与广度。系列制图是从最基本地理单元（景观单元）出发的。对应于一个制图单元，在图上的每一块图斑是按这个比例尺不必再分的最小空间实体——地理综合体。这样，对某个制图区域或部门，由于制图规范、基础底图是统一的，又按统一的地理单元制图，尽管地理环境各要素有它特定的空间组合和分异形式，但是它们各类型的重要界线在轮廓上应该是互相对应的。

3. 按一定的逻辑顺序依次派生出各种专题地图

根据各环境要素间相互联系、相互制约的特点，有些专题内容是必须在另一些内容的基础上推断与派生出来。这种派生的逻辑顺序必须符合于这一区域自然综合体内在的规律性，如在反映基本自然条件的系列图中，地势图往往是必不可少的主干图。这是因为地势是自然综合体各要素中最重要的要素之一。它的高低起伏与走向，在一定程度上决定着热量与水分的再分配，影响水系的发育与形态，制约着植被和土壤的形成。编制土地资源评价图，必须先有土地利用现状图和土地类型图。一般从地质图、地貌图派生出植被图、土壤图等。这样既保持各专题制图的差别和可对比性，又能揭示出各组成要素的统一协调、一致性。可以节约许多彼此旁征博引的重复工作，克服学科间的局限性，便于统一认识区域的整体，使各部分有机联系起来，有利于发现、揭示相互间的依存和矛盾，提高判读分析的深度。

2.3.2　生态环境遥感综合系列制图

下面以福建省生态环境遥感综合系列制图为例介绍系列制图的具体方法和步骤（廖克，2005）。

1. 研究区彩色合成卫星遥感影像的准备及预处理

数据使用福建省 2001 年 ETM 影像,以及相应地区数字影像地图和彩色喷墨影像地图,此外需要供野外考察参考和作为影像图和专题地图底图的基本资料。

2. 分类与图例的拟定和考察路线与观察点的选择

首先根据成图比例尺大小、考察的详细程度、卫星影像可判读性等因素初步拟定各要素相互协调的分类系统与制图图例。目前还没有建立全国生态环境的分类系统,因此以地学、生物学和环境科学的有关理论为指导,根据福建省生态环境的特点,以及制图比例尺与遥感分辨率,制定出福建省生态环境分类方案。在分类的基础上拟定了福建省生态环境类型图及福建省地貌、植被、土壤和土地利用等地图的图例。同时根据制图区域内不同景观或不同生态环境类型和卫星影像色调与纹理的不同特征,选定考察路线与观察点(典型观察地段)。考察路线与观察点布置的要尽量全面,尽量覆盖到不同光谱与纹理特征的景观及生态环境类型;数量需充足,才能对制图区域有全面的认识,建立较为完整可靠的影像判读标志。

3. 野外综合考察与影像判读标志的建立

各专业人员集中进行野外综合实地考察,结合 GPS 等技术确定并记录观察点的准确位置、所处的生态环境及其地貌、植被、土壤、土地利用等特征及类型,根据彩色卫星影像的色调与纹理特征建立判读标志。在影像图上绘出所在点的生态环境单元的轮廓界线;在"生态环境单元特征记录表"中简要记录影像特征、各要素类型名称及编码,并记录观测点的编号、经纬度、行政位置及考察日期等信息。同时尽可能分析与确定可见到的邻近周围生态环境单元及各要素的类型,也勾绘其轮廓界线并记录其属性与编码。以此为基础,根据福建省生态环境类型空间分布的特点,对各观察地段所记录的判读标志予以系统整理,建立全省生态环境及各要素类型的 ETM 影像判读标志与监督分类样本。

4. 生态环境单元轮廓界线图及各要素专题地图的室内生成

根据野外综合考察所建立的判读标志和监督分类样本,以及 ETM 影像上的生态环境单元轮廓界线及其特征记录,完成 1:10 万的福建省生态环境单元图的编制及其数据采集。生成大量生态环境单元的图斑和采集的属性数据后,按照生态环境类型图和地貌、土壤、植被、土地利用等地图的图例,经过 GIS 数据处理与归并,派生出综合系列地图。增加生态环境评价和功能区划指标后,可生成生态环境评价图与生态环境功能区划图。制图过程如图 2.9 所示。

5. 生态环境综合系列地图的野外验证

实地考察,将成图与实地对照比较,找出错漏,进行修改,并按原来野外综合考察的程序,勾绘出观察点的各生态环境单元的轮廓界线并记录各要素属性及其编码。

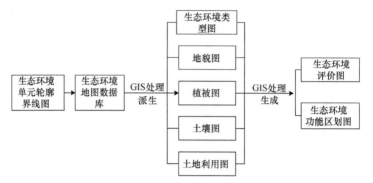

图 2.9 生态环境数据处理与综合系列制图过程（廖克，2005）

2.4 信 息 复 合

信息复合指在统一地理坐标系统下将同一区域内不同信息进行匹配复合，构成一组新的空间信息、一种新的合成图像，从而突出有用的专题信息，消除或抑制无关的信息，提高信息的可分性，便于信息解译和提取（陈述彭和赵英时，1992）。它包括空间配准和信息复合两个方面。

空间配准即使不同信息的研究区域范围在地理上得以匹配以便进行内容的复合，包括几何校正和投影变换等。信息复合因应用目的不同而导致方式不同，可分为两种类型：①遥感影像间的复合，包括多波段遥感信息的复合、多时相遥感信息的复合（常用于变化检测）及多平台遥感信息的复合；②遥感信息与非遥感信息的复合，如遥感图像与地图的复合、DTM与遥感数据的复合、遥感与地球化学信息的复合，等等。

随着遥感技术的发展，遥感信息的空间分辨率、波谱分辨率与时间分辨率等地学评价指标的范围也在不断扩展，各分辨率均有其主要的应用对象和特色，同时又有其在实际应用中的局限性。将各种遥感数据进行复合与分析，可使多种信息源相互补充、相互印证，从而弥补单一信息的不足。不仅扩大了各信息的应用范围，而且大大提高了分析精度。而由于遥感本身以及实际应用中的局限性，单靠遥感手段并不能全面的认识事物。遥感与非遥感信息的复合，如与气象、水文信息，与重力、磁力等地球物理信息，与地球化学勘探信息、专题地图信息，以及与数字地形模型DTM等信息复合，则能更好地发挥作用。遥感信息与非遥感信息的复合并非几种信息的简单叠加，而是相互补充、综合分析，往往可以得到原来几种复合信息所不能提供的新信息。

多种信息的复合有助于更可靠地阐述自然环境各要素的相互关系、赋存与演变规律，更全面综合的认识、分析事物，满足地学分析及各种专题研究的需要。因此具有广泛的实用意义，是遥感地学分析中很重要的一种手段。

需要注意的是，信息复合并非复合的信息越多越好，而应在充分认识研究对象地学规律并了解每种复合数据的特点和适用性的基础上，充分考虑到不同遥感数据之间波谱信息的相关性引起的有用信息、噪声误差的增加，从而对多种遥感数据做出合理的选择。只有对地学规律、影像特征、成像机理这三者有深刻的认识，并把它们有机地结合起来，信息复合才能达到更好的效果。

以下介绍三种常用的信息复合类型的应用。

2.4.1　多平台遥感信息的复合

多平台遥感信息复合可以是多平台、多遥感器、多波段遥感数据的复合。例如，航空遥感影像和航天遥感影像的信息复合、多光谱遥感数据与雷达数据复合、多/高光谱遥感数据与高空间分辨率影像数据的复合等形式。

以下以航空遥感影像和航天遥感影像的信息复合为例对多平台遥感信息复合进行简要介绍。

航空遥感影像地面分辨率高，但全天候作业能力及大范围的动态监测能力较差。航天遥感影像覆盖范围广，可定期或连续监视一个地区，不受国界和地理条件限制。缺点在于虽然目前高空间分辨率技术飞速发展，应用较普及，但特定地区的高分辨率影像获取较为困难。目前，遥感在城市研究中的应用，通常是航空像片和卫星影像作为基本的信息源。而航空与航天遥感信息具有微观和宏观的差异，因此，航空遥感影像和航天遥感影像的信息复合是经济有效的方法。其方法步骤如下（傅肃性，2003）：

（1）根据区域规划的要求，选择现势性好、适中比例尺的航空像片，以及分辨率高、时相最佳的多光谱影像，同时对两种信息做对比分析；

（2）按照成图比例尺，据所需地形图和图像，选择明显的同名地物控制点，并量算坐标，为两者信息复合提供配赋的控制数据，以实现空间配准；

（3）利用图像处理系统，将选定的卫星影像信息处理成为成图比例尺影像，同时把同一制图区的航空像片缩成相同比例尺影像，然后依据同名控制点，做两者的复合处理。

这样可获得一幅既具有区域宏观信息，又能突出其微观内容特征的图像，其信息量大大增加。信息复合的作业流程见图 2.10。

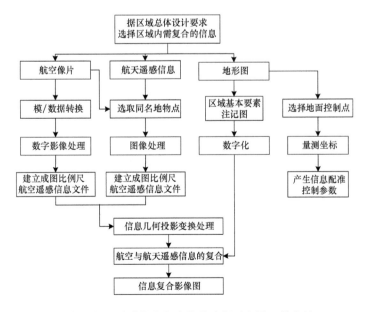

图 2.10　航空与航天遥感信息复合作业流程示意图（傅肃性，2003）

2.4.2　多时相遥感信息的复合及变化检测分析法

随着社会与技术的发展，人类开发资源、改造自然环境的能力不断增强。人口的快速增长及城市化的发展，加速了地表景观及其利用形式的变化速度。这使得资源管理与规划、环境保护等部门对于高效监测变化信息的需求大大增加。将多时相遥感信息复合分析以对研究区进行变化检测成为获取与监测资源环境动态变化的有效手段。

变化检测是根据不同时期的遥感影像分析和确定地物变化的特征和过程的技术（钟家强，2005），它涉及变化的类型、分布状况与变化量，即需要确定变化前后的地面类型、界线及变化趋势。变化检测可广泛应用于土地覆盖/利用监测及评估灾害、预测灾害发展趋势、河口海岸泥沙淤积及水系污染监测等方面。

需要注意的是，为了选择合适的遥感数据及理解遥感成像时的环境背景，在变化检测前要分析区域内检测对象的空间分布特点、光谱特性及时相变化的情况。另外，需对各种环境因子对变化检测的影响有一定的理解，否则很容易导致错误的分析结论（赵英时，2003）。

变化检测前首先需要进行数据源选择、几何配准处理、辐射校正等预处理，然后再进行地表变化过程的分析。处理分析的目的主要是增强和区分出相对变化的区域，主要有以下七种方法（赵英时，2003；钟家强，2005；孙晓霞，2011）。

1. 多时相影像叠合方法

在图像处理系统中将不同时相遥感影像的同一波段数据赋以 R（红）、G（绿）、B（蓝）三个图层，变化区域由于其对应的亮度值变化，可以在叠合图像上得到清楚的显示，则可根据叠合结果识别出变化的区域。例如，在土地利用变化检测中，将三个时相的 SPOT 全色影像按时间从早到晚的顺序分别赋予红、绿、蓝色。若植被变化为裸地，即低反射率地区变为高反射率地区，那么变化的区域会显示为青色；若裸地变为居民区，即高反射率地区变为低反射率地区，则变化的区域将显示为红色。而一般反射率变化越大，对应的亮度值变化也大，则可根据叠合结果识别出地表土地利用方式的变化；没有变化的地表常显示为灰色调。多时相影像叠合方法可以方便且直观地显示变化区域的位置及土地利用类型，但无法定量地提供变化的类型和各类型面积。

2. 影像代数运算法

影像代数运算法主要包括影像差值运算和影像比值运算两种方法。

影像差值运算即将两幅相同范围不同时相的遥感影像像元值相减。则在新生成的图像中，像元值为正或为负的区域为辐射值变化的区域，而没有变化的区域图像值为 0。在 8 位图像中，像元值范围为 0～255，则其图像差值范围为 –255～255。由于差值往往为负值，故可加一个常量 C。差值图像的亮度值常近高斯分布，没有变化的像元多集中在均值周围，而变化的像元分布在尾部。

影像比值运算是将两幅不同时相的遥感影像像元值相除。新生成的比值图像中，像元值为 1 或接近 1 的区域为未发生变化的区域。像元值为 0～1 说明由反射率较低的地物向反射率较高的地物转换，像元值远大于 1 的地区说明该区域由反射率较高的地物变为反射率较低的地物。

比值法的理论假设是比值图像呈正态分布，通常采用均值和标准偏差作为标准划分变化与非变化区域，但对于很多实际问题该假设并不总是成立的，这时变化阈值的选择就成为比值法变化检测是否有效的关键。设置一个阈值将差值或比值图像转换为简单的变化/无变化图像，或者正变化/负变化图像，以反映变化的分布和大小。阈值的选择必须根据区域研究对象及周围环境的特点来确定。在不同的区域、不同的时间、不同的图像上采用的阈值会有所不同。通常可通过图像的直方图来选择"变化"与"无变化"像元间的阈值边界。

差值法和比值法一样具有直观、容易掌握、变化检测速度快的优点，但这种方法过于简单，很难考虑到所有因素的影响，容易造成大量信息的流失，且同样无法定量提供地类变化的类型及各类型面积，另外该方法对图像的配准精度要求很高。

3. 影像回归分析法

影像回归分析法首先假定两期影像线性相关，即两期影像中，多数像元变化不大。通过最小二乘法进行回归分析，计算出预测值，再用预测值减去影像真实值，从而获得两期影像的回归差值影像，该影像可以反映土地覆盖变化信息。回归分析方法解决了不同时相影像像元均值和方差的差异，能够减少多时相影像数据中由于大气条件和太阳高度角的不同所带来的不利影响。但这种方法的检测需要得到准确的回归方程且需要选择合适的波段，在实际应用中精度不高。

4. 时间序列分析法

通过对一个区域进行一定时间段内的连续遥感观测，提取影像有关特征，并分析其变化过程与发展规律。为了实现时间序列分析，就要求遥感监测数据有一定的时间积累。例如，进行区域生态环境变化、土地退化或沙漠化的监测就需要有若干年甚至数十年的遥感数据，才能得出有价值的连续变化结果。

影像特征是遥感时间序列分析的主要处理对象，因此要根据不同的应用目的选择合适的影像特征，一般选择对地面变化感应灵敏的环境指数，如利用红光波段和近红外波段的波段计算结果来探测植被。健康植物叶绿素对红光强吸收，叶子细胞壁结构对近红外光强反射。强光合作用导致红光波段的低反射和近红外波段的高反射。而两波段比值或差值的组合更增强了对光合作用的敏感度。近年来发展了各种各样的植被指数，其中 NDVI=（NIR−RED）/（NIR+RED），是最常用的指数。归一化处理后的 NDVI 值介于−1 到+1 之间，根据不同地物对红光波段和近红外波段的反射、吸收特点，则可根据 NDVI 值判定典型地物。例如，NDVI 值小于 0 时说明地物为水体，NDVI 值为 0～0.1 时地物很可能是裸土，NDVI 值大于 0.1 时说明是植被。对于一个特定像元而言，NDVI 在一定程度上反映了像元所对应区域的土壤覆盖类型的综合情况。因此，在生态环境变化研究中常常采用 NDVI 或相关的其他环境指数作为时间序列分析的图像特征。区域 NDVI 值随时间周期性的升高和降低是植被生长周期的典型体现。分析区域植被变化的一个有效方法就是观察像元 NDVI 曲线的时序变化：植被生长，NDVI 增加；植被死亡，NDVI 降低。

5. 多时相图像主成分分析法

主成分分析是建立在统计特征基础上的多维正交线性变换，是一种离散的 K-L 变换。一幅多波段遥感图像的不同波段之间往往存在着很高的相关性，对其进行主成分变换的实质是将具有相关性的多波段数据压缩到完全独立的较少的几个波段上，使新图像数据更易于解译。将不同时相的多波段数据经主成分变换后，新图像中各主分量正交即各主分量之间的相关系数为零或接近零，并且新图像中的几个主分量就包含了原始遥感影像中的绝大部分信息。一般来说，第一主分量包括了原始多波段影像信息的绝大部分内容，相当于原来各波段的加权和，每个波段的权值与该波段的方差大小呈正比。其他各主分量所包括的信息逐渐减少，相当于相关程度较低的波段之间的差异。因此，对几个变化后的主分量进行合成，就可以达到数据压缩和突出变化信息的目的。

主成分分析法在变化检测中的应用主要有三种方式：一是对两个时相的影像分别进行主成分变换，选择主要的几个主成分计算它们之间的差值来检测变化；二是先对两个时相的影像做差值运算，然后对差值影像进行主成分变换，取一个或几个主要分量进行变化检测；三是将两个时相影像的各波段组合成一个新的影像，对这个新组成的混合影像进行主成分变换，前几个主要分量体现的是不变的信息，而发生变化的信息会集中于后几个分量中，对后几个分量进行分析则可以检测出变化信息。

主成分变换方法较为简便，且能消除数据冗余，但只能反映变化的分布和大小，难以表示由某种类型向另种类型变化的特征。

6. 变化向量分析法

变化向量分析法的基本思想是通过描述从 T_1 时相到 T_2 时相光谱向量变化的方向和大小来检测变化。首先对两时相的影像分别做 KT 变换，取变换结果的第一分量和第二分量，据影像转换的经验系数对上面的两对分量做旋转变换使结果分别对应两时相的绿度（G）和亮度（B）值，然后在 GB 坐标系中分别计算变化矢量的方向分量（saturation）和幅度分量（hue），进而通过设定阈值检测变化。图 2.11（a）中，设时相为 T_1、T_2，图像的像元灰度级矢量分别为 $\boldsymbol{G} = (g_1, g_2, \cdots, g_k)^{\mathrm{T}}$ 和 $\boldsymbol{H} = (h_1, h_2, \cdots, h_k)^{\mathrm{T}}$，其中 k 代表波段，则变化向量为

$$\Delta\boldsymbol{G} = \boldsymbol{G} - \boldsymbol{H} = \begin{pmatrix} g_1 - h_1 \\ \vdots \\ g_k - h_k \end{pmatrix} \tag{2.1}$$

$\Delta\boldsymbol{G}$ 包含了两幅影像中所有变化信息，变化强度 $\|\Delta\boldsymbol{G}\|$ 越大，表明影像的变化越大。因此可根据变化强度 $\|\Delta\boldsymbol{G}\|$ 的大小来设定阈值，以区分变化像元和非变化像元，变化类型可由 $\Delta\boldsymbol{G}$ 的指向确定。例如，图 2.11（b）中变化强度未超过阈值，即说明没有变化或

无法探测到变化；图 2.11（c）、（d）则说明发生了类型变化。

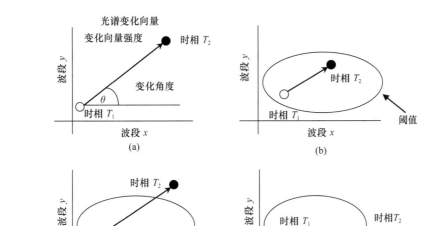

图 2.11　变化向量分析方法概念图（陈晋等，2005）

变化向量分析法不仅可以避免分类后比较法多次分类费时费力，误差累积并出现不合理变化类型的缺陷，而且与其他像元光谱的直接比较方法相比，可以利用较多甚至全部的波段来探测变化像元，并提供变化像元的类型信息。但该方法也存在一些不足，如易受传感器及大气条件等外部条件的干扰、缺乏高效的变化阈值确定方法、随着利用波段的增加变化类型判断难度加大等。

7. 分类后对比法

对经过几何配准的两个（或多个）不同时相遥感影像运用统一分类体系分别作分类处理后，获得两个（或多个）分类图像，并逐个像元进行比较，生成变化图像。根据变化检测矩阵确定各变化像元的变化类型。

此方法的优点在于除了确定变化的空间范围外，还可提供关于变化性质的信息，如变化数量、变化类型等，而且能回避所用多时相数据因获取季节不同和传感器不同所带来的归一化问题，此外由于对影像分别分类，因此不受影像时相数的限制。但分类后对比的方法缺点也比较明显：一方面必须进行两次影像分类；另一方面变化分析的精度依赖于影像分类的精度，因此影像分类的可靠性严重影响到变化检测的准确性。但因其简单易行，且能得到定量的分析结果，在实际工作中被广泛应用。

2.4.3　遥感信息与非遥感信息的复合

非遥感信息主要包括矢量图、高程、DTM、地球物理信息、地球化学信息等。遥感与地理信息系统相结合是遥感信息与非遥感信息复合的主要形式，是管理空间数据的计算机系统。这里的空间数据指不同来源和方式的遥感与非遥感手段获取的数据，它有多

种数据类型，包括地图、遥感、统计数据等，其共同特点是都有着确定的空间位置。地理信息系统包括空间数据的输入、存储、检索、运算、显示、分析和输出等。它与其他管理信息系统最大的差别在于其处理对象为空间实体。工作过程（查询、检索等）主要是通过空间实体的空间位置与空间关系或属性进行。它除了对空间数据管理、检索外，还必须进行各种运算和分析。主要的输出形式包括图形（各种专题图）、文字、表格以及数据等（陈述彭和赵英时，1992）。

在地学应用中，遥感和 GIS 能够优势互补，共同发挥作用。遥感是研究的主体技术，不仅解决了数据源的问题，而且在影像数据预处理、分类、栅格数据统计分析等方面有着其他技术不可替代的作用；而 GIS 在空间数据的处理和分析应用方面发挥了重要的作用。因此，把遥感与 GIS 结合，才能发挥遥感数据最大的作用，而 GIS 与遥感数据的密切配合，势必促进空间信息的专题制图、动态监测、信息更新等应用的自动化。

目前，随着遥感技术与 GIS 技术的飞速发展，遥感与 GIS 的一体化融合分析应用已渗透到社会各个方面，几乎包括所有相关的空间信息领域，如农业、林业、水利、土地、矿产、海洋、自然灾害、全球变化、环境保护、区域可持续发展，等等。

下面以城市生态安全评价为例介绍遥感与 GIS 集成应用的过程。

生态安全指一个国家或地区的生态环境和资源状态等能持续满足社会经济发展的需要，其社会经济发展不受或少受来自资源和生态环境的制约与威胁的状态（周国富，2003）。生态安全评价是生态安全各项研究的基础，评价过程主要是根据生态安全影响与社会可持续发展之间的相互作用关系，在分析生态环境对社会经济发展的影响与制约作用的基础上，分析研究生态安全与不安全的界限，并用一系列安全评价指标综合评价生态安全（茹冬，2006）。

杜培军等（2013）以徐州市多期 Landsat TM/ETM+影像为数据源，利用遥感分类、专题信息提取、参数反演等遥感影像处理与信息提取方法，从遥感影像中提取反映生态安全指标因子信息；在 GIS 软件中实现统计数据、地形数据、遥感信息的统一管理并进行分析；根据城市生态系统的特点建立适宜的生态安全评价体系，最终获取研究区生态安全变化的结果，并对影响生态安全的主要驱动因子进行分析，为城市化过程中的城市生态安全监测和决策支持提供服务。具体技术路线如图 2.12 所示。

研究区中心为徐州市中心，向外辐射至市区周边的主要煤矿基地，包括市区全部、城乡结合部及部分乡镇，大体位于徐州四环以内。

利用遥感手段获取生态安全因子。首先对影像分别进行辐射校正和几何校正，消除由遥感传感器本身、地物光照条件、大气作用影响等造成的辐射失真，以及由遥感器平台、遥感器及地球自身原因造成的几何失真的影响，提高影像质量。利用遥感手段获取植被指数信息、城市热环境信息、地面覆盖分类等信息，加上地表比辐射率、大气透射率及大气平均温度等参数，由辐射亮温数据得到陆地表面温度，以研究分析研究区内的城市热岛效应。

利用 GIS 软件进行生态安全因子的获取，包括如下五种。

（1）矿区压力：提取研究区域内五期矿区塌陷地，以每期塌陷地为基础，以 1km 为缓冲区半径进行四层缓冲区划分，提取指标，分析研究区受矿区塌陷的影响。

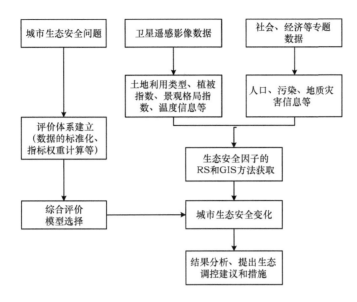

图 2.12　城市生态安全评价技术路线（杜培军等，2013）

（2）水污染压力：以地下水的水质调查和监测资料为基础，进行单项组评分和综合评价，基于已获取的监测点坐标数据、水质评分数据，利用 GIS 软件实现地下水监测点的空间信息和属性信息的结合，通过插值的方法由离散样本点生成连续表面，估算出区域内未知点的地下水质量分布情况。

（3）人口压力：由于人口分布极不平均，集中在城区且呈向外扩散趋势，因此人口压力理解为以城市主城区为面源压力中心，随着距离的增加向外逐级递减。在 GIS 软件中，以城区为面源中心作半径为 3km 的四层缓冲区并分别赋值，求得人口压力指标。

（4）生态弹性：将遥感影像分类结果输入 GIS 软件，为不同地物赋予不同弹性度分值，根据特定公式计算生态系统弹性度，分析生态系统缓冲与调节能力。

（5）景观格局：将遥感影像分类结果图像输入 GIS 软件，将研究区平均分为 3×3 共 9 幅子图像，为每幅子图像计算高生态功能景观的景观百分比和斑块密度，并对获取的景观格局指数分别评分。由于在每个子图幅中地物分布基本相同，即景观构成及分布基本相似，故可用各个子区域的景观格局指数近似表示每个格网内的高生态功能景观的区域贡献率及受人类影响的程度。

根据以上由遥感和 GIS 手段获取的生态安全因子，可在 GIS 软件中从多个角度对研究区生态安全作较为全面的评价和分析。例如，统计各个时期的研究区生态安全状况，计算各个安全等级面积占整个研究区域的比例；统计各期每种景观分类的生态安全情况，分析各种景观的生态安全情况变化；统计由研究区中心向外扩散的每个缓冲区内的生态安全情况，分析生态安全情况与城市发展情况的关系；根据生态安全变化状况分析原因并对研究区的生态、社会、矿业等发展提出建议和意见等。

参 考 文 献

曹文熙, 钟其英, 杨跃. 1999. 南海水色遥感的主因子分析. 遥感学报, 2: 112-115

陈晋, 何春阳, 史培军. 2005. 基于变化向量分析的土地利用/覆盖变化动态监测——变化阈值的确定方法. 遥感学报, 5(4): 259-266

陈述彭, 赵英时. 1992. 遥感地学分析(修订本). 台北: 台湾文化大学出版社

杜培军, 谭琨, 夏俊士. 2013. 城市环境遥感方法与实践. 北京: 科学出版社

傅肃性. 2003. 遥感专题分析与地学图谱. 北京: 科学出版社

廖克. 2005. 生态环境遥感综合系列制图方法. 地理学报, 60(3): 479-486

马建伟, 徐瑞松, 奥和会. 1996. 秦岭金矿区植被景观异常遥感影像特征及影响植物反射光谱变异原因初步分析. 国土资源遥感, 4: 23-29

马跃良. 1999. 金的生物地球化学及遥感探矿方法. 地质地球化学, 27(1): 49-55

欧立业, 何忠焕, 马海洲. 2008. 基于知识的分层综合分类法在土地利用/土地覆盖遥感信息提取中的应用. 测绘科学, 33(1): 173-175

茹冬. 2006. 吉林省生态安全评价及指标体系研究. 吉林: 吉林大学硕士学位论文

孙晓霞. 2011. 遥感影像变化检测方法综述及展望. 遥感信息, 11(1): 120-123

徐琳. 2014. 基于神经网络技术的多因子遥感水深反演研究. 东营: 中国石油大学(华东)硕士学位论文

徐瑞松. 1992. 粤西-海南金矿生物地化效应的遥感研究——以河台金矿为例. 地质学报, 2: 170-181

于德浩, 邓正栋, 龙凡. 2008. 基于遥感多指标因子的浅层地下水预测模型. 南京: 2008 年航空宇航科学与技术全国博士生学术论坛

张红梅, 吴基文, 刘星, 等. 2014. 特征提取和决策树法土地利用遥感分类. 测绘科学, 39(10): 53-56

赵英时. 2003. 遥感应用分析原理与方法. 北京: 科学出版社

钟家强. 2005. 基于多时相遥感图像的变化检测. 长沙: 国防科学技术大学博士学位论文

周国富. 2003. 生态安全与生态安全研究. 贵州师范大学学报(自然科学版), 21(3): 105-108

周志强. 1983. 鄂北变质岩系地区线性影像特征与地质、物化探特征的点群分析. 冶金遥感地质, N4

祝民强, 刘德长, 赵英俊. 2007. 鄂尔多斯盆地伊盟隆起区东部微烃渗漏区的遥感识别及其意义. 遥感学报, 11(6): 882-890

第 3 章　遥感地学应用方法体系

遥感的根本任务是从影像上获取我们需要的信息，服务于地学应用。本章在总结遥感数据地学领域应用及其常用影像数据选择的基础上，结合当前遥感技术发展的现状和趋势，从方法论的角度对遥感信息提取的方法体系进行概括性的介绍。

3.1　遥感地学应用及数据选择

随着传感器技术的发展，可用的遥感数据源类型逐渐增多，如中低分辨率资源卫星影像、高分辨率卫星影像、高光谱影像、热红外遥感影像、雷达和激光雷达影像源等。不同的数据源具有一定的应用范围，用户在选择数据时，通过分析自己的应用需求，选择合适的数据源。下面简单介绍一下地学应用中的遥感数据的相关选择（薛重生等，2011；梅安新等，2001）。

1. 地质遥感

地质遥感主要研究地球上地质体的结构构造、地球的形成演变历史、地质过程和各种地质现象。其主要任务是通过遥感影像的解译确定一个地区的岩石性质和地质构造，分析构造运动的状况，为地质制图、矿产资源的探查、工程地质和水文地质调查等服务。

研究所用数据：Landsat TM、MODIS、红外航空影像等。

早期遥感影像空间分辨率和波谱分辨率都比较低，一般使用 Landsat TM 数据进行研究。随着高光谱遥感技术的发展，高光谱遥感数据具有上百个波段，光谱分辨率达到10nm，使其在岩矿识别和地质矿物识别填图等领域有着广泛应用前景。大多数情况下，与成矿相关的岩石、地层、构造，以及围岩蚀变带等地质体，我们会使用多波段遥感影像（尤其是红外航空遥感影像）来进行解译。

2. 地理遥感

地理遥感是基于遥感影像的地理信息解译、数据采集、区域分析、地理模拟和地理应用的地球空间信息技术。其基本目标是研究地球表层的土壤圈、生态圈、水圈、大气圈多个圈层之间的能量转化现象和空间规律；其基本任务是运用地理科学理论及其知识系统对多个应用领域进行的系统研究。主要研究内容包括地理系列专题制图、地球表层系统及其成像机理、地理对象的构图特征与目标检测机理、地理对象的光谱特征与信息提取数学模型、地理过程及其遥感图像地理信息模型、地表覆盖层的动态变化（区域演变）与遥感动态检测原理等。地理遥感按照应用领域细分，可以分为地貌遥感、水资源遥感、植被遥感、土壤遥感、大气遥感、土地资源遥感、城市遥感、考古遥感等。具体相关应用所用到的数据及来源如表 3.1 所示。

表 3.1　不同研究领域研究数据

遥感领域	数据	数据来源	具体应用
水资源遥感	多光谱数据	Landsat、SPOT、NOAA 等	水质研究、水体质量监测、悬浮物质浓度监测、估计藻类生物参数
	高光谱数据	EO-1、Envisat、MODIS 等	对水体中叶绿素浓度、悬浮物浓度、溶解性有机物的解析和估测
	非成像光谱仪数据	ASD 野外光谱仪、便携式超光谱仪等	建立水质参数反演模型
	热红外遥感数据	NOAA 等	解析热污染区温度分布特征
植被遥感	多光谱数据	Landsat-7、SPOT、IKONOS-2 等	植被信息提取、植物生长状况解译
	高分辨率数据	GF-1、GF-2、SPOT 等	植被信息提取、农作物估产抽样检查
	低中分辨率数据	NOAA、FY-1 等	农作物估产
	高时相分辨率数据	NOAA、FY-1、FY-2 等	农作物生长监测
土壤遥感	低中分辨率数据	NOAA、FY-1 等	土类和亚类的划分识别
	高分辨率数据	GF-1、GF-2、SPOT 等	确定土壤形成的具体地貌条件、植被类型等
大气遥感	高光谱数据	EO-1、Envisat、MODIS 等	水蒸气、云和气溶胶研究
	气象雷达数据	SAR、ASAR	探测降水、监测台风和风暴等灾害性天气
	热红外遥感数据	NOAA 等	大气温度、湿度、成分研究

3. 遥感找矿与矿山环境遥感

遥感找矿是通过遥感图像找矿标志及成矿地质条件来提取矿化信息和控矿因素从而发现找矿靶区的一种技术手段。其直接应用是高光谱图像的矿物填图与蚀变岩信息的提取。矿山环境遥感是基于矿山地理学和矿山地质学的理论知识系统，结合部门的技术规范和工程要求所进行的一种具有遥感信息工程意义的实用型应用技术。其主要是针对矿山开采过程中所产生的地质环境问题进行调查和环境评价。

研究所用数据：SPOT、IKONOS、QuickBird、雷达数据等。

露天开采矿类型，一般用到中等尺度的图像空间信息，选择 SPOT 卫星多光谱图像即可满足调查技术的需要；对于那种坑道开采矿山类型，由于采矿道口相对比较隐蔽，在低分辨率影像中难以发现洞口的问题，一般选择高分辨率图像，如 IKONOS 卫星图像、QuickBird 卫星图像等；对于平原区地下采空区的地面沉降、坍塌、地裂缝问题，则可选择雷达图像，运用合成孔径雷达干涉测量技术（InSAR）测量地面变化，这是目前应用潜力最好的地表形态监测手段。

4. 工程地质遥感

工程地质遥感主要是运用遥感技术、GIS 技术、GPS 技术相结合的方法，针对线路工程地质选线、大型工程场地选址中的基本工程地质问题，通过遥感图像解译、现场调查及验证、工程地质条件比选研究，提出预选场地的天然地基、场地安全性、工程建筑物失稳性、特殊岩土类的工程致灾预测等问题。主要研究内容包括调查工程规划中预选路线、场地工程地质条件、确定工程岩土组分与组织结构及物理、化学与力学性质及其对建筑工程地基稳定性的影响；进行岩土工程地质分类；研究建筑场区水文条件对工程建筑的影响；研究区域不良地质体的分布规律及其致灾机理等。

研究所用数据：Landsat、SPOT、IKONOS、QuickBird 等。

大地构造、地震烈度区划、区域断裂、地貌分区、岩性分类、一二级水系等相关工程地质解译研究，一般使用 Landsat ETM+数据；区域构造、工程地质分区、二级以下水系、工程地质岩组、中大型不良地质等研究，一般使用中等分辨率的 SPOT 相关数据；像工程地质岩组、次级断层、中小型滑坡、岩溶、坍塌、堆积、体规模、塌陷和地裂缝等相关研究，对数据清晰度要求较高，一般使用高分辨率的 IKONOS 和 QuickBird 影像。

5. 地质旅游资源遥感

地质旅游资源遥感是运用地学遥感图像解译的原则和方法，对构造地质、特殊岩石类型、地质地貌类型、生态环境、水域类型等自然景观旅游资源进行景观研究和制图。其基本任务是对地文景观的旅游景观类型及景元（景观元素）分布规律进行图像解译、地面勘查、景观特征采集及景观评价，为旅游规划前期基础工作提供图像景区资料和开发依据。

研究所用数据：IKONOS、QuickBird 等。

在景观实体形态特征的解译过程中，岩溶景观实体在遥感图像上的可解析度主要受像元尺度限制，一般情况下，像元尺度最低不能小于 5m 的空间分辨率。此时，采用高分辨率 IKONOS、QuickBird 卫星图像可以较精确地对景观实体单元进行个体特征的解译识别和特征值提取及立体测绘制图。

3.2　遥感信息提取技术概述

3.2.1　遥感信息提取定义

遥感信息提取是遥感成像过程的逆过程，是从遥感对地面实况的模拟影像中提取有关信息、反演地面原型的过程。需要根据专业的要求，运用物理模型、解译特征标志和实践经验与知识，定性、定量地提取出物理量、时空分布、功能结构等有关信息。

遥感信息提取的内容包括以下五方面（赵英时，2003）。

（1）目标物的识别或分类（target recognition or classification）：指利用图像光谱信息、空间信息等对目标物进行识别和分类，它是目前遥感图像信息提取的主要类型之一，如利用遥感图像研究土地覆盖类型，以及军事侦察中利用高分辨率遥感影像识别打击目标等。

（2）特定地物及状态的提取（identification of specific features）包括利用遥感图像识别灾害状况、线性构造、遗迹等特殊的地物或地表状态，如利用遥感图像监测作物病虫害等。

（3）物理量的提取（extraction of physical quantities）是通过光谱信息测量目标地物的温度，或求出大气成分以及通过立体像对测出高程等，这是目前定量遥感研究的主要问题之一。

（4）指标提取（extraction of index）是指提取出植被指标的过程，如利用遥感影像计算区域植被指数、水体指数、建筑指数等。

（5）变化检测（change detection）是指从不同时期观测的图像光谱信息中检测目标地物的动态变化信息，如洪水淹没区域的变迁、大气污染扩散等。

3.2.2 遥感信息提取技术分类

遥感技术的发展，带来了遥感数据从空间分辨率、光谱分辨率、时间分辨率上的不断提高，为各类遥感应用提供了大量的数据基础。在遥感数据获取能力增强的同时，遥感数据中隐藏的信息也越来越丰富，因此对于各类遥感应用来说，快速、准确、自动化的遥感信息提取至关重要。

按照自动化程度来划分，遥感信息提取技术主要分为人工信息提取和计算机信息提取。人工信息提取通常又被称作目视解译，即专业人员通过直接观察或借助判读仪器在遥感图像上获取特定目标地物信息的过程。遥感图像计算机信息提取又被称作计算机解译，即以计算机系统为支撑环境，利用模式识别技术与人工智能技术相结合，根据遥感图像中目标地物的各种影像特征，结合专家知识库中目标地物的解译经验和成像规律等知识进行分析和推理，实现对遥感图像的理解，完成对遥感图像的解译。人工信息提取和计算机信息提取方式各有优缺点，具体如表 3.2 所示。

表 3.2 人工信息提取和计算机信息提取方式的优缺点对比

信息提取方式	优点	缺点
人工信息提取 （影像判读）	可以利用判读人员的知识 擅长提取空间信息	花费时间长 主要是定性分析，缺少定量分析 存在个人差异，个人主观因素影响大
计算机信息提取 （影像处理与理解）	处理时间短 方法技术便于重复使用 可提取定量指标	难于利用个人知识 不擅长提取空间信息

从遥感影像计算机信息提取的角度，按照信息提取方式的不同，并结合不同空间分辨率的各种卫星影像在不同领域的应用情况，遥感信息提取技术又可以大致分为遥感分类、目标识别、定量遥感、遥感三维信息提取等不同的提取形式。不同的应用领域，所用的遥感数据源不同，所采取的信息提取技术大为不同，对此本书 3.4 节对遥感图像计算机信息提取技术的体系进行了简单的概括。

3.3 遥感图像目视解译

遥感图像解译是专题信息提取的主要步骤，通过对遥感图像的观察、分析和比较，判断和识别遥感资料所表示的地物的类型、性质，获取感知对象的数量、质量、空间分布特征及其演变规律。具体方法包括计算机自动解译分类和遥感图像的目视解译。

（1）计算机自动解译是以计算机为支撑的环境，利用模式识别技术与人工智能技术相结合，根据遥感图像中目标地物的各种影像特征（解译标志），结合专家知识库中的目标地物的解译经验和成像规律等知识进行分析和推理，实现对遥感图像的理解（梅安新等，2001）。

（2）目视解译是遥感图像解译的一种，又称目视判读，或目视判译，是遥感成像的逆过程。它指专业人员通过直接观察或借助辅助判读仪器在遥感图像上获取特定目标地物信息的过程（梅安新等，2001）。无论是遥感目视解译还是计算机解译，其结果都需要运用到目视解译的方法进行抽样核实或检验，因此目视解译是遥感从业人员必须具备的一项基本技能。

3.3.1　目视解译判读标志

无论是遥感目视解译还是计算机解译，在解译过程中都需要借助于遥感图像中的解译标志，解译标志在解译过程中扮演着重要的角色。一般来说，遥感图像解译主要包括：色调与色彩、几何形态、位置、阴影、水系、地貌形态、植被、土壤、等标志（薛重生等，2011）。

1. 色调与色彩标志

遥感图像是由图像色调来表征电磁辐射特性的，地表目标的电磁辐射能量是以图像色调的形式模拟显示出来。图像色调在不同的图像中命名不同，在数字图像中称为辐射亮度值，其值域在 0～255 或 0～1023 等不同范围区间，在黑白图像模拟中称为图像灰度值，在彩色图像中称为色度值，分别为色度、明度（亮度）、饱和度。

如图 3.1（a）[彩图 3.1（a）]所示，全色遥感图像中从白到黑的密度比例称为色调（也叫灰度）。地学目标能够被区分，主要是靠地学目标与背景之间存在能被人的视觉所分辨出的色调差异。因此，色调标志是识别地学目标的基本依据。在地质解译中对于黑白图像的色调描述主要包括色调等级、色调反差及地学目标体的边界等。由色调标志，可区分出地学目标的属性、边界、形态和图形结构等图像要素。

如图 3.1（b）[彩图 3.1（b）]所示，色彩是多光谱遥感图像中地学目标识别的基本标志。地物在不同波段中反射或发射电磁辐射能量差异的光谱组合以遥感图像中地学目标的颜色形式表现出来。多光谱遥感图像按照图像与地物真实色彩的相似程度，可分为真彩色和假彩色两种类型图像。真彩色遥感图像成像光谱由可见光谱中的红、绿和蓝 3个谱段组成，图像的色彩与地物颜色相同或相似，且符合人的视觉习惯。假彩色图像上目标是有选择地采用不同的波段颜色组合来突出该类目标图像色彩特征，因此，假彩色图像的颜色与实际地物颜色存在一定差异。彩色图像的色度要素为色度、饱和度和明亮度。

2. 几何形态标志

地学目标都具有自身特定的外部形态结构，此形态结构是研究图像成像机理的基础。如图 3.2（彩图 3.2）所示，遥感图像的几何形态标志主要包括形状、大小和纹理等基本要素，是我们借助遥感图像识别其空间结构及物理属性的判别依据。

 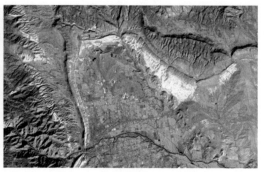

(a) 灰度　　　　　　　　　　　　　　　　　　(b) 色彩

图 3.1　遥感影像的灰度和色彩

(a)形状　　　　　　　　　　(b)大小　　　　　　　　　　(c)纹理

图 3.2　遥感影像上地物几何形态

　　地表目标经遥感成像系统的光学投影后，在图像上形成目标物的边界和轮廓。因此，形状是遥感图像几何形态的基本要素，它可反映出地学目标在遥感图像上呈现的外部轮廓。因此，地表目标的形状可形成图像直接解译的标志，根据图像的形状特性即可判断目标的地学属性。

　　大小是度量目标形状的值，主要包括线状目标的长度、面状目标的面积等，它是遥感图像上测量地学目标最重要的量化特征之一。地学目标大小是一个确定的值，但在图像上进行测量时，由于受图像空间分辨率、目标与背景的色调反差、目标位置的空间环境等因素影响，目标大小的度量精度或判断产生一定的误差。在地学目标解译中，经常采用对比法、外延法等进行判定目标尺度大小，然后通过目标尺度大小来推断解译目标的属性类型。

　　图像纹理是一种结构性集合体，它是地表目标色调特征的空间聚合图案或影纹图案。在遥感相关应用领域，图像纹理可以作为相关地物的识别标志。例如，在农业遥感中，图像纹理可以用来作为识别植被冠层组合类型的解译标志，据此也能判别植被覆盖类型。常见的图像纹理类型或影纹图案包括：条带状、网络状、环带状、斑点状和斑块状等。由于地物种类、大小、地质结构，以及图像像元尺度的差异，各种纹理图案都会存在多种表达形式，在对图像纹理结构特征研究时，必须考虑纹理结构的光谱组成和尺度特征，如纹理的空间组成、纹理元素的大小、均匀性等结构特征。

3. 位置

位置是指目标的空间位置（绝对位置）及目标间的空间相邻关系（相对位置）。所有地学目标都与其所在的地理背景环境之间存在一定的空间联系。因此，目标的位置标志是识别目标属性的图像特征之一。目标地理位置是指目标的空间坐标和目标所处的地理单元位置（环境位置），相对位置是指目标与相邻地物的相对位置及空间结构关系。相对位置关系是目标空间属性解译的主要标志，也是对目标空间信息采集的重点内容之一。图 3.3 显示了高空间分辨率影像上机场局部区域的跑道、停机坪和飞机。

图 3.3　机场局部区域的跑道、停机坪和飞机

4. 阴影标志

地物阴影是太阳入射角与地物遮挡而形成地物的影子。地物阴影的形状及大小可解译出地物的性质、高度和结构等。阴影的长度、方向和形状受入射角、入射方向和地形起伏等众多因素的影响。图像的阴影覆盖区会使目标模糊不清，甚至成为信息解译的盲区。如图 3.4（彩图 3.4）所示，地物阴影包括本影和落影两种。

本影指的是物体未被太阳照射到的阴暗部分，如在山区，山体的阳坡色调亮；阴坡色调暗。而且山越高，山脊越尖，山体两坡的色调差别越大，界线越分明，这种色调的分界线就是山脊线。因此，利用山体的本影可以识别山脊、山谷、冲沟等地貌形态特征。

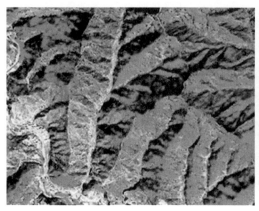

(a) 本影　　　　　　　　　　　　　(b) 落影

图 3.4　遥感影像的本影和落影

落影指光线斜射在地面上出现物体的投落阴影。解译过程中可借助于落影来识别地物的侧面形态及一些细微特征，还可以根据其长度估计或测量物体的高度。计算方法见式（3-1）：

$$H = L \cdot \mathrm{tg}\,\theta \tag{3-1}$$

式中，H 为物体的高度；L 为落影的长度；θ 为太阳高度角。当 θ =45°时，物体的高度正好等于其落影的长度。太阳高度角为一个变化参数，它与地区的纬度、摄影时间、摄影天气等有关。太阳高度角不同，会造成不同的阴影效果。

5. 水系标志

水系是由多级水道组合而成的地表水文网，它常构成各种图形特征。一个地区的岩性、构造和地貌形态等决定该地区在遥感图像上的水系特征。因此，水系在地学目标解译中扮演着重要的角色。水系标志一般可从水系类型、水系密度等方面进行分析。

水系类型受地貌形态类型与区域地质构造环境所制约，并且其水系样式常与下垫面的岩性、构造、岩层产状有着密切的关系。如图 3.5 所示，水系类型主要包括树枝状水系、放射状与向心状水系、环状水系及其他水系类型（如星点状水系等）。

水系密度是指在一定范围内各级水道（主要指 1 级、2 级或 3 级）发育的数量，也有用相邻两条同级水道之间的间隔来表示水系的疏密程度。水系密度大小主要受岩石和土壤的成分、结构、含水性及地形等因素影响。因此通过分析水性密度，可以解译出该地区的岩性、地貌特征。

6. 地貌形态标志

地貌形态是由内力地质作用、外力地质作用、构造、岩性、气候等多种因素对地壳综合作用造成的。内力地质作用决定地貌格局，外力地质作用则刻画出地貌格局的形态。岩石类型及其组合、断裂构造则进一步控制或制约了地貌的空间结构、地貌形态走向及地形表现，从而形成了不同的地貌形态类型。由于地貌形态是由岩石类型和地质构造所控制，其地貌格局在外力地质作用下，尽管其原始地貌形态遭受到改造和破坏，但总和

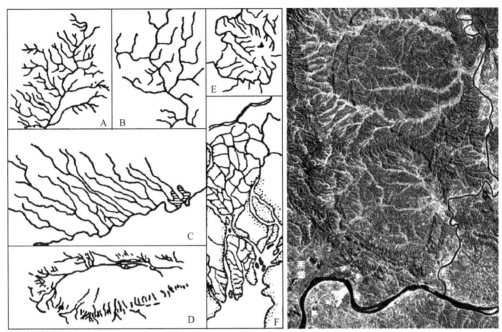

A. 树枝状水系; B. 格子状水系; C. 平行状水系; D. 辐合状水系;
E. 放射状水系; F. 网状水系

(a) 水系形态示意图(刘俊, 2009)　　　　　　　　　(b) 树枝状水系遥感影像图

图 3.5　遥感水系标志

岩石及构造类型具有内在的联系性。因此，地貌形态标志也是地质遥感的基础。地貌形态标志主要包括山地地貌形态标志、山体形态标志、河谷地貌标志和地貌类型标志等。这些地貌标志可从地貌成因学上，建立基于地貌成因类型或地貌形成过程到地貌形状地学等地貌类型解译标志体系。

7. 植被标志

植被是地表圈层中极为重要的生态层。每种植物类型都具有其特征光谱组合图像标志，在遥感图像上的植被标志都非常明显，可以依此断定某一地理单元是否存在植被覆盖层，以及其生长发育程度。植被类型、植被覆盖程度、植被在空间上的覆盖密度差异等都与其下垫面的岩石类型、断裂构造、土壤类型和气候类型具有成因上的联系。植被标志与地学内容具有高度相关性，因此是地学解译的基本标志之一。植被标志建立的基本要素有植被类型、植被覆盖密度、植被长势、植被地理特征及植被地带性特征等。

8. 土壤标志

土壤是岩石风化后残留在原地的松散残积层。自然界中，地表土壤层直接影响着其上发育的植被层。因此，在遥感图像上土壤标志与植被标志两者之间既具有独立性，也具有关联性。由于土壤层在地表完全裸露的情况下不多，大多都是被植被覆盖住。因此，建立有效的土壤解译标志是较为复杂的一项探索性研究工作。土壤解译标志主要包括土壤光谱标志、土壤含水性标志等。

由于目视判读需要的设备少,简单方便,可以随时从遥感图像中获取许多专题信息,因此是地学工作者研究工作中必不可少的一项基本功。忽视目视解译的重要作用,不了解计算机处理过程中的有关图像的地学意义或物理意义,单纯强调计算机解译或遥感图像理解,有可能成为一种高水平的计算机游戏,因此运用目视解译的经验和知识指导遥感图像计算机解译是遥感图像计算机解译发展的基础和起始点。

3.3.2　目视解译的步骤

遥感图像的目视解译一般遵从从已知到未知,先整体后局部,从宏观到微观,先易后难的原则,可以概略地分为以下五个主要步骤(濮静娟,1992;梅安新等,2001)。

(1)准备工作:主要是收集资料,除遥感图像外,通常还需要工作区的地形图和相关的自然、经济等情况,以及报告、必要的参考文献等各种资料。

(2)初步解译与判区的野外考察,建立解译标志。

(3)图像预判和编制专题图略图:遥感图像的初步解译主要是经过资料分析建立直接和间接解译标志,包括形态、大小、色调、阴影、纹理等。然后在分类系统的指导下设计图例系统,进行初步解译,并把解译结果转绘成专题图略图。

(4)野外实况调查和地学验证及补判:根据初步解译结果,确定野外调查路线和调查样本,进行野外调查,验证判读标志,并应用地学分析方法解决图像与地物间的机理关系,从而修正预判中的错判或漏判,使得解译结果更加客观可靠。

(5)目视解译成果的转绘与制图:根据预判结果和野外调查资料,对全部工作区进行重新解译,然后清绘成图,在此基础上进行面积量测,以及其他数字统计特征的分析。

3.4　遥感图像计算机信息提取方法体系

从广义上说,空间信息包含几何信息和属性信息。同理,遥感作为一种特殊的空间数据采集手段,可以为我们提供几何信息和丰富的属性信息。如表 3.3 所示,按照信息提取方式的不同,并结合不同分辨率的各种卫星影像在不同领域的应用情况,遥感信息提取技术又可以大致分为遥感分类、定量遥感、目标识别、遥感三维信息提取等信息提取形式。本书后续第 4~8 章将逐一对不同形式的遥感信息提取技术进行介绍。

表 3.3　遥感图像计算机信息提取方法体系

遥感信息提取方式	主要方法	应用	数据源	空间分辨率	光谱分辨率	时间分辨率	主要提取的空间信息类型
遥感分类	监督与非监督分类	土地覆盖与土地利用调查	TM、Aster、SPOT4、CBERS 等	中	中	中	属性信息
定量遥感	指数计算、反演模型	生态环境动态监测	MODIS、AVHRR、SAR 等	低	高	高	
目标识别	图像分割、模式识别	城市信息更新	GF-1、GF-2、IKONOS、QuickBird 等	高	低	中	几何信息(平面)、属性信息
遥感三维信息提取	雷达差分干涉、激光测距	三维信息获取、地表形变监测	SAR、LiDAR 等	中、高		中高	三维几何信息

遥感图像分类是指根据遥感图像中地物的光谱、纹理、空间特征、时相特征等，对地物进行分类和识别的过程，传统的遥感分类主要指针对中低空间分辨率影像而进行的遥感像元分类。图 3.6（彩图 3.6）显示了基于国产 HJ-1B-CCD2 多光谱数据并利用随机森林分类器完成的北京市昌平区土地覆盖分类结果（Ming et al.，2016）。

| 耕地 | 林地 | 草地 | 水域 | 建设用地 | 未利用土地 |

图 3.6　HJ-1B-CCD2 多光谱遥感影像分类（Ming et al.，2016）

目标识别是指借助计算机图像处理手段和人工智能方法，将某种典型目标从其他目标或背景中区分出来的过程，一般主要针对航空影像及高空间分辨率的卫星影像。图 3.7 示意了高空间分辨率卫星影像机场识别的过程（明冬萍等，2006）。

定量遥感主要是指从对地观测的电磁波信号中定量提取地表参数的技术和方法，区别于仅依靠经验判读的定性识别地物的方法，它有两重含义：遥感信息在电磁波的不同波段内给出的地表物质的定量的物理量和准确的空间位置；从这些定量的遥感信息中，通过实验的或物理的模型将遥感信息与地学参量联系起来，定量的反演或推算某些地学或生物学信息。图 3.8（彩图 3.8）和图 3.9（彩图 3.9）分别展示了基于物理辐射模型和作物生长模型的水稻参数时空连续模拟过程的示意图和基于统计模型的水稻参数高光谱定量反演过程。

在某些遥感观测方式下，不仅能获得地物丰富的光谱信息，还可以获取地物的三维信息并生成数字地形模型（digital terrain model，DTM）（郭建星等，2003）。遥感三维信息提取通常指采用卫星立体像对，通过卫星立体模型解算地物的高程信息（方子岩和郑天赐，2009），或者采用主动遥感方式获取遥感观测数据，通过视距测量或双程相位差分干涉等技术，提取地物高程信息的过程（尤红建等，2002；濮国梁等，2002）。图 3.10 示意了机载 LiDAR 点云数据获取及三维信息提取的结果[①]。

对于遥感影像计算机信息提取来说，提高遥感信息提取的自动化程度，能够快速准确地将遥感数据转化为行业应用需要的专题信息，这对遥感相关应用具有重要意义。遥感信息提取的研究对象存在于地表空间的地理实体及相关现象。由于地表面的空间信息

---

① http://blog.sina.com.cn/s/blog_764b1e9d0100vph4.html.

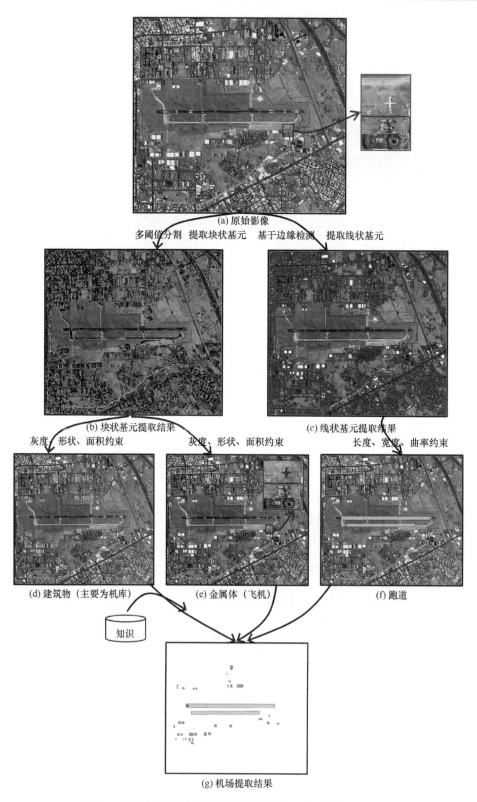

(a) 原始影像

多阈值分割 提取块状基元　基于边缘检测 提取线状基元

(b) 块状基元提取结果　　　　　(c) 线状基元提取结果

灰度、形状、面积约束　　灰度、形状、面积约束　　　长度、宽度、曲率约束

(d) 建筑物（主要为机库）　　(e) 金属体（飞机）　　　　(f) 跑道

知识

(g) 机场提取结果

图 3.7　高空间分辨率卫星影像机场识别（明冬萍等，2006）

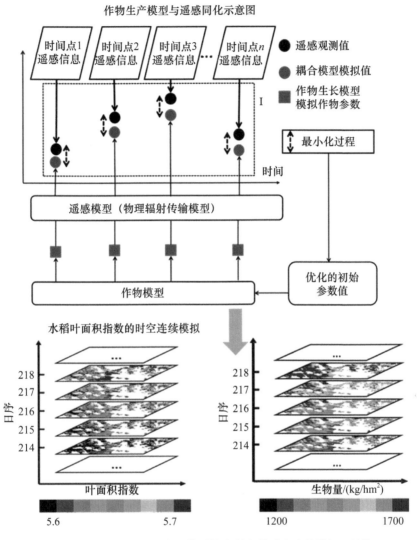

图 3.8　基于物理辐射模型和作物生长模型的水稻参数时空连续模拟（吴伶，2013）

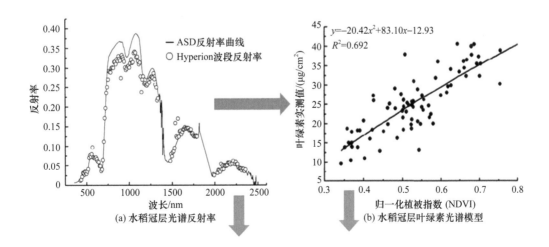

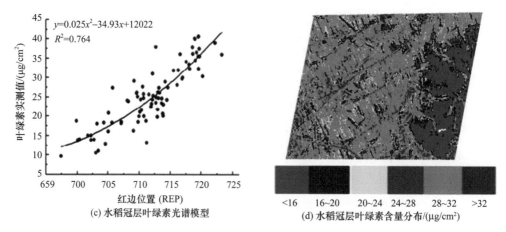

(c) 水稻冠层叶绿素光谱模型　　(d) 水稻冠层叶绿素含量分布/(μg/cm²)

图 3.9　基于统计模型的水稻参数高光谱定量反演叶绿素含量（李婷等，2012）

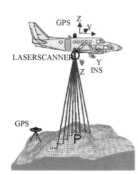

图 3.10　LiDAR 点云数据获取及三维信息提取
（图片来源：ENVI-IDL 中国官方微博）

是多维的、无限的，通过遥感采集的数据只能以数组形式记录多光谱数据，地表信息和遥感数据之间的信息具有不对称性，这使得遥感信息提取具有模糊性和多解性特点，此时需要借助于一些完整的特征描述及领域相关知识来辅助更准确的信息提取（高伟，2010）。因此，遥感影像计算机信息提取的自动化和智能化、定量化和准确化是遥感应用领域力求实现的目标。

参 考 文 献

方子岩，郑天赐. 2009. 线阵列传感器影像三维信息提取技术. 测绘通报, 50(1): 88-93
高伟. 2010. 基于特征知识库的遥感信息提取技术研究. 武汉: 中国地质大学(武汉)博士学位论文
郭建星，赵向东，山海涛，等. 2003. 高效三维遥感信息获取技术的研究. 全国数字媒体与数字城市学术会议, 36(3A): 202-205
刘俊. 2009. TM 遥感影像的水系网提取研究. 成都: 西南交通大学硕士学位论文
梅安新，彭望琭，秦其明，等. 2001. 遥感导论. 北京: 高等教育出版社
明冬萍，骆剑承，周成虎，等. 2006. 基于特征基元的空间数据计算模式及其地学应用. 地球科学进展, 21(1): 14-23
濮国梁，杨武年，郑平元. 2002. 干涉雷达遥感技术及其在地学信息提取中. 成都理工学院学报, 29(5): 571-577

濮静娟. 1992. 遥感图像目视解译原理与方法. 北京: 中国科学技术出版社

薛重生, 张志, 董玉森, 等. 2011. 地学遥感概论. 武汉: 中国地质大学出版社有限责任公司

尤红建, 苏林, 刘彤, 等. 2002. 城市三维遥感信息的快速获取与数据处理. 测绘科学, 27(3): 6-28

赵英时. 2003. 遥感应用分析原理与方法. 北京: 科学出版社

吴伶. 2013. 基于遥感与作物生长模型同化的水稻生长参数时空分析. 北京: 中国地质大学(北京)博士学位论文

李婷, 刘湘南, 刘美玲. 2012. 水稻重金属污染胁迫光谱分析模型的区域应用与验证. 农业工程学报, 28(12): 176-182

Ming D P, Zhou T N, Wang M, et al. 2016. Land cover classification using random forest with genetic algorithm-based parameter optimization. Journal of Applied Remote Sensing, 10(3), 035021. DOI: http://dx.doi.org/10.1117/1.JRS.10.035021

第 4 章　中低空间分辨率遥感影像像元分类

通过遥感图像处理和影像判读的方式来识别目标地物、提取有用的信息，是遥感应用的主要目的之一。遥感图像分类是指根据遥感图像中地物的光谱特征、纹理特征、空间特征、时相特征等对地物目标进行识别的过程，广泛应用于地物信息提取、土地动态变化检测、专题地图的制作，以及遥感图像库建立等。

遥感分类相比于遥感图像的目视解译，其目的虽然相同，但是所用的技术手段却相差很多。目视解译实际上是直接利用人类大脑的自然识别智能，而计算机分类却是通过计算机技术来模拟人脑识别的识别方法。在过去的几十年里，国内外专家学者研究出了许多分类技术和方法来提高遥感影像的分类精度。但从遥感分类器发展角度，遥感影像分类主要从早期的基于统计模式识别的遥感分类（包括各种监督分类和非监督分类算法），发展到现在的基于集成学习和智能计算算法的遥感分类（包括人工神经网络、支持向量机、随机森林等），再发展到遥感影像专家分类系统等，遥感影像分类取得了很大的发展（贾坤等，2011）。

随着遥感影像空间分辨率的提高，根据影像分类对象的不同，遥感影像分类主要分为遥感影像像元分类和面向对象的遥感分类两种形式。但是无论是哪种形式的遥感分类，其分类器的基本原理都是相同的。本章主要介绍传统遥感信息提取的主流技术，即遥感像元分类。总体上根据分类过程中是否需要先验知识干预，遥感影像分类方法包括监督和非监督分类，其中最为传统和经典的依然是基于统计模式识别理论的遥感监督分类，其次是基于动态聚类分析的非监督分类，这两大类方法是本章介绍的重点。而随着遥感分类技术的发展，基于知识及智能计算理论的遥感分类技术也得到了极大发展。

4.1　遥感分类基本原理

遥感分类的本质就是模式识别（pattern recognition）。模式识别是指利用计算机或其他装置对物体、图像、图形、语音、文字等信息进行自动识别的技术。模式识别的理论和方法在很多的学科和领域中得到广泛的应用，如人工智能、计算机工程、语音识别等重要领域，也推动了计算机科学的发展（熊承义和李玉海，2003）。遥感数字图像分类是统计模式识别在遥感领域中的应用，它将图像数据从二维灰度空间转换到类别模式空间，分类的结果是遥感图像根据不同属性划分为多个不同类别的子区域，其关键是提取待识别模式的一组统计特征值，然后按照一定的准则做出决策，从而对数字图像予以类别划分。

4.1.1　特　征　空　间

如果将像元的不同特征（波段）作为特征空间的一个维度，那么 n 个特征（n 个波段）可以构成一个 n 维的特征空间。具有这 n 个特征（n 个波段）的像元将会在这个 n 维的特征空间中投影为一个点，同一类地物的像元在这个 n 维的特征空间中的投影将呈集群分布，如图 4.1 所示。将以上问题用数学语言进行描述：一个多光谱的像元矢量 X 可以用 n 个分量来表示，每个分量称为矢量 X 的一个特征，这种特征可以是几何量值，也可以是光谱量值 $\lambda_1, \lambda_2, \cdots, \lambda_n$ 或其他地理、地质等量值，矢量 X 是 n 维测量空间中一个确定的坐标点，这个测量空间称为特征空间（当所有特征都为像元在各个波段的光谱特征时，这个特征空间又叫做光谱空间）。

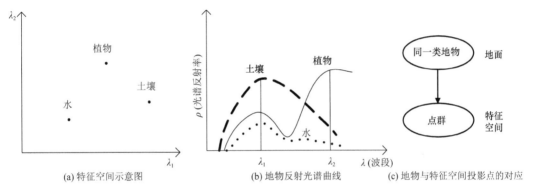

(a) 特征空间示意图　　　(b) 地物反射光谱曲线　　　(c) 地物与特征空间投影点的对应

图 4.1　特征空间示意图

遥感影像分类实质是将特征空间划分为互不重叠的子空间，然后将影像中的各个像元依据其在各个不同波段的光谱值划归到子空间中。统计模式识别是在上述特征空间中对模式的统计分类方法，即结合统计概率论的贝叶斯决策系统进行模式识别的技术，又称为决策理论识别方法。统计模式识别的基本原理是：有相似性的样本在模式空间中互相接近，并形成"团簇"，即"物以类聚"。其分析方法是根据模式所测得的特征向量 $X_i = \left(x_{i1}, x_{i2}, \cdots, x_{id} \right)^{\mathrm{T}}$（$i = 1, 2, \cdots, N$），将一个给定的模式归入 m 个类 $C_1, C_2, \cdots, C_m$ 中，然后根据模式之间的判别函数来分类。其中，T 表示转置；N 为样本点数；d 为样本特征数。

4.1.2　地物的光谱统计特性

遥感统计模式分类有一个基本的统计学前提，就是各种地物在各个波段的 DN 值分布都呈正态分布（相对于该类别本身）（孙家抌等，1997）。图 4.2 示意了当特征维数是 1 维时地物在特征空间中的统计特性。

当特征空间维数为 1 时，某一像元 X 属于 i 类的正态分布条件概率为

$$P(X/i) = \frac{1}{\sigma_i \sqrt{2\pi}} \exp\left(-\frac{(X-\mu_i)^2}{2\sigma_i^{\,2}}\right) \tag{4-1}$$

$$\mu_i = \frac{\displaystyle\sum_{m=0}^{M-1}\sum_{n=0}^{N-1} f(m,n)}{MN} \tag{4-2}$$

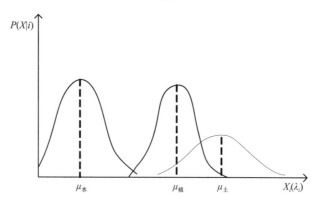

图 4.2　地物在 1 维特征空间中聚类统计特性

$$\sigma_i^{\,2} = \frac{\displaystyle\sum_{m=0}^{M-1}\sum_{n=0}^{N-1}[f(m,n)-\mu_i]^2}{MN} \tag{4-3}$$

式中，X 为像元矢量数据；μ_i 及 σ_i 分别为类别 i 的特征均值及方差；$f(m,n)$ 为像元 (m,n) 的灰度值（其中 m 为行号，n 为列号）；M 与 N 分别为图像的行数与列数。

图 4.3 示意了当特征维数为 2 维时地物在特征空间中的统计特性。

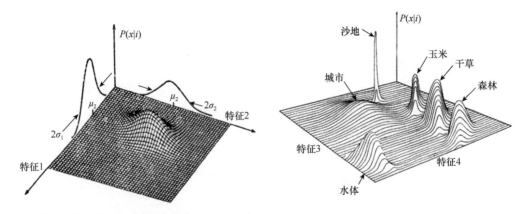

图 4.3　地物在 2 维特征空间中聚类统计特性　　图 4.4　地物在 n 维特征空间中聚类统计特性

当特征空间维数为 2 时，某一像元 X 属于 i 类的正态分布条件概率为

$$P(X/i) = \frac{1}{\left|\sum_i\right|^{\frac{1}{2}} \sqrt{2\pi}} \exp\left[-\frac{1}{2}(X-M_i)^{\mathrm{T}}\sum_i{}^{-1}(X-M_i)\right] \tag{4-4}$$

此时类别 i 的特征均值及协方差分别如式（4-5）和式（4-6）所示：

$$M_i = \begin{bmatrix} \mu_{i1} \\ \mu_{i2} \end{bmatrix} \tag{4-5}$$

$$\sum_i = \begin{bmatrix} \sigma_{i1}^2 & \sigma_{i1}\sigma_{i2} \\ \sigma_{i2}\sigma_{i1} & \sigma_{i2}^2 \end{bmatrix} = \begin{bmatrix} \sigma_{i11} & \sigma_{i12} \\ \sigma_{i21} & \sigma_{i22} \end{bmatrix} \tag{4-6}$$

进一步扩展，当特征空间维数为 n 时，地物在 n 维特征空间中的聚类统计特性如图 4.4 所示，某一像元 X 属于 i 类的正态分布条件概率为

$$P(X/i) = \frac{1}{\left|\sum_i\right|^{\frac{1}{2}}(2\pi)^{\frac{k}{2}}} \exp\left[-\frac{1}{2}(X-M_i)^{\mathrm{T}}\sum_i^{-1}(X-M_i)\right] \tag{4-7}$$

依据这些统计特性，可以在特征空间中实现像元的类别归属划分，这是遥感统计模式分类的理论基础。

4.1.3　分 类 原 理

如图 4.1 所示，同类地物在相同的条件下（光照、云量、地形等）应该具有相同的或相似的光谱特征及空间信息特征。而不同类别的地物之间的光谱特征具有差异，根据这种差异，将图像中所有的像元按照其性质划分为不同的类别，这就是遥感图像的分类。

遥感图像计算机分类是以每个像元的光谱信息数据为基础进行的像元分类。假设遥感图像有 N 个波段，则每个图像 (i,j) 位置的像元的灰度值共有 N 个，可以用 $X = (x_1, x_2, \cdots, x_n)^{\mathrm{T}}$ 来表示，并称包含 X 的 N 维空间为特征空间。这样就可以用 N 维特征空间中的一系列点来表示多光谱影像的 N 个波段。在遥感图像分类中，常把图像中的某一地物类别称为模式，而把属于该类别中的像元称为样本，并且把 $X = (x_1, x_2, \cdots, x_n)^{\mathrm{T}}$ 称为某一样本的观测值。以下用两波段的遥感图像为例来说明其分类原理（韦玉春等，2007）。

多光谱图像上的每个像元都可以用特征空间中的一个点来表示。在一般情况下，相同类别地物的光谱特征比较接近，在特征空间中的点聚集在一起，形成一个点簇，多个特征地物能够在特征空间中形成多个点簇。如图 4.5 所示，设该图像中包含了三种地物，分别记为 A，B，C。则在特征空间中形成 A，B，C 三个相互分开的点集，这样就将图像中三类地物区分开来，等价于在特征空间中找到若干条曲线（如果图像的波段数大于 3，就需要找到若干个曲面）将 A，B，C 三个点集区域分开来。

设 A 与 B，B 与 C，以及 A 与 C 的曲线表达式为分别为 $f_{AB}(X)$、$f_{BC}(X)$，和 $f_{AC}(X)$，则方程 $f_{AB}(X)=0$，$f_{BC}(X)=0$，$f_{AC}(X)=0$ 称为 $f_{AB}(X)$、$f_{BC}(X)$ 和 $f_{AC}(X)$ 分别为 A 与 B，B 与 C，以及 A 与 C 的判别曲线。

在 X 已知的情况下，可以根据上述三个判别曲线，容易地判别特征空间中任意一点

是属于哪一类:

如果 $f_{AB}(X)>0$, $f_{BC}(X)>0$, X 为 B 类地物;

如果 $f_{AB}(X)<0$, $f_{AC}(X)>0$ 时, X 为 A 类地物;

如果 $f_{BC}(X)<0$, $f_{AC}(X)<0$ 时, X 为 C 类地物。

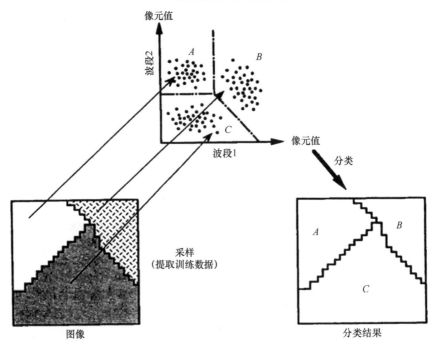

图 4.5 遥感图像分类

上面的规则称为确定未知样本所属类别的判断准则,三个函数称为判别函数。遥感图像分类算法的核心就是确定判别函数以及相应的判断准则。为了保证所得到的判断函数能够较好地将各类地物在特征空间中分割出来,通常是在一定的准则下求出判别函数和其对应的判断准则。图 4.6 表示了利用判别函数所定义的分类器,对数字图像予以分类和识别的过程。

这里常用的判别规则通常包括两类,即距离判别规则与概率判别规则,对应两类分类器,即距离判别函数分类器和概率判别函数分类器。

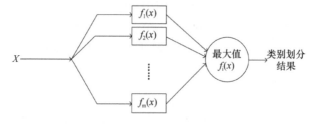

图 4.6 利用判别函数所定义的分类器

1. 距离判别函数分类器

距离判别函数分类器的实质是基于静态聚类分析的类别判别。如图 4.7 所示，距离判别函数分类器是通过衡量遥感图像像素的相似度来决定像元的类别归属。这里的距离指特征空间中像元特征和分类类别特征的相似程度，即特征空间的像元点到各地物类别聚类中心位置的（均值）距离。距离最小即相似程度最大。

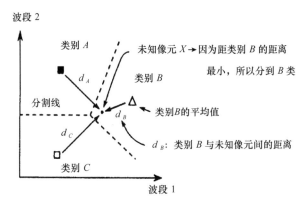

图 4.7　欧氏距离判别函数分类示意图

常用的距离包括绝对值距离［式（4-8）］和欧式距离［式（4-9）］。

$$d_{ik} = \sum_{k=1}^{n} \left| x_{ik} - \mu_{ik} \right| \tag{4-8}$$

式中，d_{ik} 为像元 i 在特征空间中距离类别 k 聚类中心（平均矢量）的绝对值距离；x_{ik} 为像元 i 在 k 波段的光谱值；μ_{ik} 为类别 k 的平均矢量在 i 波段的值（即类别 k 在 i 波段的光谱均值）。

$$d_k = \left[\sum_{j=i}^{n} (x - \mu_k)^2 \right]^{\frac{1}{2}} = \left[(x - \mu_k)^{\mathrm{T}} \cdot (x - \mu_k) \right]^{\frac{1}{2}} \tag{4-9}$$

式中，d_k 为像元在特征空间中距离类别 k 聚类中心（平均矢量）的欧式距离（图 4.7）；x 为像元矢量数据；μ_k 为类别 k 的平均矢量；n 为波段数；j 为波段序号。

2. 概率判别函数分类器

经典的概率判别函数分类器是贝叶斯判别函数分类器，它是一种统计模式识别分类器。概率判别函数（贝叶斯判别函数）分类器的基本思想是样区内各类别集群在特征空间中的概率分布函数为先验已知，分别计算它落入各区域内的概率 L_k，对于样区外任意一未知像元：

$$L_k = P(k \mid x) = P(k) \times P(x \mid k) / \sum P(i) \times P(x \mid i) \tag{4-10}$$

其概率值最大的相应类别就是该像元应属的类别。其中，x 为待分像元；$P(k)$ 为类别 k 的先验概率，可以通过训练区来决定。由于上式中分母（是在所考虑的全部数据中出现该数据向量的概率）和类别无关，在类别间比较的时候可以忽略。

4.1.4　分类基本过程

在遥感分类中，有时单单依靠像元的光谱特征很难实现地类间区分，这时分类特征往往还需要考虑地物类别的纹理特征（即某一图像部分区域或者某一固定窗口大小中，地物的光谱分布模式呈周期性或近似周期性重复出现的特征）、各种专题指数特征（如植被指数、水体指数等）及 DEM 高程特征等，以增加类别间的可分性。但也并不是说，参与分类的特征越多对分类越有利，分类特征的选择需尽可能满足一个基本的原则，即类别内部保持较高的特征一致性或均质性，同时类别间保持较高的特征差异性或可分性。

总体上来说，遥感影像分类根据是否利用训练场地来获取先验的类别知识可分为监督分类和非监督分类。

监督分类（supervised classification）又称训练场地法，是以建立统计识别函数为理论基础，依据典型样本训练方法进行分类的技术，即根据已知训练区提供的样本，通过选择特征参数，求出特征参数作为决策规则，建立判别函数以对各待分类影像进行的图像分类，是模式识别的一种方法，要求训练区域具有典型性和代表性。判别准则若满足分类精度要求，则此准则成立；反之，需重新建立分类的决策规则，直至满足分类精度要求为止。监督分类可充分利用分类地区的先验知识，预先确定分类的类别；可控制训练样本的选择，并可通过反复检验训练样本，提高分类精度（避免分类中的严重错误）；可避免非监督分类中对光谱集群组的重新归类。但训练样本的选取和评估需花费较多的人力、时间；对土地覆盖类型复杂的地区，其只能识别训练样本中所定义的类别，对于因训练者不熟悉或因数量太少未被定义的类别，监督分类不能识别，从而影响分类结果。

非监督分类（unsupervised classification）是以不同影像地物在特征空间中类别特征的差别为依据的一种无先验类别标准的图像分类，是以集群为理论基础，通过计算机对图像进行集聚统计分析的方法。换句话说，非监督分类方法就是在没有先验知识（训练场地）作为样本的条件下，也就是在不知道类别特征的前提下，主要根据像元间相似度的大小进行归类合并（将相似度大的像元划分为一类）的方法。非监督分类根据待分类样本特征参数的统计特征，建立决策规则来进行分类，不需事先知道类别特征。把各样本的空间分布按其相似性分割或合并成一群集，每一群集代表的地物类别，需经实地调查或与已知类型的地物加以比较才能确定。非监督分类无需对分类区域有广泛地了解，仅需一定的知识来解释分类出的集群组；人为误差的机会减少，需输入的初始参数较少（往往仅需给出所要分出的集群数量、计算迭代次数、分类误差的阈值等）；可以形成范围很小但具有独特光谱特征的集群，所分的类别比监督分类的类别更均质；独特的、覆盖量小的类别均能够被识别。但对其结果需进行大量分析及后处理，才能得到可靠分类结果；分类出的集群与地类间，或对应、或不对应，加上普遍存在的"同物异谱"及"异物同谱"现象，使集群组与类别的匹配难度大；因各类别光谱特征随时间、地形等变化，不同图像间的光谱集群组无法保持其连续性，难以对比。

不管是监督分类还是非监督分类，尽管某些关键细节可以略有修改或不同，但总体来说，遥感数字图像计算机分类基本过程如下（梅安新等，2001）：

（1）首先明确遥感图像分类的目的及其需要解决的问题，在此基础上根据应用目的选取特定区域的遥感数字图像，图像选取时应考虑图像的空间分辨率、光谱分辨率、成像时间、图像质量等。

（2）根据研究区域，收集与分析地面参考信息与有关数据。为提高计算机分类的精度，需要对数字图像进行辐射校正和几何校正（这部分工作也可以由提供数字图像的卫星地面站完成）。

（3）对图像分类方法进行比较研究，掌握各种分类方法的优缺点，然后根据分类要求和图像数据的特征，选择合适的图像分类方法和算法。根据应用目的及图像数据的特征制定分类系统，确定分类类别，也可通过监督分类方法，从训练数据中提取图像数据特征，在分类过程中确定分类类别。

（4）依据经验或者统计方法选择出代表这些类别的统计特征（详见 4.2 节）。在分类中如果两个以上的波段相关性很强，那么方差协方差矩阵的逆矩阵就不存在或非常不稳定，在训练数据几乎都取相同值的均质性数据组的情况下也是如此，此时最好采用主成分分析法，把维数减到仅剩相互独立的波段。

（5）为了测定总体特征，在监督分类中可选择具有代表性的训练场地进行采样，测定其特征。在无监督分类中，可用聚类等方法对特征相似的像素进行归类，测定其特征。

（6）对遥感图像中各像素进行分类。包括对每个像素进行分类和对预先分割均匀的区域进行分类。4.3~4.5 节就常用的遥感分类器进行了介绍。

（7）分类精度检查。在监督分类中把已知的训练数据及分类类别与分类结果进行比较，确认分类的精度及可靠性。在非监督分类中，采用随机抽样方法，分类效果的好坏需经实际检验或利用分类区域的调查材料、专题图进行核查。

（8）对判别分析的结果统计检验。

4.2　遥感影像分类的波段及特征选择

遥感分类所用的数据常常是多光谱甚至高光谱遥感数据。高光谱图像具有较高的光谱分辨率，使得很多利用多光谱图像不能解决的问题得以解决。例如，高光谱图像不仅可以区分各类地物目标，而且可以辨识地物目标，这使得高光谱图像在目标分类和识别等方面具有重要的意义和价值。但是高光谱图像的波段数多，导致数据的存储空间较大，信息的冗余度增大，数据的处理时间长，精度下降，且在图像样本数较少的情况下，易产生"维数灾难"现象（图 4.8）。同时，同一种地物的光谱异质性导致同物异谱的现象存在，过多的波段数目也可能造成地物类别之间的可分性下降，因此在遥感影像分类之前，为了减少多光谱和高光谱图像中的冗余信息，有必要对参与分类的波段及特征进行合理选择。

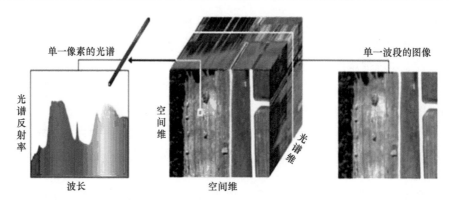

图 4.8　高光谱图像的维数问题

4.2.1　特征介绍

特征选择即从原始特征集中选择使某种评估标准最优的特征子集，通过删除无关或者冗余的特征，从而获得更精确的模型，更易于理解。由于光谱波段即遥感数据光谱维特征，因此波段选择本质上是特征选择在遥感领域的具体应用，下面对波段选择和特征选择将不做区分。

特征是分类的依据。从统计学上讲，特征和变量是一个含义。对于遥感图像而言，特征是图像波段值和其他处理后的信息。一个波段就是一个特征。同一地类物的各个特征具有相同的样本/像元值。

遥感图像分类的重要依据是遥感图像的特征变量。高光谱遥感图像的各个波段的像元值是最基本的原始特征变量。经过加、减、乘、除运算，以及一些变化处理，如 K-L 变换、比值变换等，可以生成一系列新的特征变量。此外还可以把有关的非遥感图像经过归一化与几何配准等处理，转换为与遥感图像坐标一致的非遥感变量。这些生成的新变量与原始变量都是对地物特征的客观反映，它们可以组成一个维数很高的特征变量空间从而进行图像分类。

高光谱遥感图像的特征彼此之间往往存在较强的相关性，如果不加选择地利用这些特征变量进行图像分类，不但会增加多余的计算，而且还会影响分类的精度。所以，需要从原始遥感图像上的 n 个特征中通过选择 k 个特征来进行分类（$n>k$）。例如，高光谱图像上往往有几百个连续分布的波段，各个波段之间相关性强，信息冗余度高，进行遥感图像分类时效率和精度都会有很大的影响，依据某种准则从几百个波段中选出部分最能反映类别区分统计特性的相关波段，不仅能够加快分类效率，而且能大大提高分类精度。

如果要建立一个用于识别不同地物对象的遥感图像分类系统，首先必须明确对象的测量特征及描述参数。被测量的这些特殊的属性被称为对象的特征，而所得的参数值组成了每一个对象的特征向量。适当地选择特征对于分类是非常重要的，因为在识别不同地物目标方面这是唯一的依据。

然而目前还没有特别完美用于自动特征选取的解决方法。很多情况下凭直觉的引导可以列出一些可能有用的特征，然后用排序方法计算不同特征的相对效率，根据排序结果删除那些效率较低的特征，从而选择出若干个效率较好的特征。在遥感图像中，地物光谱与图像亮度的先验关系有助于特征的选取。

良好的特征应具有四个特点。

（1）可分性：对属于不同类别的对象来说，其特征应该是有明显的差异，能够明显地区分不同对象。

（2）可靠性：相同类别的对象应该具有比较相近的特征值。例如，对于成熟程度不同的苹果来说，颜色是一个不好的特征。因为青苹果和红苹果的颜色差别很大，但可能都是成熟的苹果。

（3）独立性：所有的各个特征之间应该彼此之间各不相关。苹果的直径与重量属于高度相关的特征，因为重量大概与直径的三次方呈正比。问题在于这两个特征都能够反映苹果的大小的属性，相关性很大。相关性很高的特征一般都不作为单独的特征使用，但是它们可以组合起来（如取均值）用来减少噪声误差干扰。这对于遥感图像而言是非常重要的。

（4）数量少：随着特征个数的增加遥感图像分类的复杂程度迅速增加。增加带噪声的或与现存特征相关性高的特征实际上会使分类精度降低，特别是在训练样本大小有限的情况下。

在遥感图像分类以前，应按照上述的原则进行特征选择和特征提取。特征提取是从众多特征中挑选出可以参与分类计算的若干个特征，比如说对于 TM 多光谱图像的 7 个波段中，由于第 6 波段图像记录的是地物的热辐射信息，而其他 6 个波段图像记录的是地物的反射光谱信息，所有 TM 图像分类时，通常都是用其余 6 个波段影像的特征，而不是用第 6 波段。特征提取是利用特征提取算法（如主成分分析算法）从原始特征中求出最能反映地物类别性质的一组新的特征。通过特征提取，既可以达到数据压缩的目的，又提高了不同类别特征之间的可区别性。在实际的应用中，特征提取过程往往包括：先测试一组合理的特征，然后将其减少到数目合适的最佳特征集。通常符合要求的理想特征很少甚至可能没有（韦玉春等，2007）。

4.2.2　特征选择方法

目前影像波段和特征选择的方法有两类：一种是基于变换的特征提取方法，如主成分分析、投影寻踪等，特征提取利用全部波段的信息，在整个特征空间做变换产生较少的新特征，以此降低维度并保持较高的分类识别精度；另一种是基于非变换的特征选择方法，如各种基于信息论或统计计算的波段选择方法等。

针对基于变换的特征选择方法，以下仅介绍主成分分析法；针对非变换的特征选择方法，以下重点介绍信息熵方法、最佳波段指数法、类间可分性指标计算法及光谱特征差异性指标计算法等。但是无论哪种方法，实际上都是信息量大、信息冗余小、类别间可分性高等原则的具体体现。

1. 主成分分析法

主成分分析是可以用于高光谱或多光谱遥感数据波段选择的一种线性变换,它将高维或者多维的遥感数据变换到一个新的正交系统,使数据的差异达到最大,从而实现增强信息含量、隔离噪声、减少数据维数的作用。

它是对某一 n 维多光谱图像 X,利用变换矩阵 A 进行线性组合,而产生一组新的 k 维多光谱图像 Y 的操作。这 k 维特征是重新构造出来的,而不是简单地从原始的 N 维特征中去除其余 n-k 维特征。其变换表达式为

$$Y = AX \tag{4-11}$$

式中,X 为变换前的多光谱空间的像元矢量;Y 为变换后的主分量空间的像元矢量;矩阵 A 是 X 的协方差矩阵 $\sum X$ 的特征向量矩阵的转置矩阵。

变换前 X 各波段之间有很强的相关性,变换后输出图像 Y 的各分量 y_i 之间将具有最小的相关性,新波段主分量包括的信息量不同,呈递减趋势,第一主分量集中了最大的信息量,第二、第三主分量的信息量依次快速递减,最后的分量几乎全是噪声。

对于高光谱或多光谱遥感数据而言,主成分变换的主要过程如下。

(1)计算相关系数矩阵:

$$R = \begin{bmatrix} r_{11} & r_{12} & \cdots & r_{1p} \\ r_{21} & r_{22} & \cdots & r_{2p} \\ \vdots & \vdots & & \vdots \\ r_{p1} & r_{p2} & \cdots & r_{pp} \end{bmatrix} \tag{4-12}$$

式中,r_{ij} $(i,j=1,2,\cdots,p)$ 为原变量的 x_i 与 x_j 之间的相关系数,其计算公式为

$$r_{ij} = \frac{\sum_{k=1}^{n}(x_{ki} - \overline{x}_i)(x_{kj} - \overline{x}_j)}{\sqrt{\sum_{k=1}^{n}(x_{ki} - \overline{x}_i)^2 \sum_{k=1}^{n}(x_{kj} - \overline{x}_j)^2}} \tag{4-13}$$

因为 R 是实对称矩阵(即 $r_{ij} = r_{ji}$),所以只需计算上三角元素或下三角元素即可。

(2)计算特征值与特征向量:

首先解特征方程 $|\lambda I - R| = 0$,通常用雅可比法(Jacobi)求出特征值 $\lambda_i (i=1,2,\cdots,p)$,并使其按大小顺序排列,即 $\lambda_1 \geqslant \lambda_2 \geqslant,\cdots,\geqslant \lambda_p \geqslant 0$;然后分别求出对应于特征值 λ_i 的特征向量 $e_i (i=1,2,\cdots,p)$。这里要求 $\|e_i\|=1$,即 $\sum_{j=1}^{p} e_{ij}^2 = 1$,其中 e_{ij} 表示向量 e_i 的第 j 个分量。

(3)计算主成分贡献率及累计贡献率:

主成分 Z_i 的贡献率为

$$\frac{\lambda_i}{\sum_{k=1}^{p} \lambda_k}, \quad (i=1,2,\cdots,p) \tag{4-14}$$

累计贡献率为

$$\frac{\sum_{k=1}^{i} \lambda_k}{\sum_{k=1}^{p} \lambda_k}, \quad (i=1,2,\cdots,p) \tag{4-15}$$

一般取累计贡献率达 85% 的特征值 $\lambda_1,\lambda_2,\cdots,\lambda_m$ 依次对应第一、第二、…、第 m 个主成分。以 TM 影像为例，一般取前三个主成分即可达到累计贡献率 85%，这样对于一般的土地覆盖分类或者信息提取即可满足其所需的信息量要求。

2. 信息熵方法

香农（Shannon）于 1948 年提出的用来表征信息量的信息熵是一个在数学上颇为抽象的概念。信息量与信号出现的概率相关，可以将其理解成某种特定信息的出现概率（离散随机事件的出现概率）。一个系统越是有序，信息熵就越低；反之，一个系统越是混乱，信息熵就越高。信息熵也可以说是系统有序化程度的一个度量。

例如，一幅 8bit 的图像中每个像元携带的平均信息量用一阶熵 H 表示，其计算公式如下：

$$H(f) = \sum_{i=0}^{255} p_i \log_2 p_i \tag{4-16}$$

式中，p_i 为图像中像元灰度值为 i 的像元出现的概率。熵值大表示图像所含信息量丰富、图像质量好。通常利用联合熵来表示多个波段所含信息量的大小，三个波段的联合熵计算公式如下：

$$H(f_k,f_l,f_m) = -\sum_{im=0}^{255} \sum_{il=0}^{255} \sum_{ik=0}^{255} p_{ik,il,im} \log_2 p_{ik,il,im} \tag{4-17}$$

式中，$p_{ik,il,im}$ 为图像 f_k 中像元灰度值为 ik、图像 f_l 中像元灰度值为 il、图像 f_m 中像元灰度值为 im 的联合密度。这样计算所有可能的波段组合的联合熵，求取最大联合熵的波段组合即为最佳波段组合。

方差是指图像中像元灰度值与均值的偏离大小，偏离越大，即方差越大，图像包含的信息就越丰富。图像方差的计算如公式下：

$$\sigma_i^2 = \frac{1}{M \times N} \sum_{X=1}^{M} \sum_{Y=1}^{N} \left[f_i(x,y) - \mu_i \right]^2 \tag{4-18}$$

式中，$f_i(x,y)$ 为第 i 波段在位置 (x,y) 处的像元灰度值；μ_i 为该波段所有像元灰度值的平均值。

3. 最佳波段指数法

最佳指数（optimum index factor，OIF）是 Chavez 等(1982)提出的，用于选择遥感影像最佳波段组合。其计算如公式如下：

$$OIF = \frac{\sum_{i=1}^{n} S_i}{\sum_{i=1}^{n} \sum_{j=i+1}^{n} |R_{ij}|} \tag{4-19}$$

式中，S_i 为波段 i 的标准差，其计算公式见式（4-20）；R_{ij} 为波段 i 和波段 j 的相关系数，相关系数越大表示光谱波段间的相关性越强，数据的冗余度就越高，反之亦然。相关系数 R_{ij} 的计算公式如下：

$$S_i = \left[\frac{1}{M \times N} \sum_{X=1}^{M} \sum_{Y=1}^{N} \left(f_i(x,y) - \mu_i \right)^2 \right]^{\frac{1}{2}} \tag{4-20}$$

$$R_{ij} = \frac{\sum_{k=1}^{M \times N} \left(f_{ik} - \overline{f}_i \right) \left(f_{jk} - \overline{f}_j \right)}{\sqrt{\sum_{k=1}^{M \times N} \left(f_{ik} - \overline{f}_i \right)^2 \sum_{k=1}^{M \times N} \left(f_{jk} - \overline{f}_j \right)^2}} \tag{4-21}$$

式中，M 为图像的行像素个数；N 为图像的列像素个数，其他标记同上述。由公式可以看出，图像的标准差越大，同时波段组合相关系数越小，则最佳指数越大，即表示选择的波段组合所含信息量大、冗余度小。

4. 类别间可分性指标计算法

从分类角度考虑，选择使地物类别间可分性最好的波段或波段子集。衡量类间可分性大小的准则有离散度、Bhattacharyya 距离、Jeffreys-Matusita 距离等。

离散度：表征了两类别间的可分性，其计算公式如下：

$$D_{ij} = \frac{1}{2} t_r \left[\left(\sum i - \sum j \right) \left(\sum_i^{-1} + \sum_j^{-1} \right) \right] + \frac{1}{2} t_r \left[\left(\boldsymbol{\mu}_i - \boldsymbol{\mu}_j \right)^{\mathrm{T}} \left(\sum_i^{-1} + \sum_j^{-1} \right) \left(\boldsymbol{\mu}_i - \boldsymbol{\mu}_j \right) \right] \tag{4-22}$$

式中，$\boldsymbol{\mu}_i$、$\boldsymbol{\mu}_j$ 分别为第 i、j 类地物的光谱均值矢量；$\sum i$、$\sum j$ 分别为第 i、j 类地物在任意波段组合上的协方差矩阵；$t_r[\boldsymbol{A}]$ 为矩阵对角线 $\boldsymbol{A}$ 元素之和。D_{ij} 的值越大，表示两类地物之间越容易区分。

Bhattacharyya 距离：简称 B 距离，其兼顾一次、二次统计变量，即均值和协方差。因此，B 距离是高光谱图像多维空间中综合两类统计距离的一种有效测度，其计算如公式如下：

$$D_{ij} = \frac{1}{8} \left(\boldsymbol{\mu}_i - \boldsymbol{\mu}_j \right)^{\mathrm{T}} \left(\frac{\sum i - \sum j}{2} \right)^{-1} \left(\boldsymbol{\mu}_i - \boldsymbol{\mu}_j \right) + \frac{1}{2} \ln \frac{\left| \frac{1}{2} \left(\sum i + \sum j \right) \right|}{\sqrt{\left| \sum i \right|} \sqrt{\left| \sum j \right|}} \tag{4-23}$$

式中，各参量同上所述。计算任意两类地物在任一波段组合上的 B 距离，最大者对应的波段组合即为最优解。

Jeffreys-Matusita 距离：简称 JM 距离，与 B 距离非常相似，其计算公示如下：

$$J_{ij} = \left[2 \times \left(1 - e^{-D_{ij}} \right) \right]^{\frac{1}{2}} \tag{4-24}$$

式中，D_{ij} 为 B 距离。

5. 光谱特征差异性指标计算法

从光谱学角度考虑，选择使待研究区域内预识别地物目标的光谱特征差异性最大的波段子集。衡量光谱特征差异性的准则有光谱角度制图法（SAM）、正交投影散度（OPD）、光谱信息散度（SID）等。

光谱角度制图法（SAM）：即夹角余弦法，是通过计算一个测试像元光谱与一个参考像元光谱（实验室光谱或图像上提取的像元光谱）之间的光谱"角度"来确定两者之间的相似度（樊彦国等，2010）。计算如公式如下：

$$\alpha = \cos^{-1}\left[\frac{\sum_{k=1}^{p} x_{ik} x_{jk}}{\left[\sum_{k=1}^{p} x_{ik}^2\right]^{\frac{1}{2}} \left[\sum_{k=1}^{p} x_{jk}^2\right]^{\frac{1}{2}}}\right] \tag{4-25}$$

式中，p 为波段个数；x_{ik}、x_{jk} 分别为第 i、j 类在波段 k 上的光谱值。光谱角越大，两类别间的可分性就越好。因此，取光谱角最大者对应的波段组合即为区分该两类地物的最优解。

正交投影散度（OPD）：其思想源于正交子空间投影（OPS），目的是最大限度地分离目标和背景信息。因此，为了找到最优解，必须在高光谱图像中找到使最小二乘估计接近于最优波段组合。依据最小二乘估计原理，即最大化目标光谱与背景光谱之间的距离，可得到正交投影散度的计算如公式如下：

$$\mathrm{OPD}\left(r_i, r_j\right) = \left(r_i^{\mathrm{T}} p_{r_j}^{\perp} r_i + r_j^{T} p_{r_i}^{\perp} r_j\right)^{\frac{1}{2}} \tag{4-26}$$

式中，$p_{r_k}^{\perp} = I - r_k \left(r_k^{\mathrm{T}} r_k\right)^{-1} r_k^{\mathrm{T}}$，$k = i, j$；$\mathrm{OPD}\left(r_i, r_j\right)$ 为像元光谱 r_i 和 r_j 之间的正交投影残差的测度，是两类地物光谱之间相似性的测度，其值越小，两光谱越相似。

光谱信息散度（SID）：表征各类地物目标间的光谱信息量的差异，是通过 KL 距离来计算两地物光谱间的相对熵（信息量的差异），计算公式如下：

$$\mathrm{SID}\left(r_i, r_j\right) = D\left(r_i \| r_j\right) + D\left(r_j \| r_i\right) \tag{4-27}$$

式中，$D\left(r_i \| r_j\right)$ 为光谱 r_i 关于光谱 r_j 的相对熵；$D\left(r_j \| r_i\right)$ 为光谱 r_j 关于光谱 r_i 的相对熵，其计算公式如下：

$$D\left(r_i \| r_j\right) = \sum_{k=1}^{N} p_{ik} D\left(r_{ik} \| r_{jk}\right) = \sum_{k=1}^{N} p_{ik} \left[I\left(r_{jk}\right) - I\left(r_{ik}\right)\right] \tag{4-28}$$

$$D\left(r_j \| r_i\right) = \sum_{k=1}^{N} P_{jk} D\left(r_{jk} \| r_{ik}\right) = \sum_{k=1}^{N} P_{jk} \left[I\left(r_{ik}\right) - I\left(r_{jk}\right)\right] \tag{4-29}$$

式中，N 为图像的波段数，$I\left(r_{jk}\right) = -\log p_{jk}$，称为光谱 r_j 在第 j 波段的自信息，其中 $p_{jk} = r_{jk} / \sum_{n=1}^{N} r_{jn}$，称为光谱 r_j 在第 j 波段的概率；同理，$I\left(r_{ik}\right) = -\log p_{ik}$，$p_{ik} = r_{ik} / \sum_{n=1}^{N} r_{in}$。$\mathrm{SID}\left(r_i, r_j\right)$ 越小，表示光谱 r_i 和 r_j 所承载的信息量越接近。

4.3 遥感影像监督分类

监督分类又称训练场地法或先学习后分类法。监督分类的前提是已知遥感图像上样本内的地物类别，该样本区又称为训练区。它是先选择具有代表性的典型实验区或训练区，用训练区已知地面样本的光谱特征来"训练"计算机，获得识别各类地物的判别模式或判别函数，并依此模式或判别函数，对未知地区的像元进行处理分类，分别归入到已知的类别中，达到自动分类识别的目的。

4.3.1 监督分类流程

监督分类可以分为两个步骤，首先是对遥感图像的训练样本进行选择，主要通过人机对话选择典型的样本，并根据训练样本计算各类判别函数，确定相关参数；然后进行遥感图像分类，选择合适的分类器，通过样本对图像进行分类，这个过程直接由计算机完成，如图4.9所示（闻静，2012）。

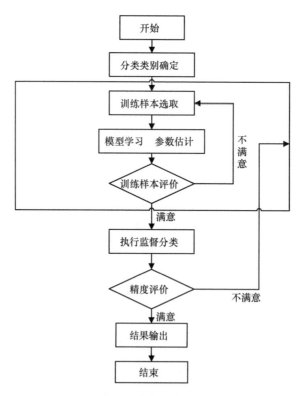

图 4.9 监督分类流程

监督分类的特点是在分类过程中需根据分类系统的要求并结合实际的地物情况，在图像上勾画出各类典型地物的分布范围及训练区。选择训练区时，要根据已有的先验知识，并尽可能结合现实的图件和文字资料，以便能够选出典型的光谱特征比较单一的地物。如果在条件允许的情况下，还可以进行实地调查（韦玉春等，2007）。在监督分类选择训练样区时，注意保证训练样区的准确性、代表性和统计性：

（1）准确性就是要确保选择的训练区与实际地物的一致性。训练区的样本应该在面积较大的地物中心部分选择，不能在地物混交和类别的边缘选取，保证其准确性，从而提高分类精度。

（2）代表性一方面指所选择区为某一地物的代表，另一方面还要考虑到地物本身的复杂性，所以必须在一定程度上反映同类地物光谱特性的波动情况。

（3）统计性是指选择的训练区样本的数量必须足够多。训练样本数据用来计算均值和协方差矩阵。根据概率统计，协方差矩阵的导出至少需要 $K+1$ 个样本（K 是多光谱空间的分量数或经过选择的特征数），该值是理论上的最小值。常常为了以较高精度测定平均值及方差、协方差，各个类别的训练数据至少也要为特征维数的 2~3 倍。选择足够数量的训练样区带来很大的工作量，操作者可以将相同比例尺的数字地形图叠在遥感图像上，根据地形图上的已知地物类型圈定分类用的训练样区。

常用的监督分类有最大似然法、最小距离法、马氏距离法、光谱角方法等。

4.3.2　最大似然法

最大似然法分类是基于经典统计模式识别理论的监督分类方法之一，它的实质是基于贝叶斯准则的分类错误最小的非线性分类（梅安新等，2001）。最大似然法假设卫星遥感影像的多波段数据服从多维正态分布，从而来构造判别分类函数，通过求出每一个像元相对于各个地物类别的归属概率，通过比较将该像元归属到概率最大的地物类别。

最大似然分类的基本思想是：各类已知像元的数据在平面或空间中构成一定的点群；每一类的每一维数据都在自己的数轴上形成一个正态分布，该类的多维数据就构成该类的一个多维正态分布；各类的多维正态分布模型在位置、形状、密集或者分散程度等方面不同。以三维正态分布为例，每一类数据都会形成近似铜钟形的立方体（韦玉春等，2007）。根据各类已知数据（通过实地调查或者其他方法确定地物类别及其训练区获得），可以构造出各类的多维正态分布模型，实际就是各类出现各种数据向量的概率，即概率密度函数或者概率分布函数；在得到各类的多维分布模型后，对于未知类别的数据向量，便可反过来求它属于各类的概率；比较这些概率的大小，属于哪一类的概率大，就把该数据向量或者像元归到这类中。

判别函数：设 $g_i(x)$ 为判别函数，像元 x 出现在 k_i 类的概率为 $p(k_i|x)$，所以

$$g_i(x) = p(k_i|x) \tag{4-30}$$

其中 $p(k_i|x)$ 又称为后验概率，根据贝叶斯公式，则有

$$g_i(x) = p(k_i|x) = p(x|k_i)p(k_i)/p(x) \tag{4-31}$$

式中，$p(x|k_i)$ 为在 k_i 类中观测到像元 x 的条件概率；$p(k_i)$ 为类别 k_i 的先验概率；$p(x)$ 为 x 与类别无关条件下出现的概率。当待分类图像中存在若干个地物类别时需要计算并比较多个 $p(k_i|x)$，然后取其中最大的 $p(k_i|x)$ 所代表的地物类别为待判别像元的所属

类别。在计算并比较多个 $p(k_i|x)$ 过程中,因为 $p(x)$ 为若干计算公式中都出现的公共项,为简化计算可以省略。 $p(x|k_i)$ 可以通过选择合适的训练区来计算得到(韦玉春等,2007)。

由于假设遥感图像内地物的光谱特征近似服从正态分布(对于那些非正态分布可以通过数学方法化为正态问题来处理),通过预先选择的训练区,可以求出其平均值及方差、协方差等特征参数,从而可以求出总体的先验概率密度函数。式(4-31)可以表示为

$$g_i(x) = p(x|k_i)p(k_i) = \frac{p(k_i)}{(2\pi)^{\frac{k}{2}}|\sum i|^{\frac{1}{2}}} \exp\left[-\frac{1}{2}(x-u_i)^{\mathrm{T}} \sum_i^{-1}(x-u_i)\right] \qquad (4-32)$$

取对数形式,并去掉多余项,则最后判别函数为

$$g_i(x) = \ln[p(k_i)] - \frac{1}{2}|\sum i| - \frac{1}{2}(x-u_i)^{\mathrm{T}} \sum_i^{-1}(x-u_i) \qquad (4-33)$$

式中, $i = 1,2,\cdots,N_c$ 为类序号,共 N_c 个类;k 为波段数;$\sum i$ 为第 i 类的协方差矩阵;u_i 为第 i 类的均值向量。计算时用训练样本的协方差和均值代替 $\sum i$ 和 u_i,便可计算出任一像元属于各类别的归属概率,并将像元归到概率最大的一组类别中。

在最大似然分类过程中需要注意以下几点:

(1)关于训练数据数目,为了以较高精度测定平均值及方差、协方差,各个类别的训练数据至少为特征维数的 2~3 倍;

(2)如果两个以上的波段的相关性强,那么方差协方差矩阵的逆矩阵可能不存在或者不稳定,以及在训练样本几乎都取相同值的均质性数据组时,这种情况也可出现。这种情况发生时,最好采用主成分变换,把位数压缩成仅剩下相互独立的波段,然后再求方差协方差矩阵(梅安新等,2001);

(3)当待分类数据总体分布不符合正态分布时,不适于采用以正态分布的假设为基础的最大似然分类法,否则其分类精度将下降。

4.3.3 最小距离法

最小距离判别是在有先验知识的前提下进行的,不需要计算协方差矩阵,只需计算均值向量,用特征空间中训练样本的均值点的位置作为聚类中心,求出未知类别向量到各聚类中心的距离,进行被分类的点与各类中心点的距离比较,将未知类别向量归属于距离最小的一类(闻静,2012)。

最小距离判别规则。计算像素矢量与每一个类别的平均矢量的光谱距离。用光谱距离分类的等式是建立在欧氏距离基础上的,公式如下:

$$d(x, M_i) = \left[\sum_{k=1}^{n}(x_k - m_{ik})^2\right]^{1/2} \qquad (4-34)$$

式中, n 为波段数(维数);k 为某一特征波段;i 为某一聚类中心;M_i 为第 i 类样本均值;m_{ik} 为第 i 类中心第 k 波段的像元值;$d(x, M_i)$ 为像元点 x 到第 i 类中心 M_i 的距离。

最小距离判别方法的主要步骤如下（潘建刚等，2004）。

（1）确定地区和波段，并配准分量；

（2）在遥感影像上选择训练区；

（3）根据各训练区图像数据计算 M_i；

（4）将训练区外的图像像元逐类代入上式，然后按照判别规则比较大小，得到分类类别；

（5）产生分类结果图像；

（6）检验结果并输出专题图像。

这种方法的优点是计算量小，只计算均值参量，而且矩阵计算也比较简单，因此这种方法节省运算时间。另外，这种方法只用均值一个参数，避免使用协方差矩阵，就避免了在样本数较少的情况下，由于协方差矩阵计算不准确而引起的误差（闻静，2012）。

4.3.4　马氏距离法

马氏距离（Mahalanobis distance）是由印度统计学家马哈拉诺比斯（P. C. Mahalanobis）提出的，表示数据的协方差距离。与欧氏距离（如最小距离）不同的是，它通过在距离计算中引入协方差而考虑了变量间或样本间相关性的影响，因此，它实际上是一种有效的计算两个未知样本集的相似度的方法。如式（4-35）所示，马氏距离计算了方差与协方差，是一种更广义的距离定义，样本内部变化较大的聚类组将产生内部变化同样较大的类别，反之亦然。例如，正确分类的像元与其平均值的距离可能会大于水体类型的像元值与其平均值的距离，因为对水体类别来说，其类别内部的光谱可变性相对较小。

$$d^2 = (X - M_C)^{\mathrm{T}} \left(\mathbf{Cov}_C^{-1} \right) (X - M_C) \qquad (4\text{-}35)$$

式中，d 为马氏距离；C 为某一特征类；X 为像元的特征矢量；M_C 为类型 C 的分类模板组（或类别样本）平均矢量；$\mathbf{Cov}_C$ 为类型 C 的模板（或类别样本）中像元的协方差矩阵；T 为转置函数。最终像元将被归入到 d 最小的类型 C 中。

马氏距离分类方法的主要步骤如下。

（1）确定需要分类的地区和使用的波段及特征分类数，检查所用各波段或特征分量是否相互已经位置配准；

（2）根据已掌握的典型地区的地面情况，在图像上选择训练区；

（3）计算图像的协方差矩阵；根据选出的各类训练区的图像数据，计算各类均值，确定分类半径；

（4）分类，将训练区以外的图像像元逐个逐类地代入公式，对于每个像元分几类就计算几次，最后比较所得马氏距离的大小，选择最小值得出类别；

（5）产生分类图，在监视器上显示时需要给各类赋予不同的彩色；检验结果，如果分类中错误较多，需要重新选择训练区再作以上各步，直到结果满意为止。

这种方法的优点是，考虑到类型的内部变化；在必须考虑统计指标的场合，比最小距离法更有用。缺点是，在协方差矩阵中使用较大的值易于导致对模板（signature）过度分类，如果在聚类组成训练样本中像素的分布离散程度较高，则协方差矩阵中就会出现大值；计算起来比最小距离法慢；马氏距离是参数形式的，意味着每一输入波段的数据必须是正态分布的（潘建刚等，2004）。

4.3.5 光谱角方法

光谱角分类方法（spectral angle mapper，SAM）是一种光谱匹配技术，所谓光谱匹配是通过研究两个光谱曲线的相似度来判断地物的归属类别。参考光谱曲线可以从地物标准光谱曲线数据库中获取，也可以从待分类的图像中提取。这种方法常适应于高光谱遥感领域。

光谱角分类的原理是：把光谱作为向量投影到 N 维空间上，其维数是所选取的波段数。在 N 维空间中，像元值被看作有方向和长度的向量，不同像元值之间形成的夹角叫光谱角，图 4.10 示意了二维空间两类地物向量的光谱角。

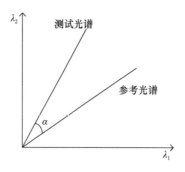

图 4.10　光谱角与地物

光谱角分类考虑的是光谱向量的方向而非光谱角的长度，使用余弦距离作为地物类的相似性度量，其数学表达式为

$$\cos\alpha = \frac{\sum XY}{\sqrt{\sum (X)^2 \sum (Y)^2}} \qquad (4\text{-}36)$$

式中，α 为图像像素光谱与参考光谱之间的夹角（光谱角）；X 为图像像素光谱曲线向量；Y 为图像参考光谱曲线向量。光谱角值以很小的 α 弧度角来表示，它代表了光谱曲线之间的相似性，其变化范围是 $[0，\pi/2]$。当 $\cos\alpha$ 的值接近于 1 时有最好的估计光谱值和最佳的分类效果。

光谱角分类与其他监督分类方法一样，首先需要选择训练区样本，然后比较训练样本与每一像元之间的光谱向量之间的夹角，夹角越小表明越接近训练样本的类型。因此，分类时还要选取阈值，将小于阈值的像元归属到与训练样本相同的地物类型，大于阈值就不属于该地物类型（韦玉春等，2007）。

其不足表现为：

（1）光谱角制图分类法只利用了角度这一参数，只有当待识别像元的类内方差较小，类间方差较大时，才能得到较高的分类精度。该方法用于多光谱数据时，由于其波段信息少，各地物光谱曲线之间的差异不够大（即类间方差小），往往容易受其他因素影响导致识别地物时发生混分现象；

（2）光谱角制图分类法不能直接生成一幅包含所有参考类别的图像。而是针对每个类别都生成一幅相似度图像，之后要设定阈值以得到所需类别，这样人为因素对分类精度的影响大，存在明显的误分类问题，并且阈值化处理后的图像叠加生成类别图像时容易出现类别交叉。

4.4 遥感影像非监督分类

非监督分类是在没有先验类别知识的情况下，根据图像本身的统计特征及自然点群的分布情况来划分地物类别的分类处理。非监督分类主要采用聚类分析方法，聚类就是把一组像元按照相似性划分为若干类别，即物以类聚。它的目的是使属于同一类别的像元之间的差异尽可能的缩小，而不同类别中像元间的差异尽可能地扩大。

非监督分类的原理：假设在相同的表面结构、植被特征、光照等条件下，同一类型地物的光谱模式相似或相近，其像元亮度值在特征空间一定区域内形成点集群；不同类型地物光谱模式差别明显，其像元亮度值则在特征空间不同区域形成不同点集群。依照此原理，计算机直接检测遥感图像的大量未知像元，对图像像元亮度值进行统计运算。根据像元亮度值的各自然集群的空间分布特征，分布范围界线等参数定量地确定各自然集群像元的数学模式或判别函数，用来区分、识别像元的光谱类型，将像元自动分成若干种光谱类型，然后由分析人员根据某些形式的已知数据进行比较，确定各光谱类型对应的地面信息类型，实现遥感图像的自动分类识别（韦玉春等，2007）。

非监督分类方法是以图像的统计特征为基础的，它并不需要具体地物的已知知识。采用非监督分类还可以更好地获得目标数据内在的分布规律（李石华等，2005）。但是非监督分类的分类结果仅仅是区分了遥感图像存在的差异，不能够确定分类结果各个类别的属性，类别的属性要通过分类后的目视解译或者实地调查后确定。由于没有利用地物类别的先验知识，非监督分类只能先假设初始的参数，并通过预分类处理来形成类群，通过迭代使有关参数达到允许的范围为止。在特征变量确定以后，非监督分类算法的关键是初始类别参数的选定。

非监督分类主要的过程如下（韦玉春等，2007）。

（1）确定初始类别参数，即确定最初类别数和类别中心（点群中心）；

（2）计算每一像元所对应的特征向量与各点群中心的距离；

（3）选取与中心距离最短的类别作为这一向量的所属类别；

（4）计算新的类别的均值向量；

（5）比较新的类别均值与初始类别均值，如果发生变化，则以新的类别均值作为聚类中心，再从第（2）步开始进行计算；

（6）如果点群中心不再变化，计算停止。

非监督分类的方法有很多,其中 K-均值聚类方法和 ISODATA 分类方法是效果最好、使用最多的两种方法。

4.4.1 K-均值聚类方法

K-均值聚类方法（K-mean，又称 C-mean）是一种常见的聚类方法。聚类准则是使在每一个类别中,像元到该类别中心的距离的平方和最小。基本思想是通过迭代,移动各个类别的中心,直到满足收敛条件为止。收敛条件是对于任意一个类别,计算该类中的像元值与该类均值差的平方和。将所有的差的平方和相加,使相加后的值达到最小。

若图像中总类数为 m，各类别的均值为 C_i，类别中的像元数为 N_i，像元值为 f_{ij}，则收敛条件是使下式达到最小:

$$J_c = \sum_{i=1}^{m} \sum_{j=1}^{N_i} \left(f_{ij} - C_i \right)^2 \tag{4-37}$$

K-均值聚类方法的流程图如图 4.11 所示,具体的算法步骤如下。

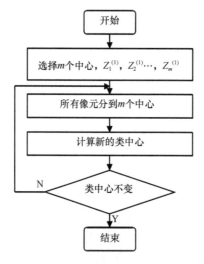

图 4.11　K-均值算法框图

第一步,适当选取 m 个类别的初始中心, $z_1^{(1)}, z_2^{(1)}, \cdots, z_m^{(1)}$。初始中心的选择对聚类结果有一定的影响,一般有以下两种方法。

（1）根据问题的性质和经验确定分类类别数 m，从中找出合适的各个类别初始中心。

（2）将所有数据随机分配为 m 个类别,然后计算出每个类别的重心,以这些重心作为各个类别的初始中心。

第二步,在第 k 次迭代中,对于任意一个样本 x 按如下方法把它调整到 m 个类别中的某一个类别中去。对于所有的 $i \neq j, i = 1, 2, \cdots, m$，若 $||x - z_j^{(1)}|| < ||x - z_i^{(1)}||$，则 $x \in s_j^{(k)}$，其中 $s_j^{(k)}$ 是以 $z_i^{(k)}$ 为中心的类。

第三步，第二步得到类 $s_j^{(k)}$ 新的中心 $z_j^{(k+1)}$，$z_j^{(k+1)} = \dfrac{1}{N_j}\sum_{x \in s_j^{(k)}} x$，$N_j$ 为 $s_j^{(k)}$ 类中的样本数。$z_j^{(k+1)}$ 按照下式中误差平方和最小原则确定。

$$J = \sum_{j=1}^m \sum_{x \in s_j^{(k)}} \| x - z_j^{k+1} \|^2 \tag{4-38}$$

第四步，对于所有的 $i = 1, 2, \cdots, m$，若 $z_j^{(k+1)} = z_j^{(k)}$，则迭代结束，否则转到第二步继续迭代（杨威，2011）。

K-均值方法的优点是实现简单，缺点是过分依赖初始值，容易收敛于局部极值。该方法在迭代的过程中没有调整类别数的措施，产生的结果受所选聚类中心的数目、初始位置、类分布的几何性质和读入次序等因素影响较大。初始分类选择不同，最后分类的结果也可能不同。通过一些其他的方法，如最大最小距离定位法或人工分析找出分类中心，可以改善分类结果（韦玉春等，2007）。

4.4.2　ISODATA 分类方法

ISODATA 是 Iterative Self-Organizing Data Analysis Techniques A 的缩写，A 是为发音的方便而加入的，ISODATA 意为迭代自组织数据分析技术，可简称为迭代法，其实质是一种动态聚类算法。ISODATA 算法是一种典型的利用合并和分裂过程的聚类方法。它利用样本平均迭代来确定聚类的中心，在每一次迭代时，首先在不改变类别数目的前提下改变分类。然后将样本平均矢量之差小于某一指定阈值的每一类别对合并起来，或根据样本协方差矩阵来决定其分裂与否。主要环节是聚类、集群分裂和集群合并等处理。在大多数图像处理系统或图像处理软件中都有这一算法，如 ERDAS 系统和 ENVI 系统等（潘建刚等，2004）。

ISODATA 算法与 K-均值算法有两点不同：第一，K-均值算法每调整一个样本的类别就重新计算一次各类别样本的均值，而 ISODATA 是将所有样本都调整完毕后才重新计算，K-均值采用的是逐个样本修正法，ISODATA 采用的是成批样本修正法；第二，ISODATA 算法不仅可以通过调整类别完成样本的聚类分析，而且可以自动地进行类别"合并"和"分裂"，从而得到类数较合理的聚类结果。

ISODATA 算法原理如下。

第一步，指定和输入有关的参数。

K：要求得到的聚类中心数（类别数）；

θ_N：一个聚类中心域中至少具有样本个数的阈值；

θ_S：一个类别样本标准差的阈值；

θ_C：归并系数，聚类中心间距离的阈值，若小于此数，两个聚类须进行合并；

L：能归并的聚类中心的最大对数；

I：允许迭代次数。

第二步，在执行算法前，应先指定 C 个初始聚类中心，表示为 $z_1, z_2, \cdots, z_C$；C 不一定要等于要求的聚类中心数 K；$z_1, z_2, \cdots, z_C$ 可以为指定模式中的任意样本。

第三步，分配 N 个样本到 C 个聚类中心。若 $\| x - z_j \| < \| x - z_i \|$，$i = 1, 2, \cdots, C$，$i \neq j$，则 $x \in f_j$，其中 f_j 表示分配到聚类中心 z_j 的样本子集，N_j 为 f_i 中的样本数。

第四步，对任意的 j，$N_j < \theta_N$，则去掉 f_j 类，并使 $C = C - 1$，即将样本数比 θ_N 少的样本子集去除。

第五步，按式（4-39）重新计算各类的聚类中心 z_j：

$$z_j = \frac{1}{N_j} \sum_{x \in f_j} X，（j = 1, 2, \cdots, C）\tag{4-39}$$

第六步，计算聚类域 f_j 中的样本与它们相应的聚类中心的平均距离 $\bar{D}_j$：

$$\bar{D}_j = \frac{1}{N_j} \sum_{x \in f_j} \| x - z_j \|，（j = 1, 2, \cdots, C）\tag{4-40}$$

第七步，计算所有类别样本到其相应类中心的总平均距离：

$$\bar{D} = \frac{1}{N} \sum_{j=1}^{C} N_j \bar{D}_j \tag{4-41}$$

式中，N 为样本其中的样本总数；

第八步，判别。

若这是最后一次迭代，则置 $\theta_C = 0$，切转到第十二步；

若 $C \leqslant K / 2$，则转到下一步；

若 $C \geqslant 2K$ 或这次迭代次数为偶数，则转第十一步，否则继续；

第九步，计算出每类中各分量的标准差 δ_{ij}：

$$\delta_{ij} = \sqrt{\frac{1}{N_j} \sum_{x \in f_j} \left(x_{ik} - z_{ij} \right)^2} \tag{4-42}$$

式中，$i = 1, 2, \cdots, n$；$j = 1, 2, \cdots, C$；N 为样本模式的维数；x_{ik} 为 f_j 中第 k 个样本的第 i 分量；z_{ij} 为第 z_j 的第 i 分量；δ_{ij} 的每个分量表示 f_j 中样本沿主要坐标轴的标准差。

第十步，对每一类 f_j，找出标准差最大的分量 $\delta_{j\max}$：

$$\delta_{j\max} = \max \left(\delta_{ij}, \delta_{2j}, \cdots, \delta_{nj} \right)，j = 1, 2, \cdots, C \tag{4-43}$$

第十一步，如果对任意的 $\delta_{j\max} > \theta_S$，$j = 1, 2, \cdots, C$ 存在有

（1）$\bar{D}_j > \bar{D}$ 和 $N_j > 2(\theta_N + 1)$；

或

（2）$C \leqslant K / 2$。

则 z_j 分裂成两个新的聚类中心 z_j^+ 和 z_j^-，进而删除 z_j，并使 $C = C + 1$。对应于 $\delta_{j\max}$

的 z_j 分量上加上一给定量 γ_j ，而 z_j 的其他分量保持不变来构成 z_j^+ ，对应于 $\delta_{j\max}$ 的 z_j 的分量上减去 γ_j ，而 z_j 的其他分量保持不变来构成 z_j^- 。规定 γ_j 是的 $\delta_{j\max}$ 一部分，$\gamma_j = K\delta_{j\max}, 0 < K \leq 1$ 。

选择 γ_j 的基本要求是，任意样本到这两个新的聚类中心 z_j^+ 和 z_j^- 之间有一个足够可检测的距离差别，但是又不能太大，以致使原来的聚类域的排列全部改变。如果发生分裂则转向第三步，否则继续。

第十二步，计算所有聚类中心的两两距离 D_{ij} ：

$$D_{ij} = \| z_i - z_j \|, \quad i = 1, 2, \cdots, C-1, \quad j = 1, 2, \cdots, C \tag{4-44}$$

第十三步，比较距离 D_{ij} 与参数 θ_C ，取出 L 个 $D_{ij} \leq \theta_C$ 的聚类中心，$\left[D_{i1j1}, D_{i2j2}, \cdots, D_{iljl} \right]$ ，其中 $\left[D_{i1j1} < D_{i2j2} < \cdots < D_{iljl} \right]$ 。

第十四步，从 D_{i1j1} 着手，开始一对对归并，算出新的聚类中心：

$$z_i^* = \frac{1}{N_{il} + N_{jl}} \left[N_{il}\left(z_{il}\right) + N_{jl}\left(z_{jl}\right) \right], \quad l = 1, 2, \cdots, L \tag{4-45}$$

删除 z_{il} 和 z_{jl} ，并使 $C = C-1$ 。注意：仅允许一对对归并，并且一个聚类中心只能归并一次。经实验得出，更复杂的归并有时反而产生不良的后果。

第十五步，如果是最后一次迭代则算法结束，否则：

如果用户根据判断要求更改算法中的参数，则转向第一步；

如果对下次迭代参数不需要更改，则转向第二步。

每次回到算法的第一步或第二步就记为一次迭代， $I = I+1$ 。

ISODATA 算法的实质是以初始类别为"种子"施行自动迭代聚类的过程。迭代结束标志着分类所依据的基准类别已经确定，它们的分布参数也不断的在"聚类训练"中确定，并最终用于构建所需要的判别函数。从这个意义上讲，基准类别参数的确定过程，也是对判别函数不断调整和"训练"的过程。

这种方法的优点是聚类过程不会在空间上偏向数据文件的最顶或最底的像素，因为它是一个多次重复过程；该算法对蕴含于数据中的光谱聚类组的识别非常有效，只要让其重复足够的次数，其任意给定的初始聚类组平均值对分类结果无关紧要。该方法的缺点是因为要重复多次造成方法本身比较费时，而且没有解释像素空间同质性（杨威，2011）。

4.5　基于知识的遥感影像分类

相比于传统的基于统计模式识别的遥感图像分类方法，基于知识的遥感图像分类方法，不仅能将原有 GIS 数据、新的遥感图像数据及其他类型的地学数据（如 DEM 数据）等有机地结合在一起，而且能从中得到各分类类型的相关特征及知识。这种遥感图像的分类方法，能充分利用原有各土地利用类型转变的先验性知识，将这些知识用于遥感影像的分类，减少同物异谱、异物同谱的混杂现象，并提高分类的精度（杨存建和周成虎，2001）。

4.5.1　遥感分类中的知识

基于知识的遥感图像分类方法是模拟解译专家综合运用各种带有因果关系的知识进行推理的过程，包括知识的获取、知识库的构建以及演绎推理等一系列问题。在这个过程中，汇总的核心是"知识"的获取。

1. 知识的定义

目前人们对知识的定义和内涵的认识还存在分歧。Feigenbaum 认为知识是经过消减、塑造、解释、选择和转换的信息；而 Bemstei 却认为知识是由特定领域的描述、关系和过程组成的；Heye-Roth 提出，知识=事实+信念+启发式，知识具有范围、目的和有效性三重属性，范围由具体到一般，目的由说明到指定，有效性由确定到不确定。Newell 将知识定义为由智能的代理者（人或机器人）做出合理判断而使用的信息。这些是对知识在不同层面上的理解，其焦点在于知识、数据和信息的界定上。一般来讲，数据是客观事物的属性、数量、位置，以及相互关系的符号描述；信息从广义上讲是数据的语义，是数据在特定场合下的具体含义；知识是一个或多个信息关联在一起形成的有应用价值的信息结构。因此可以说，数据是信息的载体；信息是对数据的解释；知识是对信息的组合结构。从数据到信息是一个数据处理过程，包括查询、简单的统计和特征提取等；从信息到知识的转换是一个认知的过程；需要人或者机器才能完成。数据、信息和知识构成了一个对事物的认识不断深化和抽象的加工过程，从不同角度反映了人们对事物认知的深度（王惠林，2007）。

从抽象的观点来看，可以将知识划分为两类：原理性知识和经验性知识。

（1）原理性知识：某学科领域中的定义、定理、公理、基本事实等方面的知识都属于原理性知识。这类知识一般都公开发表在教科书中，被人们了解并掌握。

（2）经验性知识：这类知识是领域专家在长期的工作实践中摸索出来的，属于不确定性知识，是专家对经验的一种概括和总结。这类知识往往在理论上还不能被完全证实，但在解决问题时都能发挥很好的作用，这里知识称为领域专家的经验性知识。

此外还有一种元知识，它是"知识的知识"，它在层次上比以上两类知识要高一级。元知识是合理组织以上两种知识，以构成有效解决方案的知识，相当于推理中的推理策略。

对基于知识的遥感图像分类过程来说，首先是对遥感与非遥感数据的低级处理，提取出这些数据所反映的地学特征，然后由人或者机器通过学习和认知获取这些特征信息所蕴含的分类知识（图 4.12）。遥感图像分类中所运用到的地学知识主要包括地物的光谱知识、地物纹理知识、地物空间几何特征知识、空间分布和空间关系知识、时相知识，以及广义上的地学知识等。

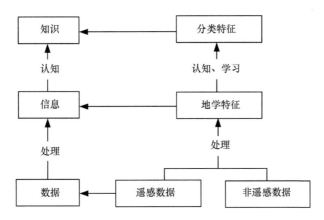

图 4.12　遥感影像分类中数据、信息和知识之间的关系（王惠林，2007）

2. 遥感分类中的知识获取

知识的质量和数量是决定基于知识的遥感图像分类性能的一个关键因素。知识获取是把用于求解专门领域问题的知识从拥有这些知识的信息源中抽取出来的过程。知识获取是人工智能研究中的一个热点问题，一般知识获取方法主要有两种：一是非自动知识获取，即人工机械地获取知识；二是自动知识获取，即通过系统自学习自动地获取知识。

就目前的基于知识的遥感分类发展现状而言，知识的获取方法通常还是采用人工手段，由知识工程师和解译专家共同完成，知识的参与仍然以经验性知识为主。即首先由解译专家通过对地面特征在影像上的表现分析，以及对大量代表性样本的分析，总结出反映地面特征的光谱属性、空间分布及时相变化等内在规律；然后由知识工程师获取这些知识，并用适当的知识表示方法转换为计算机可存储的内部形式存入知识库（王惠林，2007）。本节后续部分将主要介绍将经验性知识融入遥感分类的技术和方法，主要包括决策树分类和专家系统分类两个方面。

通过深度计算理论与技术，系统自主学习自动地获取知识，在计算机视觉领域一般的图像识别和场景分类等已经取得很多令人瞩目的成果，如谷歌、facebook 和百度都发布了基于深度学习模型的图像内容搜索引擎，在人脸识别（包括人脸确认和人脸辨识两种任务）、行人检测和视频分析中都取得了较好的效果及较高的识别准确率。目前基于深度学习的遥感模式识别也在遥感地学研究领域得到重视，国内已经有相关的研究机构和学者进行这方面的研究，但是不同于计算机视觉领域的人脸识别等，由于地物及地学现象本身的复杂性，基于深度学习的遥感模式识别任重道远。

4.5.2　基于专家知识的决策树分类

遥感影像中的"异物同谱"和"同物异谱"现象常常造成影像分类精度难以保证，一个有效的途径是集成多源、多维空间数据，融合专家经验总结、简单的数学统计和归纳方法等，构建基于知识规则的空间信息分类决策树，采取逐层分类的方法进行遥感影像分类。这种分类决策树的分类规则易于理解，分类过程易于利用多源数据，且分类过程也符合人的认知过程，在很多领域的遥感分类中都得到了应用。

决策树算法可以像分类过程一样被定义，依据规则把遥感数据集一级级往下细分以定义决策树的各个分支，如图 4.13 所示。决策树有一个根结点（root nodes）、一系列内部结点（internal nodes）（分支）及终极结点（terminal nodes）（叶）组成，每一结点只有一个父结点和两个或多个子结点。如果将自然界中的地物看作一个原级 T（根结点），开始考虑地物分类时，首先可以考虑分组，将原级 T 分为 T1（植被）和 T2（土壤）两大类，称为"一级"分类；进而每大类中可以再进一步分类，如 T1（植被）可以分为 A（水生植被）和 T3（陆生植被）两类，T2（土壤）可以分为 B（森林土类）和 C（草甸土类）等，称为"二级"分类；然后 T3 可以再分为 D（草地）和 E（林地）。以此不断往下细分，直到所求的"终极"（叶结点）类别分出为止。于是在"原级"与"终极"之间就形成了一个分类树结构，在树结构的每一个分叉结点处，可以选择不同的特征用于进一步有效细分类。这就是决策树分类器特征选择的基本思想（李爽和张二勋，2003）。

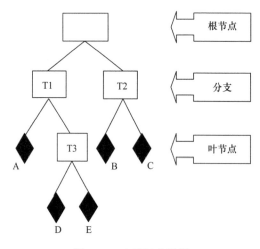

图 4.13　决策树分类器

决策树分类可以分为训练和分类两步，首先利用训练样本对分类树进行训练，确定分类树决策阈值并构造分类树，然后用训练好的分类树对像元进行逐级判定，最终确定其类别归属。其中决策树结构的确定需要依据样本类型和研究区域数据空间分布特征，并要考虑各种相关因素。这些因素包括判别函数如何处理不同类型数据、如何处理缺失值、用于衡量类别二次划分适宜度的划分标准，以及在多特征决策树中用于内部结点特征选择的特殊算法的确定等。

在具体应用中，依据不同的应用目的和应用环境，决策树分类可以采用自下而上的分层策略，也可以采用自上而下的分层策略。

对于自上而下的决策树分类器，可以先确定特征明显的大类别，然后在每一大类别内部对其再做出进一步的划分，此时可以更换分类方法，也可以更换分类特征，以提高这一类别的可分性。如此进行，直到所有的类别全部分出为止（韦玉春等，2007）。图 4.14 显示了利用 TM 影像数据构建的遥感影像土地覆盖分类决策树。

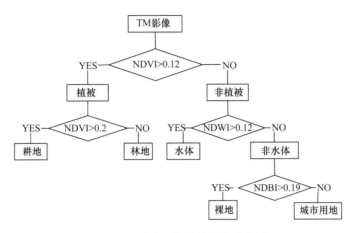

图 4.14　遥感影像土地覆盖决策树

对于自下而上的决策树分类器，其特征选择过程不是由"原级"到"终极"的顺序过程，而是由"终极"到"原级"的逆过程，即在预先已经知道"终极"样本数据的情况下，根据各类别的相似程度逐级往上聚类，每一级聚类形成了一个树结点，在该结点处选择对其往下细分的有效特征。以此往上发展到"原级"，即完成了各级各类组的特征选择。在此基础上，根据已选出的特征，再从"原级"到"终极"对整个影像进行全面的逐级往下分类（李爽和张二勋，2003）。

4.5.3　专家系统分类

近年来，融合了光谱信息和其他辅助信息的以专家知识和经验为基础的影像理解技术，即基于知识的专家系统，已成为遥感应用研究领域的一个重点，借助专家知识分析遥感数据往往事半功倍。著名的遥感影像处理软件 ERDAS Imagine 在其影像解译模块中则集成了基于专家系统的遥感分类功能。

专家系统的基本思想是模拟人类组合各种带有因果关系的知识进行推理并得出结论。遥感图像解译专家系统是模式识别和人工智能技术相结合的产物。此方法应用人工智能技术，运用图像解译专家的经验和方法，模拟遥感图像目视解译的具体思想过程，进行遥感图像解译。它使用人工智能语言将某一领域的专家分析方法或经验，对地物的多种属性进行分析判断，确定类别。专家的经验和知识以某种形式表示，如产生规则 IF<条件>THEN<假设><CF>表示（其中 CF 为可信度），诸多知识产生知识库。待处理的对象按某种形式将其所有属性结合在一起作为一个事实，然后由一个个事实组成事实库。每一个事实与知识库中的每一个知识按一定的推理方式进行匹配，当一个事实的属性满足知识中的条件项，或大部分满足时，则按知识中的 THEN 以置信度确定归属（韦玉春等，2007）。

专家系统一般包括推理机和知识库两个相互独立的部分。知识库是问题求解所需领域知识的集合，其中的知识来自于该领域的专家，这是决定专家系统能力的关键，即知识库中的知识的质量和数量决定了专家系统的质量水平，用户可以通过改变、完善知识库中的知识来提高专家系统的性能。推理机是实施问题求解的核心执行机构，它实际上是对知识进行解释的程序，根据知识库中知识的语义，对按一定决策找到的知识进行解释执行。

在遥感影像分类过程中，遥感数据和空间数据都被输入到推理机中，推理机根据知识库中的专家知识对新输入的数据进行推理判断，归入相应的分类类别。专家系统分类技术相对于以统计像元分析为主的传统分类技术有了巨大的飞跃，它不但对单像元的多光谱特征进行分析研究，还依靠专家系统综合相关的空间关系和其他上下文信息，如地表高度、坡度、坡向及覆盖形状等，采取综合利用空间运算的能力解释影像并确定专题类型。

图 4.15 显示了 ERDAS Imagine 软件提供的专家系统分类器模型组成。该模块中专家知识的表示采用产生式规则，它主要基于一系列某一领域专家所定义的规则、条件或假设解决某一问题或做出决策。这些规则集就是所谓的知识库，也叫决策树，因为它可以图解地组装成一个树形结构，在这里规则表达了一个问题，其答案被送到含有条件查询的新的分支上。

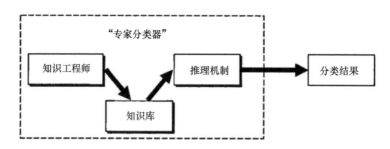

图 4.15　ERDAS Imagine 软件的专家系统分类器模型

这里的专家分类器采用了产生式规则表示知识，其主要由三部分组成：即假设（hypothesis）、规则（rule）、变量（variable）。如图 4.16 所示，根据青海云杉的生活环境可以判断其分布。规则的变量都满足时，规则为真，假设成立。例如，当某区域的海拔大于 2400m，小于 3400m，坡向为阴坡时，该区域分布有青海云杉（王惠林，2007）。

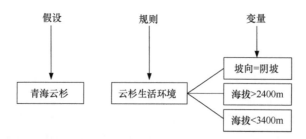

图 4.16　ERDAS Imagine 专家系统分类中的假设、规则和变量（王惠林，2007）

专家分类系统由于能够综合利用多种类型的数据，在应用中引起了广泛的关注。专家分类系统的一个关键步骤是分类规则的定义。一般采用如下三种方法建立遥感影像分类规则：①从专家处得到知识和分类规则，并精炼成规则；②通过认知方法间接地获取变量和规则；③利用自动归纳方法从观测数据中经验性地获取分类规则。地理信息系统（GIS）由于能够管理多源的数据和空间模型，在发展基于知识的分类系统中发挥着重要的作用。在专家分类系统的发展过程中，也将更多地借助于 GIS 工具来完成（贾坤等，2011）。图 4.17 显示了 GIS 辅助下的基于知识规则挖掘的遥感影像分类框架（库向阳等，2006）。该框架主要包括 4 部分内容。

（1）多源空间数据库的建立：遥感影像经几何校正、特征提取、多源数据配准等处理后，输入空间数据库。其他空间数据经数字化输入、矢量数据预处理（编辑、校正等）、数据格式转换（矢量数据转换成栅格数据）输入空间数据库。

（2）数据采样、构建信息决策表：利用遥感影像处理软件或 GIS 软件在遥感影像图层上，采用计算机随机选点、人工判读影像类别或人工选点并判读影像类别、采集分类样本。由分类样本的属性特征构建空间信息决策表，并将样本分为学习样本和测试样本两类。

（3）分类规则挖掘、测试和选择：基于学习样本集使用分类规则挖掘算法挖掘分类规则，然后基于测试样本集对分类规则进行评价、选择。

（4）遥感影像分类与分类精度评定：使用有效分类规则进行遥感影像分类，对测试样本集进行分类，计算分类精度（库向阳等，2006）。

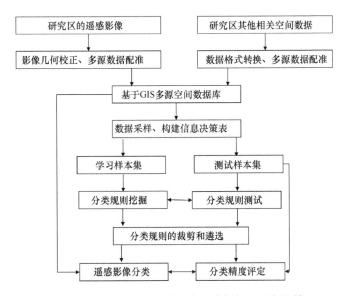

图 4.17　基于知识规则挖掘的遥感影像分类框架（库向阳等，2006）

4.6　基于智能计算的遥感影像像元分类

在统计模式识别中，贝叶斯决策规则从理论上解决了最优分类器的设计问题，但实施中首先必须解决更困难的概率密度估计问题。一方面，遥感数据本身具有信息量大、地物类别、特征复杂，以及数据维数多的特点，而最大似然法假设的前提每一类的每一维数据都在自己的数轴上形成一个正态分布，但是由于同物异谱使得类间方差增大，这种假设前提常常难以满足；另一方面，要获得高精度的分类结果，基于统计模式理论的遥感分类要求对概率密度的估计需比较准确，这样就需要大量的样本数据来准确地估计出概率密度，而获得大量的训练数据需要大量的人力和物力，而且还很费时。因此，基于统计模式识别的遥感分类有时难以取得满意的精度和效率（周成虎等，2009）。

随着人工智能技术的发展，机器学习显示出了它擅长在海量数据中发掘知识信息、自动学习、处理速度快等特点，将机器学习的各种方法应用于遥感领域，从海量遥感影像中提取信息已成为遥感发展的一个主要趋势。智能计算技术在遥感影像处理中的一个非常典型的应用就是遥感像元分类。

智能计算分类技术克服了对输入数据分布假设的要求，充分利用模式识别提高了地表覆被分类精度，分类过程更加自动化，为遥感影像分类提供了一条新途径（蒋容，2014）。智能计算方法将数值计算与语义表达、形象思维等高级智能行为联系起来，通过模拟人脑的判断、推理等智能行为，能够处理关系错综复杂的信息，实现对高维非线性随机、动态或混沌系统行为的分析、预测和决策，解决许多传统人工智能技术所不能解决的模式识别问题；智能计算技术的自学习、自适应、自组织能力，优化选择的功能和知识处理的能力能够提高遥感影像土地覆盖分类的效率和精度，具有重要的应用价值（骆剑承，1999；骆剑承等，2000，2002a，2002b；黄方等，2004）。表 4.1 给出了传统的基于统计的模式识别方法与基于智能计算方法的模式识别的优缺点比较。

表 4.1　基于智能计算方法的模式识别与传统统计模式识别优缺点比较

比较项	基于智能计算方法的模式识别	统计模式识别
优点	（1）对问题的了解可以很少	（1）需要有一定的领域经验
	（2）可以不顾及中间计算过程而实现特征空间较复杂的划分	（2）当特征向量符合一定的统计分布时可以得到满意的分类效果
	（3）SVM 适合高维非线性模式分类	（3）算法原理和过程简单易操作，关于特征空间的模拟和划分使分类过程更直观明了
	（4）适合用高速并行处理系统实现	
缺点	（1）需要更多的训练数据，且训练样本要求具有代表性	（1）为保证精度，训练数据数量要满足一定的要求，且要保证由样本集建立的分类平面最优
	（2）在普通的计算机上学习速度较慢，一定程度上降低了效率	（2）当数据量不大时，识别效率较高
	（3）无法透彻理解所使用的决策过程（如无法得到特征空间中的决策面）	（3）当实际数据特征分布不满足交涉的统计分布时，分类结果会产生偏差

基于智能计算的遥感影像分类是随着人工智能领域智能计算技术的发展而得以发展的，目前所涉及的主要技术分为三大类，包括人工神经网络、支撑向量机及集成学习相关方法。

4.6.1　基于人工神经网络的遥感影像像元分类

人工神经网络（artificial neural network，ANN），是 20 世纪 80 年代以来人工智能领域兴起的研究热点，它从信息处理角度对人脑神经元网络进行抽象，建立某种简单模型，按不同的连接方式组成不同的网络。神经网络是一种运算模型，由大量的节点（或称神经元）相互联接构成。每个节点代表一种特定的输出函数，称为激励函数（activation function）。每两个节点间的连接都代表一个通过该连接信号的加权值，称之为权重，这相当于人工神经网络的记忆。网络的输出则因网络的连接方式、权重值和激励函数的不同而不同。而网络自身通常都是对自然界某种算法或者函数的逼近，也可能是对一种逻辑策略的表达。

　　ANN 是以模拟人脑神经系统的结构和功能为基础而建立的一种数据分析处理系统，具有对信息的分布式存储，并行处理、自组织、自适应、自学习等特点，通过许多具有简单处理能力的神经元的复合作用从而具有复杂的非线性映射能力（王圆圆和李京，2004）。

1. ANN 感知器模型

　　神经元是神经网络运算模型中的一个节点。图 4.18 示意了神经网络单层感知器模型，表达了一个神经元的输入与输出过程。感知器（perceptron）是 1957 年美国学者 Rosenblatt 提出的一种用于模式分类的神经网络模型。当时的感知器模型只包括单结点的一个层，因此称为单层感知器，如图 4.18 所示。结点的输出为

$$Y = f(\sum_{i=0}^{n-1} W_i X_i - \theta) \tag{4-46}$$

式中，W_i 为连接权重；X_i 为输入向量 X 的第 i 分量值；θ 为输出阈值；f 为激励函数，一般为强制非线性输出函数，如 Sigmoid 函数、Tan 函数等。可见，一个神经元的功能是求得输入向量与权向量的内积后，经一个非线性传递函数得到一个标量结果 Y。

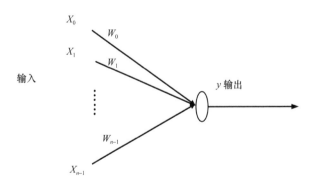

图 4.18　一个神经元的输入与输出（单层感知器）

　　为解决非线性可分数据的多类别分解问题，Rumelhart 等（1986）提出了多层感知器（multiple layer perceptron，MLP）模型（Haque and Cheung，1993；Baraldi and Parmiggiani，1995）。这种网络模型的结构是由不同层次的结点集合组成，每一层的结点通过与下一层互连输出到下一结点层，其输出层通过连接权值而被放大、衰减或抑制。除了输入层，每一结点的输入为前一层所有节输出值的加权和。每一结点的激励输出值由结点输入、激励函数及偏置量决定。训练后的网络，可形成模式空间与分类空间的非

线性映射关系。MLP 网络的动力学行为是对人的生理视觉功能的简单模拟，因此已被广泛地应用于各种模式识别领域，目前大多数基于人工神经网络的遥感数据处理与分析模型是基于多层感知器。

MLP 网络由三个部分构成：感受层（S）、联想层（A）、响应层（R），S、A、R 均是由同类神经元构成，其中 S 相当于人工视网膜，用于感知目标对象，S 层单元与 A 层单元通过联结关系构成对处理对象的联想矩阵，A 层单元与 R 层单元之间的联结结构成为对处理对象的决策矩阵。通过训练调整，使网络形成有序的、具有决策能力的稳定结构。

MLP 网络结构如图 4.19 所示。网络包括一个输入层，相当于 S 层；若干个隐含层，相当于 A 层；和一个输出层，相当于 R 层。MLP 网络包括三个或三个以上的层，输入层接受特征向量（X_n）的输入，在遥感影像分类中，该向量可为像元多波段数据向量、一定大小的影像结构窗口数据向量或其他复杂的参数集构成的输入向量；隐层用来表示知识，采用分布式存储方法。根据 Kolmogorov 映射神经网络存在定理（Grumbach，1996；Fu and Yan，1996），一个包含足够多结点的隐层能表示所有的非线性逻辑判别功能，因此结构合理的三层 MLP 网络已经能产生任意复杂的映射判决功能。增加隐层的结点数能使网络具有更复杂的判别能力，但是也降低了网络的综合能力和网络的训练时间，因此，选取合适的隐层结点数目是十分必要的；输出层对输入层信息的判别或决策结果进行输出，在遥感影像分类中，输出层的结点数等于分类的类别。MLP 网络中的每一个结点都是与前一层或后一层相互联结，其联结值通过相互间的联结权重确定。

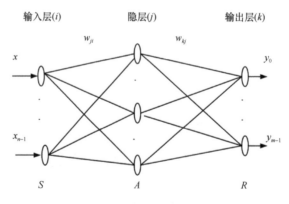

图 4.19 多层感知器（MLP）网络

2. ANN 网络结构

从结构出发模拟智能行为，可以建立起多种神经网络模型。按照网络的连接的拓扑结构划分，可构建的神经网络模型包括前向网络、反馈网络、相互结合型网络、混合型网络等。

前向网络通常包含许多层，这种网络特点是只有前后相邻两层之间神经元相互联结，各种神经元之间没有反馈，每个神经元从前一层接收多个输入，并只有一个输出送给下一层的各个神经元。

反馈网络从输出层到输入层有反馈，每个结点同时接收外来的和来自其他结点的反馈输入，其中也包括神经元输出信号引回到本身输入构成的自环反馈。

相互结合型网络。相互结合型网络又称网状结构，各个神经元都可能相互双向联结，如果某一时刻从神经网络外部施加一个输入，各个神经元一边相互作用，以便进行信息处理，直到网络所有神经元的活性度或输出值，收敛于某个平均值。

确定网络结构后，网络的初始是一个无序的状态，各结点间的联结权重是随机的，因此网络还处于随机混沌状态，没有获得决策知识，不能直接应用于对客体的识别处理。只有当网络通过对样本进行有监督的训练学习，通过权值的调整逐步使得网络获得稳定、有序的状态，即通过调整各结点间的联接权重，使得对训练样本的学习误差收敛到一容限值以内，使网络获得对客体的认识能力。

3. ANN 学习规则

人类拥有的大量知识，主要是后天学习获得的。人的大脑神经系统是从事学习和记忆任务最重要的智能器官。要模拟人神经系统的学习功能，必须使人工神经网络具有学习功能。ANN 学习的本质特征在于神经元特殊的突触结构所具有的可塑性连接，而如何调整连接权值构成了不同的学习算法。

ANN 按学习方式分为有监督学习和非监督学习两大类。监督学习是在实际应用中神经网络为了解决各种问题，从环境中选取样本数据，通过不断调整权值矩阵，直到输入这些样本数据获得合适的输出关系为止的学习过程；非监督学习是在训练数据集中，只是输入而没有目标输出，训练过程中网络自动地将输入数据的特征提取出来，并将其分成若干类的过程，经过非监督训练的网络能够识别训练数据以外的新的输入类别，并相应获得不同的输出，使网络具有自组织、自学习的功能，能发现数据集中隐含的特征。

神经网络的学习，主要是指通过一定的学习算法或规则实现对突触结合强度（权值）的调整，使 ANN 达到具有记忆、识别、分类、信息处理和问题优化求解等功能。ANN 学习规则主要有四种，即联想式学习、误差传播学习、概率式学习和竞争式学习。

联想式学习是模拟人脑的联想功能，将时空上接近的事物间或性质上相似的事物间通过形象思维联结起来，典型联想学习规则是由心理学家 Hebb 于 1949 年提出的学习行为的突触联系和神经群理论，所以称为 Hebb 学习规则。在这个规则基础上发展了许多非监督联想学习模型，依据确定的学习算法自行调整权值，其数学基础是输入和输出间的某种相关计算。

误差传播学习以 Rumelhart 等（1986）提出的具有普遍意义的 δ 规则（BP 算法）为典型，广义 δ 规则中，误差由输出层逐层反向传至输入层，而输出则是正向传播，直至给出网络的最终响应。误差传播学习规则在前向网络的监督学习中比较普遍。

概率式学习是从统计力学、分子热力学和概率论关于系统稳态能量的标准出发，进行神经网络学习的方式。概率式学习的典型代表是 BOLTZMANN 机学习规则，是基于模拟退火的统计优化方法，因此又称为模拟退火算法。由于模拟退火过程要求高温使系统达到平衡状态，而冷却即退火过程为避免造成局部极小而必须缓慢地进行，所以这种学习规则速度很慢。

竞争学习属于非监督学习方式，是在神经网络中的兴奋性或抑制性联结机制中引入了竞争机制的学习方式，这种学习方式是利用不同层间的神经元发生兴奋性联结，以及同一层内距离接近的神经元发生同样的兴奋性联结，而距离较远的神经元之间产生抑制性联结。竞争学习的本质特征在于神经网络中高层次的神经元对低层次神经元输入模式进行竞争式识别。Garpanter 和 Grossberg（1987a，1987b）将竞争学习机制引入其建立的自适应共振网络模型（adaptie resonance theory，ART），另外 Kohonen（1981）提出的自组织特征映射网络（self-organizing feature map，SOM）采用的也是竞争学习机制。

　　基于上述网络结构和学习规则，表 4.2 总结了用于遥感影像分类应用和研究中常用的具有代表性的 ANN 模型，这也是目前常用于遥感影像分类的人工神经网络模型，有些主流的遥感影像处理软件已经提供了基于神经网络的遥感像元分类功能。

表 4.2　用于遥感影像分类的几种典型神经网络模型

网络模型名称	网络结构	学习规则	主要用途
ART1、ART2、ARTMAP	相互结合型	竞争学习	复杂模式分类
BP	前向反馈网络	误差传播修正	模式识别
Perceptron	前向网络	误差传播修正	线性分类、预测
RBF	前向网络	误差传播修正	模式识别
Hopfield	相互结合型	无学习	优化、联想、分类

　　图 4.20 是一个用于遥感影像分类的人工神经网络集成结构模型（骆剑承，1999）。采用神经网络算法进行遥感影像分类，与基于统计学的方法相比具有较好的并行性和鲁棒性，其对初始输入数据的特征空间分布没有严格的要求，输入的数据可以具有不同的特征空间分布。在处理模式分类问题时，并不基于某个假定的概率分布，在无监督分类中，从特征空间到模式空间的映射是通过网络自组织完成的，在监督分类中，网络通过对训练样本的学习，获得权值，形成分类器，且具备容错性。与统计分类方法相比较，ANN 方法具有更强的非线性映射能力，因此，能处理和分析复杂空间分布的遥感信息，特别是对具有复杂空间特征结构的多源、多波段遥感影像，往往能取得更理想的分析结果（郑江等，2003）。

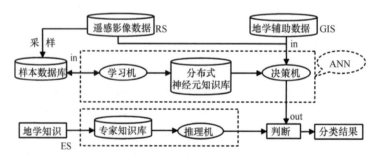

图 4.20　人工神经网络与遥感影像分类的集成结构（骆剑承，1999）

　　但 ANN 分类器也有不足之处，其拓扑结构的选择常缺乏充分的理论依据，网络连接权值的物理意义不明确，人们无法理解其进行推理的过程，学界对 ANN 行为的理解远远落后于对算法的改进。训练阶段不能形成唯一方案、过拟合和训练阶段十分耗时，它还需要对隐层中神经元数量、学习率、动力参量值、迭代训练次数、输入层和输出层信息编码方式等找出一个合适的参数或方法，使其应用可视化的方法提炼规则十分困难（蒋容，2014）。

4. 常用遥感影像分类神经网络模型

常用遥感影像分类神经网络模型包括反向传播网络（back propagation neural network）、自适应共振神经网络（adaptive resonance theory）和径向基函数神经网络（radial basis function neural network）。

1）反向传播网络

应用得最为广泛的神经网络是 Rumelhart 等于 1986 年提出的 BP 网络学习算法，这是一种有导师指导的前馈型网络，算法分两步进行：①正向传播时，由输入层到隐含层（也叫中间层）再到输出层，每一层的神经元状态只对下一层神经元状态产生影响，到输出层时，将实际输出与期望输出相比较，如果误差超过允许范围，则进入反向传播过程；②反向传播过程即把误差信号按原来正向传播的通路反向传回，对神经元之间的连接权值按照梯度下降法（gradient descent）进行修改，使期望值与输出值的均方差趋于最小。许多研究发现，在类别较少时，BP 网络能形成复杂的非线性判决函数，但当类别增多，因为判决平面的增多及类别边界复杂程度增加，BP 网络算法常存在训练时间长、不易收敛、易陷入局部最小等缺点。改进的方法有增加惯性项、动态调整学习率、改变激励函数等，如贾永红提出根据连续两次迭代的梯度方向自适应调整学习率（贾永红，2000）；李朝峰和王桂梁（2001）采用模糊规则控制学习率；陈玉敏提出将常用 S 型激励函数（Sigmoid）改换为周期函数（陈玉敏，2002）。这些改进被证明在遥感影像土地利用/覆盖分类试验中可以提高收敛速度和分类精度。图 4.21 为基于 BP 神经网络的遥感影像分类过程示意图。

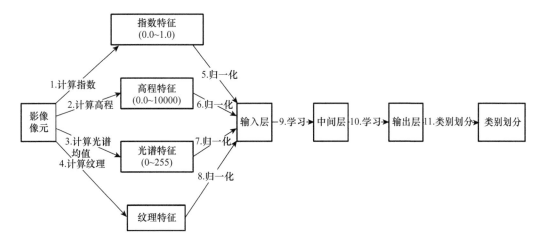

图 4.21　基于特征的 BP 神经网络分类模型

2）自适应共振神经网络

自适应共振理论是 Carpenter 和 Grossberg 在 1976 年提出的，是一种自组织产生认知编码的神经网络理论（骆剑承等，2002a），其最大的特点就是解决了一般网络难以解决的适应性-稳定性问题，一般网络在学习新模式时常对以前的学习有影响，而 ART 网络的自组织反馈功能、增量式学习，以及快训练和慢训练使其既能识别那些较少出现的类型，又能在出现噪声时相对稳定，识别出已经学习过的类型（Gopal et al.，1999）。最初的 ART 模型（ART1）属于非监督学习系统，仅处理离散二进制信号，后来结合模糊理论，发展了能处理连续模拟信号的 ART2 和 Fuzzy-ART 模型，针对有监督学习的模式识别问题，发展了具有自组织映射结构的 ARTMAP（adaptive resonance theory map）（骆剑承等，2002a）。后来又出现一种拓扑结构与 Fuzzy ARTMAP 相同但在识别层对神经元引入了激励-隶属度函数的 Fas ART（林剑等，2002）。

目前 ART 模型已经被广泛应用于语音感知、字符识别、视觉感知等模式识别或信号处理等领域。利用 ART 系列网络进行土地利用/覆盖分类已在国内外出现不少。有研究用 Fuzzy ARTMAP 对全球土地覆盖进行分类，在分类时采取了投票机制（voting strategy），验证了 Fuzzy ARTMAP 的稳定性（Gopal et al.，1999）。也有研究把已知类别的样本送入已经非监督学习好的 ARTMAP 网络，如果竞争层的获胜神经元代表该类别，则将获胜神经元权向量向样本靠拢，否则远离该样本（孙丹峰等，1999）。刘正军等比较了 Fuzzy ARTMAP、MLC、BP 三种方法对一幅 SPOT 影像土地覆盖分类的结果，认为 Fuzzy ARTMAP 不仅分类精度最高，而且在训练的收敛性、系统的自适应性和自归一能力、归纳新特征能力等方面较 BP 算法有很大优越性（刘正军等，2003）。以 ARTMAP 神经网络模型为例，图 4.22 显示了 ARTMAP 神经网络分类过程示意图。

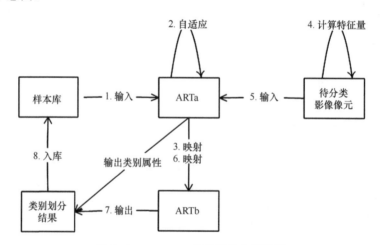

图 4.22　ARTMAP 神经网络分类模型

3）径向基函数神经网络

径向基函数神经网络（RBFNN）是 Powell（1987）首先提出的，它用分解的统计分布特征来表示稀疏样本空间中的非统计分布，是参数化统计分布模型和非参数化线性感知器映射模型相结合的一种前向神经网络模型，融合了两种模型的优点。网络的中间层为特征空间按照一定密度分布的中心点的表达，包含一系列非线性径向基函数（RBF），输出层由中间层基函数输出的线性映射获得。从输入层到中间层的学习可通过聚类算法形成中间层的状态，从中间层到输出层的学习可通过最小均方误差（LMS）算法实现线性映射关系。骆剑承等以香港元朗地区为实验区，分别利用 RBFNN 和BPNN 进行土地覆盖分类，认为 RBFNN 在学习速度、网络结构、融合领域知识等方面具有一定的优势（骆剑承等，2000）；巫兆聪构造了粗糙集（rough set）意义下的RBFNN 表示形式，并利用遗传算法（genetic algorithm）实现其粗糙逻辑机制，在湖北三峡地区进行了土地覆盖分类，结果表明该方法比普通 RBFNN 在网络结构、收敛性和分类精度等方面又有较大提高（巫兆聪，2003）。图 4.23 为 RBF/EBF 神经网络分类过程示意图。

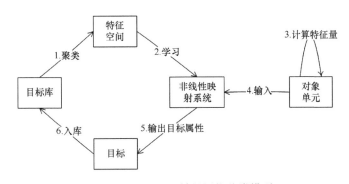

图 4.23　RBF/EBF 神经网络分类模型

4.6.2　基于支持向量机的遥感影像像元分类

支持向量机（SVM）是基于统计学习理论的一般性构造学习方法，最早是由 Vapnik（1995，1998）针对两类线性可分情况的最优分类面问题提出，后来被推广到可处理多类线性不可分数据。然而 SVM 方法又不同于常规统计和神经网络方法，尽管人工神经网络方法进行影像空间特征信息提取已取得很大进展，但它对于高维、复杂映射存在学习速度慢，难以收敛或者遇到高度复杂的数据集会使网络急剧膨胀，从而影响特征提取的效率等问题。SVM 方法不是通过减少特征个数来控制模型复杂性的，因此它在解决高维非线性模式分类时在一定程度上弥补了人工神经网络的缺陷。

支持向量机的关键是提出一个线性可分的分类面，图 4.24 给出了最佳分类面示意图。图中两类点分别表示两类样本，H 为分类线，H_1 和 H_2 分别为穿过各类训练样本中离 H 最近的点且平行于分类线的直线，H_1 和 H_2 之间的距离叫做分类间隔。所谓最佳分类线就是分类间隔最大且能够正确分类的分类线。这不仅能够保证经验风险最小化而且能够获得一个最小的置信范围，以达到实际风险的最小化。这个最佳分类线转换到高维度的空间中就成了最佳分类面。

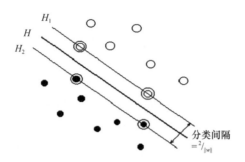

图 4.24　SVM 最优分类面

1. SVM 基本原理——两类问题

SVM 的原理是用分离超平面作为分离训练数据的线性函数。SVM 允许直接用训练数据来描述分离超平面,可以直接解决分类问题,无需把密度估计作为中间步骤。设训练数据由 n 个样本 $(x_1, y_1), \cdots, (x_n, y_n)$ 构成,$x \in R^d$,$y \in \{+1, -1\}$,由超平面决策函数来分离:

$$D(x) = (w \cdot x) + w_0 \tag{4-47}$$

式中,w 和 w_0 为适当的系数。定义数据样本可分性的约束为

$$(w \cdot x_i) + w_0 \geqslant +1,\ 若\ y_i = +1 \tag{4-48}$$

$$(w \cdot x_i) + w_0 \leqslant -1,\ 若\ y_i = -1,\ i = 1, \cdots, n \tag{4-49}$$

$$或\ y_i[(w \cdot x_i) + s] \geqslant 1,\ i = 1, \cdots, n \tag{4-50}$$

对给定的训练数据集,分离超平面可表达为上述形式。从分离超平面到最近数据点的最小距离,被称为空隙,用 τ 表示。空隙与分离超平面的推广能力有关,空隙越大,类间的可分性越大,因此选取分离超平面的条件是使空隙达到极大。支撑向量是在空隙边沿上的数据点,或等价地使 $y_i[(w \cdot x_i) + s] = 1$ 的数据点,也是最接近于决策曲面的数据点,它们最难被分类,可决定决策曲面位置,最优超平面的决策曲面,可用支撑向量集来描述。

设样本 x' 到分离超平面的距离为 $|D(x')| / \|w\|$。假定空隙 τ 存在,则所有的训练模式服从不等式:$\dfrac{y_k D(x_k)}{\|w\|} \geqslant \tau$,$y_k \in \{-1,\ 1\}$,$k = 1, \cdots, n$,找最优超平面就是寻找使 τ 值最大化的 w 值,固定 τ 和 w 范数之积的刻度,令 $\tau \|w\| = 1$。这样,极大化空隙 τ 等价于极小化 w 的范数。最优分离超平面满足 $y_i[(w \cdot x_i) + w_0] \geqslant 1\ (i = 1, \cdots, n)$,并关于 w 和 w_0 极小化 $\eta(w) = \|w\|^2$。可用二次规划(QP)解这个优化问题:

$$\begin{cases} \min & h(w) = \dfrac{1}{2}\|w\|^2 \\ \text{s.t.} & y_i[w \cdot x_i + w_0] - 1,\quad i = 1, \cdots, n \end{cases} \tag{4-51}$$

首先,用拉氏乘子构造无约束优化问题:

$$Q(\boldsymbol{w}, w_0, \boldsymbol{\alpha}) = \frac{1}{2}(\boldsymbol{w} \times \boldsymbol{w}) - \sum_{i=1}^{n} \alpha_i \left\{ y_i [(\boldsymbol{w} \times \boldsymbol{x}_i) + w_0] - 1 \right\} \tag{4-52}$$

式中，α_i 为拉氏乘子。函数的鞍点提供了优化问题的解。

然后，由 Kuhn-Tucker 条件，根据参数 α_i 来表示上面函数中的参数 $\boldsymbol{w}$，w_0。函数 Q 就变成只需关于拉氏乘子 α_i 极大化的对偶问题。根据 Kuhn-Tucker 定理，通过解偏导数，可求得 Q 的解 $\boldsymbol{w}^*$，w_0^*，$\boldsymbol{\alpha}^*$，具有下列性质：

（1）系数 α_i^*，$(i = 1, \cdots, n)$ 满足：$\sum_{i=1}^{n} \alpha_i^* y_i = 0$，　$\alpha_i^* \geqslant 0$，　$i = 1, \cdots, n$

（2）向量 $\boldsymbol{w}^*$ 是训练集中向量的线性组合：

$$\boldsymbol{w}^* = \sum_{i=1}^{n} a_1^* y_i \boldsymbol{x}_i, \quad \alpha_i^* \geqslant 0, \quad i = 1, \cdots, n \tag{4-53}$$

（3）只有当数据样本 $(\boldsymbol{x}_i, y_i)$ 满足约束 $y_i \left[(\boldsymbol{w} \times \boldsymbol{x}_i) + w_0 \right] = 1$ 时，相应的参数 α_i^* 才不为 0。即

$$a_i^* \left[y_i \left(\boldsymbol{w}^* \cdot \boldsymbol{x}_i + w_0^* \right) - 1 \right] = 0, \quad i = 1, \cdots, n \tag{4-54}$$

其中，使 $y_i(\boldsymbol{w} \times \boldsymbol{x}_i + w_0) - 1 = 0$（或等价地 α_i^* 非零）的数据样本是支撑向量。

二次优化问题的对偶可定制如下：

给定训练数据 $(\boldsymbol{x}_i, y_i)$，$i = 1, \cdots, n$ 和正则化参数 C，在约束 $\sum_{i=1}^{n} y_i \alpha_i = 0, 0 \leqslant \alpha_i \leqslant \dfrac{C}{n}$，$i = 1, \cdots, n$ 之下，找极大化泛函：

$$Q(a) = \sum_{i=1}^{n} a_i^* - \frac{1}{2} \sum_{i,j=1}^{n} a_i a_j y_i y_j \left(\boldsymbol{x}_i, \boldsymbol{x}_j \right) \tag{4-55}$$

的参数 α_i，$i = 1, \cdots, n$，超平面决策函数为

$$D(\boldsymbol{x}) = \sum_{i=1}^{n} \alpha_i^* y_i (\boldsymbol{x} \cdot \boldsymbol{x}_i) + w_0^* \tag{4-56}$$

其中系数 α_i，$i = 1, \cdots, n$ 是对偶问题的解。注意 a_i^* 是非零的数据样本是支撑向量，而且这个问题可只根据输入数据向量之间的内积 $(\boldsymbol{x} \cdot \boldsymbol{x}')$ 来表示。

2. 非线性高维映射

最优超平面是理想状态下的逼近函数，复杂性与维数无关，对高维也能提供很好的推广能力。SVM 可进一步通过构造高维基函数映射来进行非线性扩展，相应的高维空间称为特征空间。上述优化问题需计算向量之间的内积，这也是需要训练数据 $\boldsymbol{x}$ 的唯一运算。若用基函数大集合［即 $g_j(\boldsymbol{x})$，$j = 1, \cdots, m$］，那么解优化问题就需要确定基函数定义的特征空间中的内积。令 $g_j(\boldsymbol{x})$，$j = 1, \cdots, m$ 表示事先定义的非线性变换函数集，这些

函数把向量 $\boldsymbol{x}$ 映射到 m 维特征空间中，并产生超平面，然后再把特征空间的线性决策边界映射到输入空间的非线性决策边界。用非线性变换函数 $g_j(\boldsymbol{x})$ 来产生特征，决策函数就变为

$$D(\boldsymbol{x}) = \sum_{j=1}^{m} w_j g_j(\boldsymbol{x}) \tag{4-57}$$

其中求和的项数依赖于特征空间的维数。这里去掉了零阶"阈值"项 w_0，因为它通过在特征空间加入一个常数基函数（即 $g(\boldsymbol{x})=1$）来表示。在对偶形式中，决策函数为

$$D(\boldsymbol{x}) = \sum_{i=1}^{n} \alpha_i y_i H(\boldsymbol{x}_i, \boldsymbol{x}) \tag{4-58}$$

内积核(H)是基函数 $g_j(\boldsymbol{x})$ 的一个表示。对给的基函数集 $g_j(\boldsymbol{x})$，内积核 H 由 $H(\boldsymbol{x}, \boldsymbol{x}') = \sum_{j=1}^{m} g_j(\boldsymbol{x}) g_j(\boldsymbol{x}')$ 来确定，其中 m 可取高维。高维特征空间中，特征向量之间内积的计算可间接由支撑向量和输入空间的向量之间的核（H）计算来完成。内积在对偶表示中的展开式允许在输入空间中非线性决策函数的构造，使非常高维特征空间的产生在计算上成为可能。

基函数的选择对应于构造特征所用的函数类的选择，根据 Hilbert-Schmidt 理论，基函数 $H(\boldsymbol{x}, \boldsymbol{x}')$ 需要满足 Mercer 条件的对称函数。用于学习机的常用基函数类可对应于计算内积的核函数。几个常见的多元逼近函数类和它们的内积核包括多项式、径向基函数、神经网络 SIGMOID 函数等，如：

（1）q 阶多项式内积核：

$$H(\boldsymbol{x}, \boldsymbol{x}') = \left[(\boldsymbol{x} \times \boldsymbol{x}') + 1 \right]^q \tag{4-59}$$

（2）径向基函数：$f(x) = \mathrm{sign}\left(\sum_{i=1}^{n} \alpha_i \exp\left\{ -\frac{|\boldsymbol{x} - \boldsymbol{x}_i|^2}{\sigma^2} \right\} \right)$，其中 σ 定义宽度，内积核为

$$H(\boldsymbol{x}, \boldsymbol{x}') = \exp\left\{ -\frac{|\boldsymbol{x} - \boldsymbol{x}'|^2}{\sigma^2} \right\} \tag{4-60}$$

3. 多类问题

SVM 的最初提出是针对两类问题，但是可以很方便地扩展到多类问题的划分中去。一般有两种分类方式。其中简单的扩展方法是把多类问题分解为两类问题，然后用 SVM 进行训练。也就是每次将其中一个类别的训练数据作为一个类别，其他不属于该类别的训练数据作为另外一个类别。因此对于 K（$K>2$）类别划分问题，可用 K 组支撑向量集表达的决策函数来实现输入空间的划分。另外还有一种方法是建立 K（$K-1$）/2 个 SVM，即对每两类之间训练一个 SVM 将这两类分开。其中前一种方法计算简单，计算量小；后一种方法更能准确地对多类问题进行划分，但是对于类别比较多的情况下，计算量也相对复杂。图 4.25 显示了用 SVM 对一组二维输入空间

的模拟数据的划分结果（骆剑承等，2002b）。可以看出支撑向量点是进行类别划分的关键点。

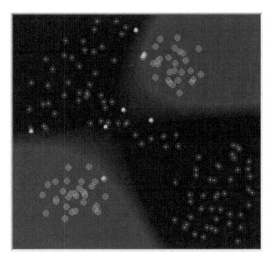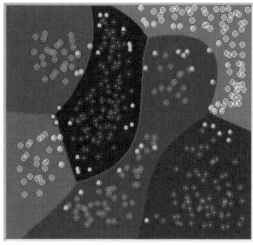

图 4.25　基于 SVM 的分类结果（左图为两类问题，右图为多类问题，其中实心圆点是支撑向量）

支撑向量机（SVM）的三大基础理论为结构风险理论、二次优化理论、核空间理论（蒋容，2014）。SVM 法不同于传统统计方法和 ANN 法，它不是通过特征个数变少来控制模型的复杂性，对于 SVM 而言，空间维数可以非常大，SVM 算法将实际问题通过非线性变换转换到高维的特征空间，在高维特征空间中构造线性判别函数来实现原空间中的非线性判别函数。这种非线性变换是通过定义适当的内积函数实现的。它的目标就是要根据结构风险最小化原理，构造一个目标函数将两类模式尽可能地区分开来。SVM是在高维数据分类上最好的机器学习算法，而且可以在小样本的情况下就获得较高的准确率，因为 SVM 划分边界时依靠支撑向量，而不是靠由大量数据获得的统计特征。因此，在遥感影像分类中，利用 SVM 法不但能够获得较高的分类精度，而且在学习速度、自适应能力、不限制特征空间高维、可表达性等方面具有优势。

4.6.3　基于随机森林的遥感影像像元分类

随机森林（random forests，RF）是由美国科学院的 Breiman（2001）提出的一种基于 CART 决策树的集成学习算法。随机森林是一种非参的模式识别分类方法，可以应用于大多数的数据分类。随机森林集成学习算法，不用事先知道或假设数据的分布，这也是优于传统统计学习方法的关键所在。

1. 决策树

决策树是随机森林的基础分类器，其为一个树状预测模型，总的来看它提供一个从观测到目标值的映射。决策树由节点和有向边组成，在树结构中包括根节点、分支节点和叶子节点。决策树只有一个根节点，是全体训练数据的集合。决策树的叶子节点代表分类结果，分支节点则代表导致分类结果的分裂问题，它将到达该节点的样本按某个特定的属性进行分割。从决策树的根节点到叶节点的每一条路径都形成一个分类。决策树的算法有很多，如 ID3、C4.5、CART 等，这些算法均采用自上而下的贪婪算法，每个内部节点选择分类效果最好的属性来分裂节点（雷震，2012）。

决策树的训练过程是基于属性值的测试将输入训练集分割成子集，并在每个分割成的子集中以递归的方式重复分割，直到一个节点处的子集中的所有元素都有相同值或者属性值用尽或其他给定的停止条件时停止。从训练过程可见通过基于属性值的测试将输入训练集分割成子集是决策树方法的核心。在确定分割结果时，通常是选取最优的分割以达到将数据集尽量分割成同质子集的目的，为达到此目的，研究者们使用了不同的数学工具。其中，一种最直接的做法是使用基于信息论中熵的定义而确定的信息增益（information gain）。由于熵表达了信息的含量，熵值越小，子集越有序，熵值增益越大说明分成的子集同质性越好。在 ID3、C4.5 和 C5.0 决策树生成算法中，信息增益被用来当做最优分割的标准。另外一种最优分割标准是基尼不纯度（Gini impurity）。它指将来自集合中的某种结果随机应用于集合中某一数据项的预期误差率。它可以由每项被选取的概率与此项错分的概率积的和来计算。如果节点上的所有的数据都属于某一个目标类，则基尼不纯度取得它的最小值 0。

2. 随机森林分类基本原理

在生活中常常可以碰到一些判断，它们比随机的猜测要准确些，但本身又经常非常的不准确，可以称这种判断为弱分类器。以多个弱分类器组合成的较强的分类器通常被称为集成分类器（ensemble classifier）。常见的集成分类器包括 Boosting 和 Bootstrap aggregation（简称 Bagging）。随机森林是一个以决策树为基础分类器的集成分类器。随机森林由大量决策树构成，每棵树进行独立分类运算得到各自的分类结果，根据每棵树的分类结果投票决定最终结果。

随机森林的构建方法包括：袋装法、更新权重法、基于输入构建随机森林、基于输出构建随机森林和基于随机选择的特征子空间构建随机森林。以袋装法构建随机森林为例，其算法流程如图 4.26 所示（Ming et al.，2016）：

（1）利用自举重采样（Bootstrap）方法重采样，随机产生训练集。

（2）利用每个训练集，生成对应的决策树；在每个非叶子节点（内部节点）上选择属性前，从属性中随机抽取一定量属性作为当前节点的分裂属性集，并以抽取属性中最好的分裂方式对该节点进行分裂。

（3）对于测试集样本，利用每个决策树进行测试，得到对应的类别。采用投票的方法，将决策树中输出最多的类别作为测试集样本所属的类别，即一个输入向量的预测值由所有树的输出结果投票决定。

在土地覆盖分类中，首先通过目视解译，选择一定数量有代表性的像元，组成总训练样本集，总样本集中样本数量为 w。利用 Bootstrap 方法，随机产生训练集，即采用有放回的方式从总训练集中抽取 w 次组成新的训练集，由于有放回的方式会使新训练集中有重复的样本，因此在概率上，新训练集中仅包含了原训练集 63.2% 的样本。然后选

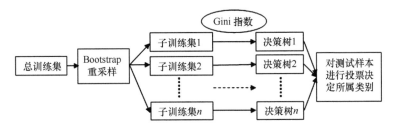

图 4.26　基于输入选择构建随机森林分类算法流程

取一定影像特征作为分类依据，即分类属性，利用每个训练集，生成对应的决策树用于分类；在每个非叶子节点（内部节点）上选择属性前，从所有属性中随机抽取一定量属性作为当前决策树的分裂属性集，并以抽取的属性中最好的分裂方式对该节点进行分裂。

最好的分裂方式是基于基尼指数思想：假设集合 T 包含 k 种取值的记录，每种取值生成一个子节点，其中节点 i 的基尼指数为

$$\text{Gini}(i) = 1 - \sum_{j=1}^{h}\left[p\left(j/i\right)\right]^2 \qquad (4\text{-}61)$$

式中，h 为节点 i 上的类别数；$p\left(j/i\right)$ 为第 j 个类别在节点 i 处的相对频率。当 $\text{Gini}(i)$ 最小为 0 时，即在此节点处所有记录都属于同一类别，表示能得到最大的有用信息；当此节点中的所有记录对于类别字段都是均匀分布时，$\text{Gini}(i)$ 最大，表示能得到最小的有用信息。

集合 T 的分裂基尼指数为

$$\text{Gini}_{\text{split}}(T) = \sum_{i=1}^{r}\frac{s_i}{s}\text{Gini}(i) \qquad (4\text{-}62)$$

式中，r 为集合 T 包含的取值种类；S_i 为在子节点 i 处的记录数；S 为集合 T 的总记录数。

基尼指数的基本思想就是：对于每个节点都要遍历所有可以的分类方法后，若能提供最小的 $\text{Gini}_{\text{split}}$ 就被选择作为此节点处分裂的标准。

最后将影像的所有像元作为测试样本，组成测试样本集，利用每个决策树对各个像元进行分类，得到对应的类别。采用投票的方法，将决策树中输出最多的类别作为测试集样本所属的类别，即

$$C = \arg\max_c\left[\sum_{k=1}^{n}I\left(h\left(x,\theta_k\right)=c\right)\right] \qquad (4\text{-}63)$$

其中，C 为测试样本所属类别；$\{C\}$ 为测试样本类别集合；n 为决策树数量；$I(A)$ 为示性函数，即当 A 为真时，取值为 1，否则取值为 0；(x,θ_k) 为决策树分类器，x 为训练样本，θ_k 为独立同分布的随机向量。

随机森林分类器与其说是一个模型不如说是一个框架，它使用一个特征矢量并将其使用"森林"中的"树"进行分类。结果会在其结束的终端节点对训练样本产生类别标签。这意味着该标签根据其获得的大多数"投票"而被指定类别。按照如此，对所有的树进行循环将产生随机森林预测。所有的树将以相同的特征但是以不同的训练集进行训

练,而这些不同的训练集均是由初始训练集产生的。将训练样本的随机性和特征选择的随机性加入到决策树构建中,这样在保证决策树强度的同时也大大增加了决策树间的相关度。训练样本一定的情况下,影响分类精度的主要因素有两个:生成一棵决策树所随机选取的属性特征数量和最终生成的决策树数量,且特征数量的大小关系到构建出的决策树能力强弱以及决策树之间的相关性,进而会影响分类精度。

总体上来说,随机森林是相对较新的组合分类策略,具有人工干预少、分类效果明显、鲁棒性良好和运算效率高等优点,目前已经逐渐被应用于遥感影像分类中,一些研究对比结果表明随机森林遥感分类的精度甚至会高于人工神经网络和支撑向量机方法。

4.7 典型地学应用——土地覆盖遥感监测

利用卫星遥感影像进行土地覆盖监测是及时掌握土地资源信息并对其加以有效管理的基础性工作。中国目前快速的城镇化和工业化发展,使得土地利用类型变化迅速,土地利用/土地覆盖调查对有效监测中国的土地利用现状,合理开发土地资源、加强对土地资源的利用和保护有重要意义,为国土规划编制、土地可持续利用标准的建立提供了有力的数据支持,是区域规划和管理领域要掌握的重要内容。

土地利用与土地覆盖(或称为土地覆被)变化(land use and land cover change,LUCC)不仅客观地记录了人类改变地球表面特征空间格局的活动,而且还再现了地球表面景观的时空动态过程,其变化与全球气候变化、生物多样性的减少、生态环境演变、生态安全水平,以及人类与环境之间相互作用(陈佑启和杨鹏,2001),成为了全球变化研究的热点。

4.7.1 土地覆盖与土地利用

在土地类型划分的时候,往往会有两种提法:土地利用和土地覆盖。土地覆盖是随遥感技术发展而出现的一个新概念,其含义与"土地利用"相近,只是侧重的角度有所不同。土地覆盖侧重于土地的自然属性,是发生在地球表面的现象;土地利用侧重于土地的社会属性,对地表覆盖物(包括已利用和未利用)进行分类。

土地利用的变化不断的导致土地覆盖的变化。例如,对林地的划分,土地覆盖根据林地生态环境的不同,将林地分为针叶林地、阔叶林地、针阔混交林地等,以反映林地所处的生态环境、分布特征及其地带性分布规律和垂直差异。土地利用从林地的利用目的和利用方向出发,将林地分为用材林地、经济林地、薪炭林地、防护林地等。

但两者在许多情况下有共同之处,故在开展土地覆盖和土地利用的调查研究工作中常将两者合并考虑,建立一个统一的分类系统,统称为土地利用/土地覆盖分类体系。

4.7.2 土地利用/土地覆盖分类体系

土地覆盖分类系统是土地覆盖/土地利用变化研究的核心,也是研究成果的表达方式。土地覆盖类型是什么，土地覆盖是否变化，都与定义的分类系统有密切关系（延昊，2002）。

从土地利用的角度，我国质量监督检验检疫总局和中国国家标准化管理委员会于2007年8月10日联合发布《土地利用现状分类》，标志着我国土地利用现状分类第一次拥有了全国统一的国家标准。《土地利用现状分类》国家标准采用一级、二级两个层次的分类体系，共分12个一级类、56个二级类。从2007年8月10日起，我国则执行全国统一的《土地利用现状分类》国家标准。这个分类系统结束了土地资源基础数据数出多门、口径不一的时代。

然而遥感土地监测的角度，反映地表电磁辐射特征的遥感数据只能直观反映地表覆盖信息。因此在资源监测领域也提出了一些遥感土地覆盖分类体系。

1. 中国科学院土地利用遥感监测分类系统

中国科学院"八五"重大应用项目"国家资源环境遥感宏观调查与动态分析"依据一定的分类原则，从土地的资源角度建立起了一套基于30m TM遥感数据的二级土地分类系统（表4.3），每一级土地类型都用文字和覆盖度（或郁闭度）指标进行了定义（刘纪远，1996）。

表 4.3　中国科学院土地利用遥感监测分类系统

一级类型		二级类型		
编号	名称	编号	名称	含义
1	耕地	—	—	指种植农作物的土地，包括熟耕地、新开荒地、休闲地、轮歇地、草田轮作物地；以种植农作物为主的农果、农桑、农林用地；耕种三年以上的滩地和海涂
—	—	11	水田	指有水源保证和灌溉设施，在一般年景能正常灌溉，用以种植水稻，莲藕等水生农作物的耕地，包括实行水稻和旱地作物轮种的耕地。 111. 山区水田；112. 丘陵水田；113. 平原水田；114. 坡度>25°的坡地水田
—	—	12	旱地	指无灌溉水源及设施，靠天然降水生长作物的耕地；有水源和浇灌设施，在一般年景下能正常灌溉的旱作物耕地；以种菜为主的耕地；正常轮作的休闲地和轮歇地 121. 山地旱地；122. 丘陵旱地；123. 平原旱地；124. 坡度>25°坡地旱地
2	林地	—	—	指生长乔木、灌木、竹类，以及沿海红树林地等林业用地
—	—	21	有林地	指郁闭度>30%的天然林和人工林。包括用材林、经济林、防护林等成片林地
—	—	22	灌木林	指郁闭度>40%、高度在2m以下的矮林地和灌丛林地
—	—	23	疏林地	指林木郁闭度为10%~30%的林地
—	—	24	其他林地	指未成林造林地、迹地、苗圃及各类园地（果园、桑园、茶园、热作林园等）
3	草地	—	—	指以生长草本植物为主，覆盖度在5%以上的各类草地，包括以牧为主的灌丛草地和郁闭度在10%以下的疏林草地
—	—	31	高覆盖度草地	指覆盖>50%的天然草地、改良草地和割草地。此类草地一般水分条件较好，草被生长茂密
—	—	32	中覆盖度草地	指覆盖度在20%~50%的天然草地和改良草地，此类草地一般水分不足，草被较稀疏

续表

一级类型		二级类型		
编号	名称	编号	名称	含义
—	—	33	低覆盖度草地	指覆盖度在 5%~20%的天然草地。此类草地水分缺乏，草被稀疏，牧业利用条件差
4	水域	—	—	指天然陆地水域和水利设施用地
—	—	41	河渠	指天然形成或人工开挖的河流及主干道常年水位以下的土地。人工渠包括堤岸
—	—	42	湖泊	指天然形成的积水区常年水位以下的土地
—	—	43	水库坑塘	指人工修建的蓄水区常年水位以下的土地
—	—	44	永久性冰川雪地	指常年被冰川和积雪所覆盖的土地
—	—	45	滩涂	指沿海大潮高潮位与低潮位之间的潮浸地带
—	—	46	滩地	指河、湖水域平水期水位与洪水期水位之间的土地
5	城乡、工矿、居民用地	—	—	指城乡居民点及其以外的工矿、交通等用地
—	—	51	城镇用地	指大、中、小城市及县镇以上建成区用地
—	—	52	农村居民点	指独立于城镇以外的农村居民点
—	—	53	其他建设用地	指厂矿、大型工业区、油田、盐场、采石场等用地，以及交通道路、机场及特殊用地
6	未利用土地	—	—	目前还未利用的土地，包括难利用的土地
—	—	61	沙地	指地表为沙覆盖，植被覆盖度在 5%以下的土地，包括沙漠，不包括水系中的沙漠
—	—	62	戈壁	指地表以碎砾石为主，植被覆盖度在 5%以下的土地
—	—	63	盐碱地	指地表盐碱聚集，植被稀少，只能生长强耐盐碱植物的土地
—	—	64	沼泽地	指地势平坦低洼、排水不畅、长期潮湿、季节性积水或常年积水、表层生长湿生植物的土地
—	—	65	裸土地	指地表土质覆盖，植被覆盖度在 5%以下的土地
—	—	66	裸岩石质地	指地表为岩石或石砾，其覆盖面积>5%的土地
—	—	67	其他	指其他未利用土地，包括高寒荒漠、苔原等
9	—	99	海洋	最早的分类系统是在陆地上开展，所以没有海洋。这里补充了数据更新过程中由于填海造陆涉及的海洋类别

2. 美国国家土地覆盖数据 NLCD 分类系统

基于 20 世纪 90 年代中期的空间分辨率是 30m 的 Landsat-TM 数据，在 Anderson 土地覆盖分类系统的基础上，美国建立起了美国国家土地覆盖数据（national land cover data，NLCD），采用的是 9 个 1 级类和 21 个 2 级类土地覆盖分类方案，如表 4.4 所示。2001 年对分类体系进行了调整，并完成 NLCD2001 的数据库。

表 4.4　美国国家土地覆盖数据 NLCD 分类系统

一级分类		二级分类		一级分类		二级分类	
编号	名称	编号	名称	编号	名称	编号	名称
1	水体	11	活动水体	5	灌丛	51	灌丛
		12	终年冰雪	6	人工林地	61	果园
2	城镇用地	21	低密度居住区	7	自然草地	71	草地
		22	高密度区			81	草原
		23	商业工业交通			82	行播作物
3	荒地	31	裸地	8	人工草地	83	谷物
		32	采石场			84	休耕地
		33	过渡地			85	城市草地
4	林地	41	落叶林			91	有林湿地
		42	常绿林地	9	湿地	92	草类湿地
		43	混交林				

3. 全球土地覆盖分类系统

LCCS 是联合国粮农组织（the Food and Agriculture Organization of the United Nations，FAO）与联合国环境规划署（United Nations Environment Programme，UNEP）联合开发的土地分类系统。该系统中给出的类别是由一套独立的诊断属性组合即分类器的组合而产生的，所以对于某个需要分类的地区，分类器使用得越多，分类也越详细。由于土地覆盖的多样性，系统将分类器分为两部分：第一部分如图 4.27 所示，利用二分法将地物分为 8 类，分别为耕地及管区陆地区域、自然/半自然陆地植被、水田或规律性淹水、自然/半自然水域及规律性淹水植被、人工表面及相关区域、裸地、人工水体和自然水体；第二部分如表 4.5 所示，为模块化的详细属性分类，将第一部分的 8 种类型逐一细化，如对于耕地及管区陆地可以进一步定义其植被类型、植被高度、分布形态等属性（路鹏等，2009）。

国际地圈生物圈计划（international geosphere-biosphere program，IGBP）从植被的角度也提出了一个土地覆盖分类方案，将全球植被覆盖分为 17 类（Belward，1996），见表 4.6。

4.7.3　土地覆盖遥感监测流程

1. 数据源的选取

数据源指用于土地覆盖调查的各种数据，除基础数据源——遥感数据外，还包括地图数据、调查报告、文献资料等。遥感影像是土地覆盖调查中主要的数据源，通过对遥感数据进行预处理、分类处理获得影像分类图；地图数据可实现实验区域影像的裁剪，调查报告和文献资料等可一定程度上对分类结果进行验证。

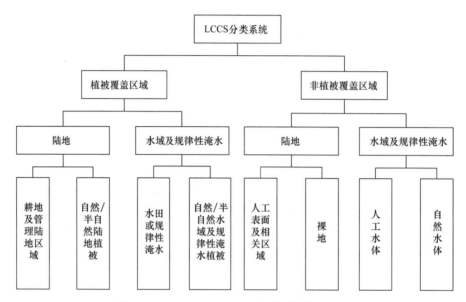

图 4.27 FAO/UNEP-LCCS 分类系统第一部分

表 4.5 FAO/UNEP-LCCS 分类系统第二部分（耕地及管区陆地二级分类）

	主要农作物				管护区域
	树木	灌木	草 本		城市内植被
			禾草	非禾草	
A 生命形式	阔叶		耕地		树木区域（公园）
	针叶				
	常绿		果园或其他品种作物		灌木及树木区（草木区）
	间歇				草地（草坪）
B 空间特征区域大小	大面积-中等面积		小面积		
	大面积	中等面积			
C 空间特征分布	连续的		分散成丛状分布		分散独立分布

表 4.6 全球植被覆盖分类系统（IGBP）

编号	类别名称	编号	类别名称
1	常绿针叶林（evergreen needleleaf forest）	10	草地（grasslands）
2	绿阔叶林（evergreen broadleaf forest）	11	永久湿地（permanent wetlands）
3	落叶针叶林（deciduous needleleaf forest）	12	农田（croplands）
4	落叶阔叶林（deciduous broadleaf forest）	13	城市用地（urban and built-up）
5	混交林（mixed forest）	14	农田自然植被混合（cropland/natural vegetation mosaic）
6	密灌（closed shrublands）	15	冰雪（snow and ice）
7	疏灌（open shrublands）	16	裸地（barren or sparsely vegetated）
8	木质稀树大草原（wbody savannas）	17	水体（water bodies）
9	稀树大草原（savannas）		

2. 数据预处理

遥感系统受空间分辨率、时间分辨率、光谱分辨率、辐射分辨率的影响，误差不可避免地存在于数据获取的过程中，因此使得记录复杂地表信息的精度受限。为了提高影像处理分析的精度，在进行实际的分析处理前需要对原始影像进行预处理，以降低误差对结果的影响。遥感数据预处理包括辐射校正、几何校正（几何配准）、图像增强与变换、图像镶嵌等（赵英时，2013）。

1）辐射校正

遥感影像产生辐射误差（即灰度失真）的因素主要有：①大气对电磁波辐射的散射和吸收；②太阳高度与传感器观察角的变化；③地形起伏引起的辐射强度变化；④传感器探测系统性能差异，如光学系统或不同探测器在灵敏度、光谱响应和透光性能上的差异；⑤影像处理，如摄影处理等。影像灰度失真与影像空间频率有关。常用影像的像元值大多是经过量化的、无量纲的 DN 值，而进行遥感定量化分析时，常用到辐射亮度值、反射率值、温度值等物理量。传感器定标就是要获得这些物理量的过程。传感器定标很多地方又名为辐射定标，严格意义上讲，辐射定标是传感器定标的一部分内容。完整的辐射校正包括传感器校准、大气校正、太阳高度和地形校正。

2）几何校正

原始遥感影像一般都包含一定程度的几何误差（变形），几何误差一般可分为系统性和非系统性两大类，系统性几何变形是有规律和可以预测的，可应用模拟遥感平台和传感器内部变形的数学公式或模型来预测；非系统性几何变形是不规律的，传感器平台的高度、经纬度、速度和姿态，地球曲率及空气折射的变化都可能产生该种误差。一般而言我们得到的卫星地面站提供的影像产品仅对辐射误差、系统几何误差进行校正和部分校正，该粗加工的影像中仍存在一定的残余误差，为了提高定位的精度，需再进行几何纠正的精加工处理，具体步骤包括地面控制点的选取、像元坐标变换、像元亮度值的重采样。

3）图像增强与变换

为了突出相关专题信息，提高图像视觉效果，增强图像内容的识别性，需对图像进行图像增强与变换。根据作用空间的不同，图像的增强与变换通常分为光谱增强和空间增强。光谱增强对像元的对比度、波段间亮度比等光谱特征进行增强和变换，主要包括对比度增强、各种指标提取和光谱转换等。空间增强侧重于图像的空间特征，通过对像元及周边像元亮度进行各种空间滤波、傅里叶变换、小波变换等处理，使得图像的几何特征如地物边缘、形状、大小、线性特征等突出或者降低。

4）图像镶嵌

当研究区超出单幅遥感影像所覆盖的范围时，通常需要将两幅或者多幅图像拼接起来，形成一幅或者一系列覆盖全区的较大影像，这个过程就是图像镶嵌。

进行图像镶嵌时，首先要指定一幅参考图像，作为镶嵌过程中对比度匹配及镶嵌后输出图像的地理投影、像元大小、数据类型的基准；图像镶嵌中，一般均要保证相邻图幅间有一定的重复覆盖区，镶嵌之前有必要对各镶嵌图像之间在全幅或重复覆盖区上进行匹配，以便均衡化镶嵌后输出图像的亮度值和对比度；在重复覆盖区，各图像之间应有较高的配准精度，必要时要在图像之间利用控制点进行配准。

选择合适的方法来决定重复覆盖区上的输出亮度值，常用的方法，包括取覆盖同一区域图像之间的：①平均值；②最小值；③最大值；④指定一条切割线，切割线两侧的输出值对应于其邻近图像上的亮度值；⑤线性插值，根据重复覆盖区上像元离两幅相邻接图像的距离指定权重，进行线性插值。

3. 影像分类及监测结果分析

如本章前面几节的内容所述，基于像元的遥感影像分类方法众多。以下仅以白黎娜等（2006）采用中等分辨率的遥感数据进行土地沙漠化监测工作为例来进行说明。

工作中利用了 1987～2002 年的 Landsat-TM 和 ETM+遥感影像作为土地沙漠化遥感制图的基本数据源。为了获取地面调查数据，分别于 2003 年 8 月和 2004 年 8 月对试验区进行了野外实地考察。应用 GPS 系统采集了包括不同沙地、草地、农田等类型的点状样地数据 342 个、面状样地数据 53 个。这些数据主要用于土地利用与土地沙化类型遥感影像分类的训练样区选择及精度验证，其中 24 个差分 GPS 系统采集的面状样地数据用于最终分类结果的精度验证。同时还获取了大量植被样方调查数据、土壤样方调查数据等。

分类中运用 ERDAS Imagine8.6 系统提供的 ISODATA（iterative self-organizing data analysis technique algorithm）无监督分类方法生成分类影像。土地沙化类型包括流动沙地、半固定沙地、固定沙地等三类，其他土地覆盖类型包括一类草地、二类草地、三类草地、盐渍化土地、农田、城镇和水体等 7 类。依据上述研究区野外调查资料，对无监督分类结果进行合并及分类后处理。最终分别从遥感影像上提取了共和县 1987～2002 年不同时段的土地沙漠化专题信息，总体分类精度可达 90%以上，且结果表明自 1987 年以来，共和县的沙化土地总面积总体呈不断扩大的趋势，而且流动沙地的面积扩大，固定、半固定沙地的面积趋于减少，说明该区的沙化土地不但面积增加，沙化程度也迅速加深，沙化土地治理的效果不明显。

此外，该研究也进一步证明在以县为单位的区域性土地覆盖变化动态监测中，应用TM、ETM+等中分辨率的遥感影像是适宜的，这既能满足土地覆盖变化监测的需要，相比应用更高分辨率的影像又能降低成本。

参 考 文 献

白黎娜, 李增元, 高志海, 等. 2006. 青海省共和县土地沙化与土地覆盖变化遥感监测研究. 水土保持学报, 20(1): 131-134+142

陈佑启, 杨鹏. 2001. 国际上土地利用/土地覆盖变化研究的新进展. 经济地理, 21(1): 95-100

陈玉敏. 2002. 基于神经网络的遥感影像分类研究. 测绘信息与工程, 27(3): 6-8

樊彦国, 李翔宇, 张磊, 等. 2010. 基于多波段分析的无阈值自动光谱角制图分类法. 地理与地理信息科学, 26(2): 38-41

黄方, 王平, 刘湘南. 2004. 基于智能计算的遥感影像湿地信息提取模型研究. 中国地理学会学术年会暨海峡两岸地理学术研讨会。http://cpfd.cnki.com.cn/article/cpfdtotal-zgdg200412001267.htm

贾坤, 李强子, 田亦陈, 等. 2011. 遥感影像分类方法研究进展. 光谱学与光谱分析, 31(10): 2618-2623

贾永红. 2000. 人工神经网络在多源遥感影像分类中的应用. 测绘通报, 4(7): 7-8

蒋容. 2014. 人工智能技术在遥感分类中的应用综述. 河南科技, (11): 28-30

雷震. 2012. 随机森林及其在遥感影像处理中应用研究. 上海: 上海交通大学博士学位论文

李朝峰, 王桂梁. 2001. 模糊控制 BP 网络的遥感图象分类方法研究. 中国矿业大学学报, 20(3): 97-100

李石华, 王金亮, 毕艳, 等. 2005. 遥感图像分类方法研究综述. 国土资源遥感, 2: 1-5

李爽, 张二勋. 2003. 基于决策树的遥感影像分类方法研究. 地域研究与开发, 22(1): 17-21

林剑, 鲍光淑, 敬荣中, 等. 2002. FasART 模糊神经网络用于遥感图象监督分类的研究. 中国图象图形学报, 7(12): 42-47

刘纪远. 1996. 中国资源环境遥感宏观调查与动态研究. 北京: 中国科学技术出版社

刘正军, 王长耀, 延昊, 等. 2003. 基于 Fuzzy ARTMAP 神经网络的高分辨率图象土地覆盖分类及其评价. 中国图象图形学报, 8(2): 33-36+125

路鹏, 陈圣波, 周云轩, 等. 2009. FAO/UNEP 土地覆盖分类系统及其应用. 科学技术与工程, 9(21): 6503-6507

骆剑承. 1999. 遥感地学智能图解模型研究及其应用. 北京: 中国科学院地理研究所博士学位论文

骆剑承, 王钦敏, 周成虎, 等. 2002a. 基于自适应共振模型的遥感影像分类方法研究. 测绘学报, 31(2): 145-150

骆剑承, 周成虎, 梁怡, 等. 2002b. 支撑向量机及其遥感影像空间特征提取和分类的应用研究. 遥感学报, 6(1): 50-55

骆剑承, 周成虎, 杨艳. 2000. 基于径向基函数(RBF)映射理论的遥感影像分类模型研究. 中国图象图形学报, 5(2): 8-13

梅安新, 彭望禄, 秦其明, 等. 2001. 遥感导论. 北京: 高等教育出版社

潘建刚, 赵文吉, 宫辉力. 2004. 遥感图像分类方法的研究. 首都师范大学学报(自然科学版), 25(3): 86-91.

库向阳, 薛慧峰, 雷学武, 等. 2006. 基于分类规则挖掘的遥感影像分类研究. 遥感学报, 10(3): 332-338

孙丹峰, 汲长远, 林培. 1999. 自组织网络在遥感土地覆盖分类中应用研究. 遥感学报, 3(2): 56-60+86

孙家抦, 舒宁, 关泽群. 1997. 遥感原理、方法和应用. 北京: 测绘出版社

王惠林. 2007. 基于知识遥感图像分类方法研究——以腾格里沙漠南部地区为例. 兰州: 兰州大学硕士学位论文

王圆圆, 李京. 2004. 遥感影像土地利用/覆盖分类方法研究综述. 遥感信息, (01): 53-59

韦玉春, 汤国安, 杨昕. 2007. 遥感数字图像处理教程. 北京: 科学出版社

闻静. 2012. 传统遥感影像分类. 测绘与空间地理信息, 36(10): 118-120

巫兆聪. 2003. 基于粗糙理论的 RBF 网络及其遥感影像分类应用. 测绘学报, 32(1): 53-57

熊承义, 李玉海. 2003. 统计模式识别及其发展现状综述. 科技进步与对策, 20(8): 173-175

延昊. 2002. 中国土地覆盖变化与环境影响遥感研究. 北京: 中国科学院研究生院(遥感应用研究所)博士论文

杨存建, 周成虎. 2001. 基于知识的遥感图像分类方法的探讨. 地理学与国土研究, 17(1): 71-77

杨威. 2011. 基于模式识别方法的多光谱遥感图像分类研究. 长春: 东北师范大学博士学位论文

赵英时. 2013. 遥感应用分析原理与方法(第二版). 北京: 科学出版社

郑江, 骆剑承, 陈秋晓, 等. 2003. 遥感影像理解智能化系统与模型集成方法. 地球信息科学, (1):

95-102

周成虎, 骆剑承, 明冬萍, 等. 2009. 高分辨率卫星遥感影像地学计算. 北京: 科学出版社

Baraldi A, Parmiggiani F. 1995. A neural network for unsupervised categorization of multi-valued input patterns: An application to satellite image clustering. IEEE Transactions on Geo-Science and Remote Sensing, 33(2): 305-316

Belward A S. 1996. The IGBP-DIS global 1-km land cover data set: Land cover working group of IGBP-DIS. IGBP-DIS Working Paper, 1(13): 2-26

Breiman L. 2001. Random forests. Machine learning, 45(1): 5-32

Carpenter G, Grossberg S. 1987a. A massively parallel architecture for a self-organizing neural pattern recognition machine. Comput Vis Graph Image Process, 37: 54-115

Carpenter G, Grossberg S. 1987b. ART2: self-organization of stable category recognition codes for analog input patterns. Appl Opt, 26(23): 4919-4930

Chavez P S, Berlin G L, Sowers L B. 1982. Statistical method for selecting Landsat MSS ratios. Journal of Applied Photographic Engineering, 8(1): 23-30

Fu A M N, Yan H. 1996. Contour classification by a hopfield～amari network. Proceedings of Progress in Neural Information Processing-Hong Kong, (4): 389-394

Gopal S, Woodcock C E, Strahler A H. 1999. Fuzzy neural netw ork classification of global land cover form a 1oAVHRR dataset. Remote Sensing of Environment, (67): 230-243

Grumbach A. 1996. Grounding symbols into percetions. Artificial Intelligence Review, 10: 131-146

Haque A L, Cheung J Y. 1993. Using neural networks to determine the linear dependence of the input vectors. Proceedings of World Congress on Neural Networks, 642-645

Kohonen T. 1981. Automatic Formation of Topological Maps of Patterns in a Self-organizing System. In: proceedings of the 2nd Scandinavian Conference on Image Analysis, Helsinki, 1-7

Ming D, Zhou T, Wang M, et al. 2016. Land cover classification using random forest with genetic algorithm-based parameter optimization. Journal of Applied Remote Sensing, 10(3), 035021. DOI: http://dx.doi.org/10.1117/1.JRS.10.035021

Powell M J D, 1987. Radial basis functions for multivariable interpolation: A review, In: Algorithms for Approximation. Oxford: Clarendon Press, 143-167

Rumelhart D E, Hilton G E and Williams R J. 1986. Learning internal representation by error propagation. In: Rumelhart D E and McClelland J L, eds. Parallel Distributed Processing: Explorations in the Microstructure of Cognition. Cambridge: MIT Press. Chapter 8

Vapnik V N. 1995. The Nature of Statistical Learning Theory. New York: Springer Verlag

Vapnik V N. 1998. Statistical Learning Theory. New York: John Wiley & Sons

第5章 高空间分辨率影像信息提取

50 年来，全球对地观测技术得到了快速发展，人类实现了在地球之外对地球的全方位观测和监测，并且随着技术的进步，这种观测能力还在不断提高与改进。高空间分辨率、高光谱分辨率、高辐射分辨率，以及高时间分辨率是当今对地观测技术发展的总体趋势，也是遥感科学技术不断追求与发展的目标；特别是近 20 年来，高空间分辨率遥感的发展深得世界各国的高度重视，应用领域不断拓展，产业化发展势头猛进，并成为经济建设、国防安全和大众信息服务等方面最重要的空间信息源。为人类认识国土、开发资源、监测灾害、评价环境、分析全球变化等找到了新的途径。

本章从高空间分辨率遥感卫星系统的发展、高空间分辨率遥感影像应用、高空间分辨率遥感影像信息提取模型、提取关键技术、面向对象遥感分类以及面向对象土地覆盖遥感调查五个方面对高空间分辨率遥感影像处理及应用进行介绍。

5.1 高空间分辨率遥感卫星系统的发展

广义的高分辨率涵盖高空间分辨率、高时间分辨率、高光谱分辨率和高辐射分辨率，而狭义的高分辨率则是指高空间分辨率。本章主要介绍米级的高空间分辨率卫星遥感影像的处理与应用，为方便描述，以下各节均采用狭义的高分辨率概念。随着遥感技术的进步和发展，高空间分辨率遥感卫星的空间分辨率可达到亚米级。

自 1999 年美国太空成像公司发射世界首颗商业高分辨率遥感卫星 IKONOS 以来，世界各国竞相研究和开发高分辨率遥感卫星。目前，在轨运行的各种民用高分辨率遥感卫星有十余颗（表 5.1）。例如，法国 SPOT 5 的可见光传感器 HRV 的地面分辨率由 10m 提高到 2.5m，德国的 SAR-Rupe 计划中的雷达卫星的空间分辨率也将达到 1m 分辨率，以色列于 1997 年发射的 EROS B 的分辨率为 1m，美国 2014 年发射的 WorldView-III 卫星的空间分辨率已经达到 0.31m。此外，如南非、西班牙、韩国、日本、中国台湾等国家和地区都已经或计划发射各自的高空间分辨率小卫星系列。

近年来，我国高分辨率遥感卫星事业发展迅猛。2006 年我国政府将高分辨率对地观测系统重大专项（简称高分专项）列入《国家中长期科学与技术发展规划纲要（2006~2020年）》；2010 年 5 月经国务院常务会审议批准，高分专项全面启动实施。高分专项的主要使命是加快我国空间信息与应用技术发展，提升自主创新能力，建设高分辨率先进对地观测系统，满足国民经济建设、社会发展和国家安全的需要。高分专项的实施将全面提升我国自主获取高分辨率观测数据的能力，加快我国空间信息应用体系的建设，推动卫星及应用技术的发展，有力保障现代农业、防灾减灾、资源调查、环境保护和国家安全的重大战略需求，大力支撑国土调查与利用、地理测绘、海洋和气候气象观测、水利和林业资源监测、城市和交通精细化管理、卫生疫情监测、地球系统科学研究等重大领域应用需求，积极支持区域示范应用，加快推动空间信息产业发展①。表 5.2 显示了我国高分卫星的技术参数。图 5.1 显示了我国国产高分二号卫星融合影像，影像采集时间是 2014年 9 月 27 日，影像内容为北京故宫帝王宫殿建筑群，从图中可清晰分辨故宫的规模及楼宇的格局，影像颜色信息丰富，地物几何特征清晰可辨。

表 5.1　国际高分辨率遥感卫星技术参数

卫星名称 （国家/地区）	重量/kg	寿命/年	高度/km	倾角/(°)	重访/覆盖周期/天	有效载荷性能		
						类型	幅宽/km	分辨率/m
SPOT-5（法国）	2755	5	832	98.7	1～2	CCD	60	2.5，5，10
EROS1A（以色列）	250		480		4	CCD	12	1.8
EROS2B（以色列）	350	2	600	97.3	4	CCD	16	0.8
IRS-P5（印度）	1560	5	618	97.87	5	CCD 摆扫	30	2.5
QuickBird（美国）	825	7	450	98	3～5	CCD	16.5	0.61，2.44
OrbView-3（美国）	356	5	470	98.3	2.5	CCD	8	1，4
IKONOS-1（美国）	817	5	674	98.2	3	CCD	11	1，4
ROCSAT（中国台湾）	620	5	891	98.99		CCD	60	2，15
ALOS（日本）	4000	3～5	691	98.16	46	CCD	35，70，350	2.5，10，7～100
NEMO（美国）	574	3～5	605	97.81	2.5～7	CCD 高光谱	30	5，30
WorldView-III（美国）	2812	7.25	617	98	<1	PAN，MS in VNIR，SWIR，CAVIS	13.1	0.31，1.24，3.7，30

表 5.2　我国高分辨率遥感卫星技术参数

卫星名称	轨道类型	回归周期/天	高度/km	倾角/(°)	重访/覆盖周期/天	有效载荷性能				发射时间
						类型	侧摆能力	幅宽/km	分辨率/m	
高分一号（GF-1）	太阳同步	41	645	98.05	4，2	全色多光谱相机，多光谱相机	±35°	60，800	2，8，16	2013年4月26日
高分二号（GF-2）	太阳同步	69	631	97.91	5	全色多光谱相机	±35°	45（2 台）	1，4	2014年8月19日
高分八号（GF-8）	太阳同步					光学相机				2015年6月26日
高分九号	太阳同步					光学相机		亚米级		2015年9月14日
高分四号	地球同步		36000			可见光/中波红外面阵相机		400	50，400	2015年12月29日
高分三号	太阳同步		低轨			合成孔径雷达			1，10	2016年8月10日
资源三号（ZY-3）	太阳同步	59	506	97.4	5	前视相机，后视相机，正视相机，多光谱相机	±32°	52，52，51，51	3.5，3.5，2.1，6	2012年1月9日

---

① 高分辨率对地观测系统重大专项网. http://www.cheos.org.cn/n380370/c392862/content.html.

图 5.1　高分二号卫星北京融合影像
（图片来源：北京国测星绘信息技术有限公司，灰度显示）

　　在卫星运营方面，我国民间资本开始进入遥感卫星产业。2005 年 7 月，由国内运营商 21 世纪空间技术应用股份有限公司从英国引进"北京一号"小卫星由俄罗斯火箭发射升空。卫星全色分辨率 4m，可向北京市有关部门提供遥感影像，供城市规划、环境监测、工程和土地利用监测等使用。2015 年 7 月 11 日，该公司组织运营的由 3 颗高分辨率卫星组成的北京二号遥感卫星星座（DMC3）在印度发射升空，该星座系与英国萨里卫星技术公司合作建设，能为用户提供 1m 全色、4m 多光谱的光学遥感卫星影像。2015 年 10 月 7 日，由长光卫星技术有限公司研发并组织运营的"吉林一号"商业卫星（1 颗光学遥感卫星、2 颗视频卫星和 1 颗技术验证卫星）发射升空，卫星工作轨道均为高约 650km 的太阳同步轨道，具备常规推扫、大角度侧摆、同轨立体、多条带拼接等多种成像模式，地面像元分辨率为全色 0.72m，多光谱 2.88m，视频星地面像元分辨率为 1.12m，可为国土资源监测、土地测绘、矿产资源开发、智慧城市建设、交通设施监测、农业估产、林业资源普查、生态环境监测、防灾减灾、公共应急卫生等领域提供遥感数据支持。这些卫星的成功发射和运营标志着我国航天遥感应用领域商业化、产业化发展又迈出重要一步。图 5.2 显示了"吉林一号"卫星拍摄到的美国亚利桑那州图森市附近的"航空航天维护与再生中心"一隅，图像目标信息清晰可辨。

图 5.2　吉林一号商业卫星拍摄到的美国飞机墓地中的 B52 战机
（图片来源：长光卫星技术有限公司）

5.2 高分辨率遥感影像应用

对地观测卫星影像的空间分辨率在 20 世纪每 10 年提高一个数量级，1～5m 的空间分辨率已经成为 21 世纪新一代民用遥感卫星的基本指标；中等空间分辨率遥感卫星的时间分辨率已经达到 1 天以内，意味着人类已经具备每天对地球任意区域进行卫星监测的能力。高空间分辨率卫星遥感所具有的巨大军事价值和经济效益，引起了全球民用与军事应用领域的高度重视，商业化遥感卫星的发展掀开了高空间分辨率卫星遥感及其应用的新时代（周成虎等，2009）。当前，几乎任何人都能在互联网上浏览其所在城市的高分辨率卫星影像，甚至可以识别出人们的住所，高分辨率卫星遥感影像已进入人们的日常生活之中，高分辨率遥感影像处理和分析也成为遥感科学研究的热点与前沿。

5.2.1 高分辨率遥感应用的现状

高分辨率卫星遥感以一种非常精细的方式观测地面，所获的高空间分辨率遥感影像可以更加清楚地表达地物目标的空间结构特征与表层纹理，分辨出地物内部更为精细的组成，地物边缘信息也更为清晰，为有效的目视解译提供了条件和基础。因此，高分辨率卫星遥感的发展，使某些从前只能通过航空遥感方式完成的大比例尺专题制图可用航天遥感完成，其在成本和方便性等方面极具优势，因此在测绘制图、城市规划建设、交通、水利、农业、林业、资源环境监测与管理等民用领域有着不容置疑的应用前景。特别是近几年，由于高分辨率卫星影像资源的日益丰富，其应用在公共服务领域得到新的发展。

（1）城市遥感应用：在市政基础设施建设工程中，政府部门和有关部门用高分辨率数据识别、规划和监测大的基础建设工程，如街道、高速路、桥梁、铁路建设和园林绿化等。此外，利用高分辨率影像还可以对城市演变进行监测、模拟与预测，以便为城市未来发展提供辅助决策。

（2）基础地理测绘：表 5.3 总结了国内外主要测绘卫星及其参数。在日常的测图中，IKONOS 卫星数据最大成图比例尺可达 1：2500，"快鸟"卫星数据最大成图比例尺则可达 1：1800 左右，这为地学相关部门获取详细的地理信息，如街道中心线、电力标杆位置，以及精度达几米的等高线等提供了便利，也便于制作关于交通、旅游等大比例尺专题图。特别是通过轨道方向的摆动获取同轨立体像对，提高了立体像对的获取能力。而 SPOT 5 则采取直接安装前视和后视 CCD 阵列，来同时获取前、后视影像，具有全时立体覆盖能力。这些卫星新技术的发展，为高级测绘产品的生产提供了丰富的数据源，扩大了卫星测绘应用的范围，能满足 1：1 万和 1：5 万制图的精度要求。

（3）精细农业应用：目前的高分辨率遥感技术为精准农业的实施提供了详细、现势和可靠的信息与用于分析和管理决策的数据源。在以往，用传统的中低分辨率影像如 Landsat 或 SPOT 数据等只能监测大面积作物生长趋势，很难细分小块作物的种类和长势，而高分辨率卫星影像数据则很容易做到这一点，而且也使解译工作变得更为简单。

表 5.3　国内外主要测绘卫星

国家	卫星	全色分辨率/m	多光谱分辨率/m	重访周期/天
美国	IKONOS	1	4	1~3（侧摆）
美国	QuickBird	0.61	2.44	1~3.5（侧摆）
法国	SPOT5	2.5	10	3~5（侧摆）
印度	IRS-1D	5.8	—	赤道上为 24（观测角为 26°时为 5）
印度	CartoSat-1	2.5	—	5
德国	MOMS	4.5	13.5	
中国	高分二号	1	4	5

例如，利用 0.61m 分辨率的 QuickBird 图像可清楚分辨农作物的行数，园地内单株树木的形状及估算作物叶绿素含量，这些因素对于作物长势的分析及产量预测都非常重要。

（4）环境监测与评价：针对这种情况可利用高分辨率遥感影像进行排污监测，联合国水净化行动计划监测工业和市政设施向水体排污的状况，用高分辨率数据可辨认排污源及其扩散形状，同时可评估控制措施的有效性。张华国等（2003）应用 IKONOS 卫星遥感数据，以南麂列岛为例，采用监督分类法、阈值法、植被指数法和人机交互法相结合的方法进行了南麂列岛土地覆盖监测的研究，取得较好效果。在厦门海湾生态环境调查中，林桂兰等（2002）利用 1m 分辨率的 IKONOS 遥感影像对滩涂植被覆盖、浅海空间分布状况、海岸带防护林空间分布和近海水产养殖等专题信息进行提取，采用不同缩放尺度，结合空间结构和纹理特征的技术方法进行专题信息提取，获得了更高的准确性，并得到了实际应用。

（5）社会公众信息服务：近几年，国际上陆续出现了以高分辨率遥感数据为背景的地理空间信息服务的软件和网站，使得高分辨率影像数据正为社会公众所熟悉和接受。例如，Google 公司在 2005 年 6 月推出 Google Earth，在数据、功能等方面集国际计算机技术、3S 技术于大成，给社会带来空前的震撼，人们可以直接从 Google Earth 上比较精确地获取地面信息（主要通过高分辨率影像获取），并基于此进行一些相关的应用。

5.2.2　高分辨率遥感应用的挑战

尽管高分辨率遥感影像有上述种种优势和成功应用，但由于高分辨率卫星技术研发成本高、硬件等开发周期长，以及数据产品本身价格昂贵等原因，目前高分辨率遥感影像的广泛应用还难以展开，因此在一定程度上存在局限性，与高分辨率遥感技术相配套的相关硬件与技术体系还应该不断完善。高分辨率遥感应用的挑战性主要表现在如下五个方面（周成虎等，2009）。

（1）数据量大：空间分辨率高，单幅影像的数据量显著增加。例如，一幅地面覆盖面积为 11.7km×7.9km 的全色单波段 IKONOS 图像的大小就可以达到 80M，多波段图像更高达 250M；就全色波段而言，同面积的"快鸟"卫星数据量是 Landsat-ETM+数据的 24.5 倍。数据量的增大为图像的数据检索、显示、处理等方面在时空效率上提出了更高要求。

（2）复杂细节：由于高分辨遥感影像信息的高度细节化，在双向反射率因子的影响下，造成同一地物的不同部分灰度可能不一致；加之地物阴影、相互遮盖、云层遮盖等因素，高分辨率遥感影像的"同物异谱"现象更为突出，"同谱异物"现象依旧存在，这为信息提取工作带来了很大困难。

（3）数据获取时间长而困难：空间分辨率高但成像幅宽窄，IKONOS 卫星为 11km，"快鸟"卫星为 16.5km，获取时相相近的大面积数据非常困难；还有，光学卫星对天气的依赖性大，获取高质量的无云数据困难，高分辨率遥感影像云层覆盖和薄雾遮盖现象给用户带来不便。

（4）受政策影响大：空间分辨率高，使得高分辨率遥感影像具有较高的军事应用价值，因而某些敏感地区的影像无法用于民用。

（5）价格过高：如一景 1m 分辨率的 IKONOS 影像（11km×11km）的售价为 3400 美元，平均每平方千米约 28 美元，对于编程接收的数据或者是 DEM 纠正的正射影像，其价格更是惊人。因而许多用户与单位虽需要使用这样的高分辨率数据资料，但却无法承受这种昂贵的价格。

总之，高空间分辨率也意味着数据量和空间计算复杂性的骤增，影像细节和噪声信息也更为明显，受周围环境的影响也加大，加之"同物异谱"和"同谱异物"现象的普遍存在，这些因素给遥感影像数据处理与分析带来了新的难题，极大地影响了高分辨率影像分析和目标识别的精度与效率，已经成为大规模高分辨率遥感应用服务的瓶颈问题；另外，各类应用的网络化、立体性、快捷性、目标背景的复杂性对于如何从高分辨率影像上进行自动化的目标识别更是提出了高要求。遥感工作者们希望在充分认识高分辨率卫星遥感影像数据的特点基础上，设计开发具有针对性的数据处理、分析和应用方法，从而充分挖掘数据的应用潜力，为各类应用提供更多更好的服务。

5.3　高分辨率遥感影像信息提取模型

高空间分辨率遥感影像能反映丰富的细节信息，因此可以利用其进行典型目标的识别，这种识别往往是基于某些局部特征或者类别而进行，如利用高分影像可以提取道路、桥梁、建筑物等各种民用目标，以及飞机、舰船及阵地等各种军用目标。另一方面，高分辨率遥感影像丰富的光谱和纹理信息，也为精细的地表覆盖信息提取提供了可靠的数据源，这种信息提取往往是针对全局的特征和类别而进行，如高空间分辨率影像作为我国地理国情监测的基础数据源正发挥着越来越重要的作用。但无论面向哪种信息提取应用，传统的高分辨率遥感信息提取的模型都是以图像分割为基础，在特征基元提取的基础上进行特征的表达和模式识别。

5.3.1　高分辨率遥感影像特征基元

在地学中，很早就有对"地理单元"的研究，并且认为它是介于地理基质（最低层次的独立成分）和地理整体系统之间的结构单元，如景观生态学中的斑块。现代地理学辞典将地理单元定义为地理基质（地理因子）在一定层次上的组合（左大康，1990）。

例如，水组成水体，全部水体再组成水圈；大气组成气团，全部气团组成大气圈等。故凡由地理基质组成的低于最高层次系统的各种中间结构形式，均可称为地理单元，这种解释体现了基元的尺度特性（明冬萍，2006）。因此，特征基元指的是在某种尺度下，内部有某种或某几种属性是相似或均质的基本空间单元，统一简称为基元；在著名的面向对象影像分析软件 eCognition 中被称为 image object，即影像对象。

　　实际上，不只在地学领域，在整个自然系统或自然现象中的许多领域都存在着这样的基元，基元的概念尤其是在模式识别领域和人工智能语义网络中得到了研究和应用。首先，在其他领域的自动识别问题上，有许多也都是采用了某种结构或某种特征作为基元进行识别。例如，手写文字用笔画作为基元是比较方便的，而且目前市面上的手写输入软件的识别方法多以笔画段为特征进行识别；语音识别是一种将人讲话发出的语音通信声波识别（转换）成为一种能够表达通信消息的符号序列，其识别用音素（或者声母、韵母或音节）作基元比较方便（程民德，1983；张成海和张铎，2003）。

　　对于高分遥感影像而言，一定尺度下基元的空间分布与组合结构，表现为在空间上具有一定相互关系和作用的基元组合及其空间格局。格局（pattern）一词应用非常广泛，表达了研究对象在空间和时间范围内的分布、配置关系和对比状况。图 5.3 示意了基于特征基元的遥感影像理解与分析及传统景观生态学中"缀块－廊道－基底"模式的对应关系（邬建国，2000），景观格局分析的一些方法可以应用到基于特征基元的高分辨率影像理解和空间格局分析中。

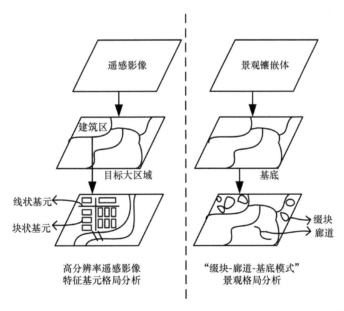

图 5.3　"缀块－廊道－基底"与高分辨率遥感影像基元格局示意图（明冬萍，2006）

5.3.2　基于特征基元的高分辨率遥感影像分析与理解

　　遥感影像是对地面特征的综合反映，遥感应用的本质正是从影像上提炼信息和获取知识，并以之服务于各行各业的分析与决策。在整个遥感应用服务体系中，影像数据处理、分析、理解和决策应用等构成了遥感应用的技术链。遥感影像分析与理解是利用计算机模拟人脑对遥感影像内容的认知过程（领域专家对图像的目视解译过程），即通过对图像内容进行分析处理，获得图像内容的语义信息，从而对图像内容做出相应的解释。因此，影像分析与理解是遥感从数据转换为信息进而开展应用服务的核心技术环节。近年来，随着高分辨率卫星遥感技术的发展，以及应用领域的不断拓展，高分辨率卫星遥感数据分析与理解技术逐步成为遥感应用研究的热点问题，特别是高精度、高效率的目标自动识别问题一直是其中极大的技术难点，已经成为大规模应用的瓶颈。

1. 图像理解

图像理解实际上是一个总称，是图像处理及图像识别的最终目的（张成海和张铎，2003），即对图像做出描述和解释，以便最终理解它是什么图像并帮助我们进行分析和决策。图 5.4 是图像处理、识别和理解示意图，体现了由低到高的层次处理结构。

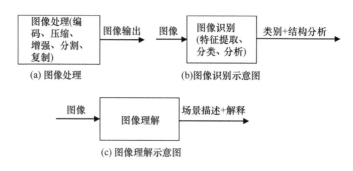

图 5.4 图像处理、识别和理解示意图

在一般的图像处理领域也提出了从图像处理到图像理解的层次模型，见图 5.5。这里"像元—目标—符号"是抽象程度由低到高的过程。其中，图像处理主要是基于像元的处理，满足对图像进行各种加工以改善图像视觉效果并为自动识别打下基础，或对图像进行压缩编码以减少数据量或传输时间的要求；图像识别则主要是对图像中感兴趣的目标进行检测和测量，获得它们的客观信息从而建立对图像的描述；图像理解是图像工程中最高的层次，是在图像分析的基础上进一步研究图像中各目标的性质和它们之间的相互关系，并得出对图像的内容含义的理解，以及对原来客观场景的解释，从而指导和规划行动。

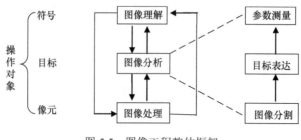

图 5.5 图像工程整体框架

2. 遥感影像理解

借鉴图像工程领域对图像处理层次的划分的思想,遥感影像领域也试图对遥感影像从不同层次上进行分析理解并做出解释。这一般可以分为三个层次,即低层影像处理、中层分析和高层分析理解。所谓低层影像处理,是指为了改善遥感影像的视觉效果或其他目的而采用的一些图像处理手段,如校正、滤波、增强等等;中层分析,一般是指对遥感影像中包含的信息进行分类、提取等工作;而高层分析理解是指对遥感影像中各种简单或复杂的目标进行识别,确定它们之间的关系,从而对整个场景的内容进行解释,并以此为基础做出进一步决策。一般的图像理解系统框架如图 5.6 所示(王积分和张新荣,1988)。

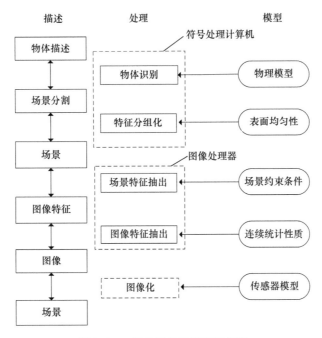

图 5.6　一般的影像理解系统框架

遥感影像理解更广泛应用于专题目标的识别,且需要广泛的知识,包括地面特征知识、影像知识、景物/影像映射变换知识和控制知识等。遥感影像理解的目的在于探测像幅中的目标且描述它们之间的结构和相互关系,而不是简单地对单个像元标注类别名,此外遥感影像理解中知识的获取、表达与运用是遥感影像理解成功与否的关键。因此,遥感影像的理解和传统研究中的基于像元的遥感影像分类以及专题信息提取是不同的,后者不能加入"目标"的概念,难以利用目标的不同空间特性获取知识,如大小、形状、位置和与其他目标的句法、语义关系,因而也不能反映宏观的结构特征和关系,具有一定的局限性。

5.3.3　基于特征基元的高分辨率遥感信息提取模型

基于特征基元的高分辨率遥感信息提取与传统的面向像元的方法不同,它首先通过一定的分割方法对遥感影像进行分割，在提取分割单元（图像分割后所得到的内部属性相对一致或均质程度较高的图像区域，在土地利用应用领域这种分割单元类似于土地利用斑块）的各种特征后，在特征空间中进行对象识别和标识，从而最终完成信息的分类与提取。对象具有比像元更丰富的意义，以此为基础的分析可以应用各种地学的核心概念如距离、方向特征、空间模式、多尺度等，同时以此为基础的语义知识表达、推理等也符合人类的思维和推理，因而也更具智能性。因此，基于特征基元的高分辨率遥感信息提取由于其处理的对象从像元过渡到了特征基元的对象层次，更接近人们观测数据的思维逻辑，在可以参与后继分析的特征数量上远较前者丰富，因此也更易于地学知识融合。

图 5.7 示意了基于特征基元的高分辨率遥感信息提取模型，该模型体现了"影像－基元－目标－格局"的影像计算模式。首先将高分辨率影像从数据层次通过信息提取上升为信息层次，形成尺度空间上反映影像空间特征分布的基元群；然后，分别从视觉、环境和协同关系三个知识层面对基元进行匹配分析，将基元转换为与具体地物相对应的目标；最后，通过定量化空间分布关系和空间结构关系的描述和推断，实现对复杂目标和空间格局的判别分析，结合具体的专业模型开展应用。

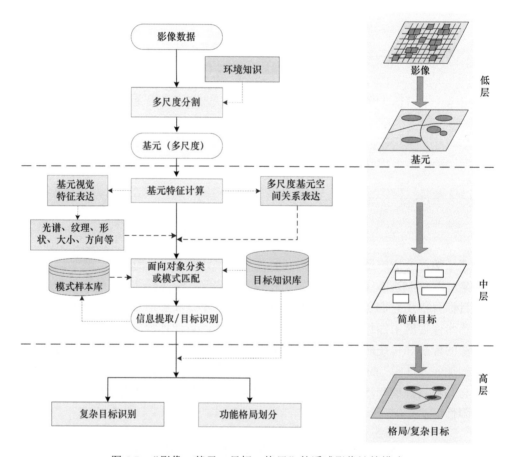

图 5.7 "影像—基元—目标—格局"的遥感影像计算模式

基于"影像—基元—目标—格局"的计算思想，针对高空间分辨率影像的特点，基于特征基元的三层次的高分辨率遥感影像信息提取模型如图 5.7 所示。该模型包括低层次的影像基元提取、中层次的目标分类与高层次的格局分析，即首先采用一定尺度下的影像分割算法实现影像基元特征的提取，再通过基元分析与匹配算法实现基元匹配与目标分类过程，最后在建立目标空间关系的基础上，通过逻辑推理，完成对更复杂目标空间配置的判别和分析。三个层次的具体计算过程如下。

（1）低层（基元提取过程）：主要目的是将大数据量的遥感影像分割成为用户感兴趣的逐个区域，形成若干个"潜目标"（即基元），采用的方法是基于尺度的影像分割过程。影像经过预处理后（目标信息增强、非目标信息压制），并根据影像表现出的亮度、纹理、形状等信息将其划分为不同尺度的基元，以层状对基元进行组织。尺度选择的依据是由大到小，直到能够满足所需识别出的最小对象为止；此外，阴影与三维信息密切相关，在基元提取时通过阴影信息和太阳高度角进行三维信息提取。

（2）中层（目标分类匹配过程）：需要对上步已经选择的若干个尺度及其对应的基元进行分析，并根据各基元的对象视觉知识（已经形成的对应的基元的灰度、形状、纹理等），以及基元对象所属大区域的环境知识进行基元分析，形成更为精确的目标基元（及其对应的各种特征的表达）；其次是通过模式分类与逻辑推理等方法进行基元分析，完成目标识别过程。此过程需要采用模式库辅助进行基元分类，融合基元同环境及基元间关系等知识，主要采用基于模式库辅助下的知识匹配方法对其进行实现。

（3）高层（目标识别与格局分析过程）：在中层基元匹配及其特征表达的基础上，一方面形成已经识别的一系列简单目标地物，另一方面需要对相应的基元及简单地物进行分析，辅助视觉知识、环境知识与目标间的协同知识对相应的基元（组）的特征进行证据组合与逻辑推理，建立基元对象间的拓扑关系并进行空间格局与空间过程的分析，通过语义推理，实现空间格局的判别分析及目标（群）的精确划分，实现对复杂目标和功能格局的判别分析。

通过"影像－基元－目标－格局"的遥感影像计算过程，可由粗到细地全面认识影像覆盖区域环境（大尺度意义上的背景信息等）、内容（结构组成）和格局（空间分布与组合），进而可采用高级的分析手段对区域的资源、设施和景观等开展更全面的了解，为实际应用和分析决策提供层次化、模型化、知识化的信息支撑。

5.4　高分辨率遥感影像信息提取关键技术

根据前述高分辨率遥感影像信息提取技术架构，"影像－基元－目标－格局"的信息提取和目标识别过程中更具体地又包括了特征基元分割、特征计算和对象化表达、离散化基元归并和目标分类、目标空间格局分析推理等几个关键环节，每个环节又包含更为具体的算法，共同构成了高分辨率遥感影像计算的方法体系，如图 5.8 所示。

由于高分辨率遥感影像计算的方法体系复杂庞大，且其中还有很多技术问题和科学问题难以有效解决，本节只简单介绍其中低层及中层处理中发展相对较为成熟的遥感影像分割及特征表达方法。但这里需明确一点，即使影像分割及特征表达方法已经发展了很多种（分割算法甚至有上千种），但是没有哪一种方法或算法是普适的，究竟采用何

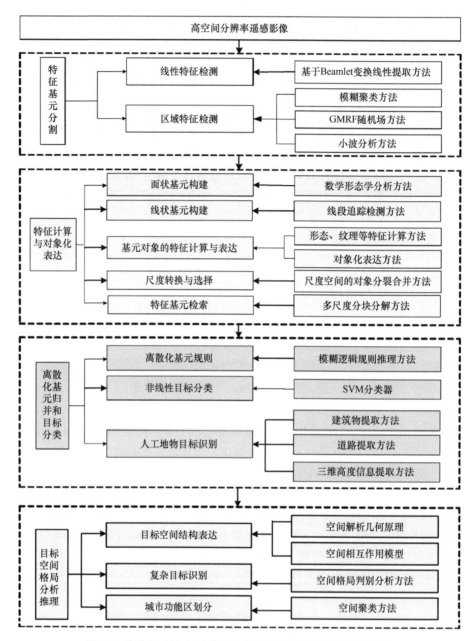

图 5.8 高空间分辨率遥感影像信息提取关键技术及算法体系

种算法来完成高分遥感信息提取，还需要结合数据的特点和实际应用的需求来综合选择。这也是高分遥感信息提取相比其他类型遥感影像信息提取较为复杂和困难的又一具体体现。

5.4.1 遥感影像分割

影像分割是依据影像像素的灰度、色彩、纹理等特征，将影像划分为若干互不交叠的多个区域的过程。通过影像分割，可得到影像内所包含的目标、特征，以及描述影像的一些特征参数，从而将原始影像转化为更抽象、更紧凑的形式，使得更高层的影像分析与理解成为可能。在图像工程领域，影像分割是从影像处理到影像分析的重要环节。遥感影像分割是决定遥感影像分析与计算成功与否的关键因素之一，只有在获得了较好的分割结果基础上，信息提取与目标识别才能进一步展开，并获得较好效果。

自 20 世纪 80 年代末以来，遥感影像分割研究得到广泛重视，无论是分割方法的研究，还是应用研究，均得到了较大的发展。从图像分割的本质出发，以及从遥感影像特征提取的角度，根据分割所基于特征的不同，高分辨率遥感影像分割方法总体可分为两类：利用影像区域间特性不连续性的基于线状特征的分割（即边缘提取）和利用区域内特性相似性的基于块状特征的分割（即区域分割）。按照这个分类准则，图 5.9 把目前应用比较普遍的遥感影像分割算法进行了归类。

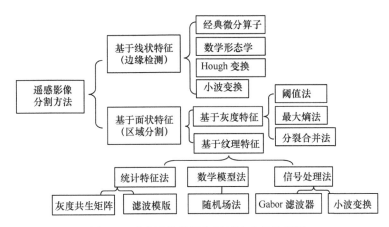

图 5.9　遥感影像常用分割算法分类体系图

1. 基于线状特征分割

边缘提取是根据灰度的突变来判断边缘的存在，可以想象边缘提取将得到非常细节化的结果，但是这样就使得结果在很大程度上受到图像中噪声数据的影响，而且边缘提取后会得到很多的细碎的小区域，这些小区域大多数情况下是没有意义的，给后面的信息提取和目标识别工作添加了无谓的负担。所以，一般不用边缘提取的结果直接进行遥感影像目标识别和分析，而是利用边缘提取运算速度比较快的特性，以提取出的边缘来指导基于区域的分割。

边缘检测分割方法的基本思想是先检测影像中的边缘点，再按一定策略连接成轮廓，从而构成分割区域。该方法的特点是符合人类的视觉机制（与人眼感知场景中目标的方式相类似），难点在于解决边缘检测时抗噪性和检测精度的矛盾。若提高检测精度，则噪声产生的伪边缘会导致不合理的轮廓；若提高抗噪性，则会产生轮廓漏检和位置偏差，难以快速生成一个封闭的边界。其中，经典微分算子、数学形态学、Hough 变换和小波变换是几种比较有代表性的分割方法。

图 5.10 以高分辨率的 QuickBird 影像为例，给出了基于梯度算子的边缘检测及线段追踪结果。

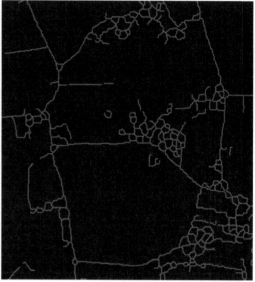

图 5.10 QuickBird 影像边缘检测追踪结果

2. 区域分割

大多情况下，遥感影像分割主要采用基于特征的区域分割算法来得到分割结果。区域分割方法认为影像是由一组具有一定相似性的区域所组成，基于特征的算法则采用先从影像中提取某种有代表性的特征，然后对这些特征进行聚类而获得分割结果的思路。根据区域特征是否结合了影像中像素的空间信息又把基于特征的方法分为基于灰度特征和基于纹理特征，以及灰度和纹理相结合的分割方法。

在基于灰度特征分割中，区域生长、分裂合并、阈值法，以及最大熵法法是几种典型的算法。

在基于纹理特征分割中，特征共生矩阵、滤波模板、随机场法、Gabor 滤波器，以及小波变换是几种典型的算法。

与一般影像相比，遥感影像具有多尺度、多波段、宽覆盖与地物类型多样等特点。首先，遥感影像所记录的地物特征常常呈现多尺度特征，每一次分割仅可获得某个尺度下的影像特征划分，因此，遥感影像的多尺度分割是其基本要求。其次，遥感影像包含了多波段数据，包含了更多的地物特征信息，因而，单波段的影像分割方法难以直接应用于多波段分割任务。再者，遥感影像覆盖范围宽，影像尺寸大，所涵盖的地物类型也丰富多样，因此，遥感影像分割算法需要高效，并有先验知识的支持。另外，遥感影像具有丰富的影像纹理，综合反映了区域地物空间结构特征，有效的纹理特性的表达和抽取难度很大，但同时也使这个研究领域更加充满魅力。这些都是高分辨率遥感影像分割需要解决的问题，也正因为此，多尺度分割算法在高空间分辨率遥感信息提取中逐渐受到重视。表 5.4 为部分分割算法进行遥感影像分割的实例。

表 5.4　高分辨率遥感影像分割实例

原图像	分割结果图			
	最大熵方法	分裂合并法	高斯马尔可夫随机场方法	方向相位法

3. 多尺度分割

在基于特征基元的高分遥感信息提取中，基元的提取（影像分割）是将视觉上规则的栅格图像转化为多尺度离散单元，实现影像从"像素级"到"对象级"转换的关键技术环节。然而，由于地学现象本身的等级和层次复杂性，能对整幅图像都获得满意分析效果的绝对单一最优尺度是不存在的，只有通过多尺度影像分割对遥感影像进行尺度空间上的多级划分，才能实现对地面特征的全面多级表达，为后续的目标识别和多尺度分析提供可靠的影像对象信息基础。同时，由于高分辨率遥感影像中包含的不同尺寸大小的地物目标，以及不同层次的空间结构差异，需要在不同的尺度下反映，多尺度分割成为面向对象影像分析的必然途径。

目前已存在的多尺度影像分割算法有分水岭分割（watershed segmentation）、区域生长（rgion growing）、分形网络进化（Baatz and Schäpe，1999；Baatz and Schäpe，2000）、均值漂移（Comaniciu，2003；Comaniciu and Meer，2002；沈占锋等，2010）等众多算法。

分水岭分割方法是一种基于拓扑理论的数学形态学的分割方法，其基本思想是，把图像看作是测地学上的拓扑地貌，图像中每一点像素的灰度值表示该点的海拔，每一个局部极小值及其影响区域称为集水盆，而集水盆的边界则形成分水岭。分水岭的概念和形成可以通过模拟浸入过程来说明。在每一个局部极小值表面，刺穿一个小孔，然后把整个模型慢慢浸入水中，随着浸入的加深，每一个局部极小值的影响域慢慢向外扩展，在两个集水盆汇合处构筑大坝，即形成分水岭，则实现了区域的分割。图 5.11（彩图 5.11）给出了分水岭分割不同尺度下的分割结果。

区域生长是指将成组的像素或区域发展成更大区域的过程。由种子点的集合开始，这些点的区域增长是通过将与每个种子点有相似属性，如强度、灰度级、纹理颜色等的相邻像素合并到此区域实现的。它是一个迭代的过程，这里每个种子像素点都迭代生长，直到处理过每个像素，因此形成了不同的区域，这些区域的边界通过闭合的多边形定义。图 5.12（彩图 5.12）给出了区域生长方法不同尺度下的分割结果。

分形网络进化分割的基本思想是基于像素从下向上的区域增长，遵循异质性最小的原则，把光谱信息相似的邻近像元合并为一个同质的影像对象，分割后属于同一对象的

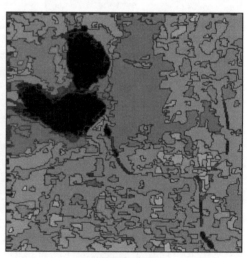

(a) 原图　　　　　　　　　　　　　　　　(b) 合并阈值参数20

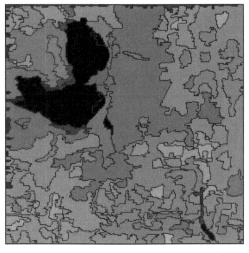
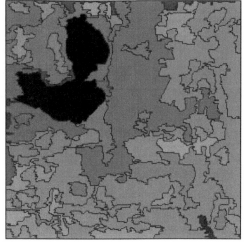

(c) 合并阈值参数100　　　　　　　　　　　(d) 合并阈值参数200

图 5.11　分水岭多尺度分割结果

所有像元都赋予同一含义。影像分割过程中对影像对象的空间特征、光谱特征和形状特征同时进行操作，因此生成的影像对象不仅包括了光谱同质性，而且包括了空间特征与形状特征的同质性。图 5.13（彩图 5.13）给出了基于分形网络进化思想的多分辨率分割方法在不同尺度下的分割结果。

　　均值漂移是一个基于 Parzen 窗的非参数核密度估计理论寻找局部密度的极大值的聚类算法。在均值漂移分割过程中，分割所依据的变量不仅包括影像的光谱特征，其空间特征也可以有效地结合到分割过程中。在分割中任何数据点都可以作为初始点进行均值漂移，将收敛到同一个点的像素点进行聚类，由图像自动决定每一类的像素数和类的边界。图 5.14 给出了均值漂移分割方法在不同尺度下的分割结果（仅以空间带宽参数变化为例）。

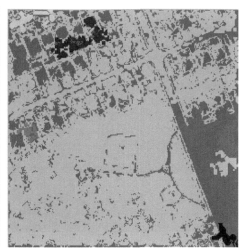

(a) 原图　　　　　　　　　　　　　　　(b) 默认阈值调节系数

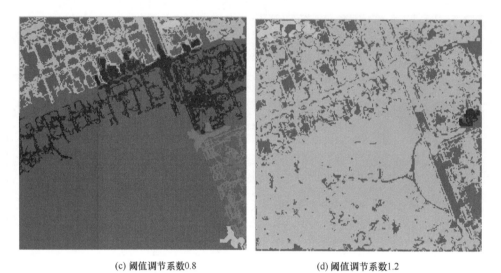

(c) 阈值调节系数0.8　　　　　　　　　　(d) 阈值调节系数1.2

图 5.12　区域生长多尺度分割结果

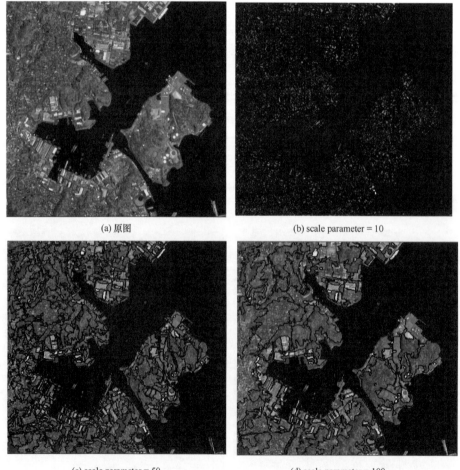

(a) 原图　　　　　　　　　　(b) scale parameter = 10

(c) scale parameter = 50　　　　　　　　　　(d) scale parameter = 100

图 5.13　基于分形网络进化思想的多分辨率分割算法结果（Shape：0.1；compactness：0.5）

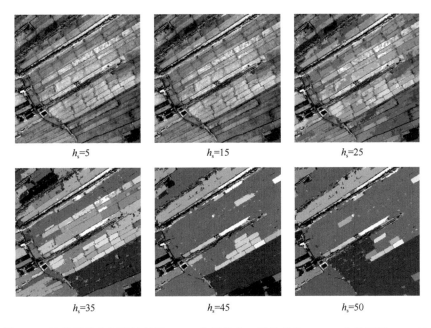

图 5.14　均值漂移分割算法结果（h_s：空间带宽；属性带宽 h_r =6；合并阈值 M =10）

从以上众多多尺度分割的实例可以看出，尺度参数的选择对分割结果的影响很大。然而，由于对地物尺度效应的认知不足，最佳分割尺度的选择仍然是困扰分割精度的主要问题，造成这些算法常常很难同时顾及影像对象边界和区域内部，造成边界破碎性或者分割斑块破碎性，也无法实现视觉意义上的"所见即所得"，极大地限制了面向对象多尺度遥感影像分析技术的精确应用。因此，研究兼顾边界和区域的多尺度分割算法并提高算法的普适性，研究多尺度分割尺度自动优选，为后续的面向对象影像分类提供可靠的"所见即所得"精细化影像对象信息，是基于特征基元的高分遥感信息提取要解决的首要问题。

5.4.2　基元特征表达

基元是高分辨率影像目标识别和格局判别分析的基础，包括面状和线状两种类型。在进行目标分析之前，如何进行对象化表达是目标识别和信息提取的关键。在图像分割基础上，通过矢量化处理将分割斑块转换为可操作的基元对象。在进行基元对象化表达时，除了需要获得基元对象空间定位信息外，还必须赋予对象一组模式化的视觉特征值（属性信息），包括波谱、纹理、形态、大小、方向、长度以及空间关系等，以利于后续的信息提取。参与表达的特征包括以下 6 种。

（1）光谱统计特征：区域或目标的平均光谱值或方差等统计量。

（2）形状特征：面积和周长、主轴方向等；对于形状特征，重点研究能够表达基元大小不变性及旋转不变性的参数表示方法（如特征矩算子），可采用傅里叶描述子或边界矩描述子、转折函数等进行表达。

（3）纹理特征：采用小波纹理、GABOR 方向性滤波特征、灰度共生矩阵（对比度、均匀性、逆差分矩、熵和相关等特征）、LBP 纹理算子等；也可以采用能够表达基元不同方向纹理特征的表示方法（如 GMRF 六维向量）。

（4）大小特征：主要通过不同基元的平均宽度与平均长度表现。

（5）方向特征：主要指矩形基元中线或线状基元的优势走向等。

（6）空间关系：主要是建立基元之间空间拓扑关系，包括横向空间关系和纵向的空间尺度转换关系。

以上特征具有极大丰富性，在特征的使用上，利用相关性分析、波段间的相关熵、协方差矩阵等手段，实现特征筛选、压缩、降维，进行特征空间优化，为基于特征的聚类、分类等高层分析提供基础。本节只简单介绍最基本的两种特征，即纹理特征和形状特征。

1. 纹理特征表达

纹理特征在图像分割处理中已经得到深入的研究，但分割过程所用到的纹理特征模型并不一定适合于目标识别过程，主要因为图像分割过程基本属于一种特征聚类或区域合并的过程，而目标识别过程主要是如何选择合理的纹理特征表示方式，以适应分类器训练与分类的过程，这两种处理在对特征表述的要求上是不同的。

纹理通常被认为是由纹理基元按某种确定性的规律或只是按某种统计规律重复排列组成的。但学术界至今还没有一个统一的关于纹理的确切定义。一般来说，纹理在局部区域内呈现不规则性，而在宏观上又表现出某种规律。这是一种与图像空间区域有关的特征，因此必须在图像的某个区域上才能反映和测量出来。这些复杂性都使得纹理的表述十分困难。

人们可用来描述纹理的性质有均匀性（uniformity）、密度（density）、粗细度（coarseness）、粗糙度（roughness）、规律性（regularity）、线性度（linearity）、定向性（directionality）、方向性（direction）、频率（frequency）和相位（phase）。而常用的特性主要包括粗细度、方向性、对比度这三种性质。

传统的纹理特征描述方法主要包括统计方法和结构方法两类。

统计方法：统计方法是目前研究较多、较成熟、占有主导地位的一种方法，它利用图像的统计特性求出特征值，实现对纹理特征的描述。主要包括：自相关函数、灰度共生矩阵、灰度级行程长、滤波模板、随机模型（Markov 随机场模型、Gibbs 随机场模型）、分形模型等方法。

结构方法：假设纹理是由一系列纹理基元有规律地排列组成，且纹理基元可以分离出来，结构方法力图通过找到纹理基元，以基元的特征和其排列规则作为纹理描述的特征进行纹理分割，一般只适用于规则性较强的人工纹理，因此应用受到很大程度的限制。

图 5.15 给出了自然植被图片和遥感影像的灰度共生矩阵纹理特征定量描述结果。

2. 形状特征表达

对于目标识别，对象的形状信息是一个很重要的因素，经过图像边缘提取操作可以得到对象的边界信息，但还需要采用合理的方式对直接得到的边界信息进行变换，以满足识别操作的需要，这也称为形状特征的表达。

能量	0.119096
熵	2.490496
惯性矩	2.031308
局部平稳性	0.560495
相关性	−0.113966

能量	0.102591
熵	2.740365
惯性矩	2.295036
局部平稳性	0.509214
相关性	0.071594

图 5.15　基于灰度共生矩阵的影像纹理特征表达

由于遥感影像的内容是三维空间实体在二维平面上的反映，卫星在方位和姿态上的变化，造成传感器的视角不同，使得同一地物实体的形状在图像获取过程中可能发生变化，这在数学上属于仿射变换的范畴。因此，在提取图像中地物实体的形状信息时，最关键的因素就是使实体形状特征信息对于仿射变换是不变的。

一般来说，对象形状特征信息需要满足的仿射变换不变性包括以下三个方面。

（1）位移不变性：实体形状特征信息不随实体位置的改变而变化。

（2）旋转不变性：实体形状特征信息不随实体摆放角度的改变而变化。

（3）尺度缩放不变性：实体形状特征信息不随实体大小比例的改变而变化。

在获得目标实体的边界信息的基础上采用合适的边界特征信息描述方法对这些边界信息进行表达，这主要包括两种处理思路。

一种处理思路是直接将边界提取或跟踪算法得到的数据点组成有意义的边界线，这主要包括曲线拟合、迭代端点拟合、霍夫变换，以及 Freeman 链码等方法。该处理思路得到的边界特征描述信息不具有仿射变换不变性。

另一种处理思路是将边界提取或跟踪算法得到的数据点的信息进行数学变换，提取其中的关键特征，这主要包括基于区域的描述、基于四叉树结构的描述以及基于数学形态学的描述等方法。由于第一种处理思路一般不考虑仿射变换不变性，遥感信息提取中常用第二种处理思路，一般有傅里叶形状描述子、边界序列矩描述子和曲率尺度空间形状描述子等具体的方法。

以图 5.16（a）给出了一幅高分辨率的飞机遥感图像，图 5.16（b）是对飞机进行手工跟踪得到的标准飞机的外边界轮廓。利用不同的空间带宽参数进行均值漂移多尺度分割，对分割结果进行边界追踪得到不同的飞机轮廓边界。采用链码、边界序列矩和傅里叶描述子对得到的飞机轮廓边界形状进行定量描述和表达，表达结果见表 5.5，该表同时也给出了不同分割尺度下飞机形状轮廓与标准飞机轮廓的关系。

5.4.3　基元模式分类

基元类别归属的确定方式，主要可分为四种：统计模式识别（监督分类和非监督分

(a)　　　　　　　　　　　　　　　　　　　　(b)

图 5.16　高分辨率的飞机遥感图像及其外边界轮廓

表 5.5　不同分割尺度下飞机轮廓与标准飞机轮廓的形状参数及其比率

		标准飞机	飞机 12_4		飞机 14_4		飞机 15_4		飞机 16_4		飞机 17_4	
图像												
周长		184.0000	101.0000		137.000		123.000		167.000		162.000	
面积		776.0000	454.0000		583.000		509.000		682.000		651.000	
形状特征		计算结果	计算结果	比率/%	计算结果	比率/%	计算结果	比率/%	计算结果	比率/%	计算结果	比率/%
链码统计	东北	0.0978	0.109	111.33	0.123	125.93	0.114	116.34	0.090	91.82	0.117	119.89
	东	0.1196	0.099	82.81	0.087	72.73	0.106	88.40	0.126	105.17	0.105	87.77
	东南	0.1848	0.178	96.45	0.174	94.12	0.171	92.40	0.186	100.46	0.185	100.22
	南	0.0707	0.089	126.12	0.087	123.08	0.073	103.56	0.072	101.70	0.068	96.11
	西南	0.0598	0.079	132.49	0.087	145.45	0.098	163.19	0.060	100.16	0.062	103.25
	西	0.2500	0.208	83.17	0.217	86.96	0.211	84.55	0.240	95.81	0.265	106.17
	西北	0.0924	0.099	107.16	0.080	86.27	0.081	88.10	0.102	110.18	0.080	86.86
紧致度（面积/周长）		0.1050	0.194	184.71	0.158	150.52	0.137	130.80	0.115	109.02	0.116	110.25
边界序列矩	幅度变化量	0.6383	0.152	23.86	0.150	23.53	0.183	28.75	0.603	94.40	0.610	95.61
	歪斜度	1.5604	0.705	45.16	0.762	48.85	0.909	58.26	1.524	97.69	1.512	96.88
	峭度	2.4462	0.497	20.30	0.581	23.75	0.826	33.78	2.324	94.99	2.285	93.41
	s4	3.825	0.350	9.15	0.443	11.58	0.751	19.64	3.542	92.61	3.454	90.31
傅里叶描述符（12 维）			0.1271		0.1209		0.1007		0.0322		0.0531	

类）、结构模式识别、模糊模式识别和基于智能计算的智能模式识别。其中，前两种方法是传统的图像识别中常用的方法，发展较为成熟。模糊模式识别中引入了模糊数学的研究成果，能有效地改善分类的效果。此外，随着人工神经网络和支持向量机等方法研究的不断深入，其作为智能模式识别方法，更以崭新的姿态和全局相关的特色，在模式识别领域中取得了令人瞩目的成就。对于基于特征基元的高分辨率遥感目标识别具体研究任务来说，结合基元形态特点，常用的基元模式分类方法主要分为两类：简单的规则判别与基于模式的监督分类，如图 5.17 所示。

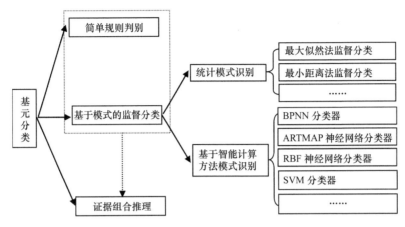

图 5.17　基元分类方法体系图

对于形状比较规则的基元，则可以通过简单的规则判别来实现，如特征相似性计算、模板匹配（template matching）等。模板匹配就是把标准图像（即模版）放在图像中，比较图像和模板是否相类似（也就是图像和模板重叠），这种方法受图像大小和旋转方向的限制，因此需要预先准备多个模板，且事先要对图像做规格化处理，而且仍然属于基于像元的处理，因此本书不做介绍。而对于特征相似性计算和目标匹配，针对本书的基元提取结果，比较常用和简便的方法有特征向量加权计算（隶属度计算）、特征向量距离度量（如采用加权欧氏距离）等，基本原理实质上是相同的；此外还可以结合多种证据（特征或知识）采用证据组合理论辅助进行基于模式的特征基元类别划分。

对于不规则的基元，则可以通过基于模式的监督分类来完成（实际上这种有监督的模式分类方法适用于所有基元），其基本原理与传统的遥感影像基于像元的监督分类是一样的，其本质都可归结为多维特征空间中的点集划分问题。只不过分类的客体是基元而不是像元，分类的特征可能更加多样和全面，而不仅仅局限于传统像元分类所采用的光谱特征。此外，基于人工神经网络和支撑向量机等分类方法由于在模型实施中仍要进行样本训练来指导未知基元分类，因此这里突破传统统计模式识别理论的局限，将其也归于基于监督的分类，但是它和传统的统计模式识别中的监督分类是有本质区别的（传统统计模式识别中的特征空间决策面在智能计算分类中是不存在的）。此外，需要指出，实际上在基元监督分类中，样本（模式）的建立是非常关键的，这是影响基元类别划分准确性的重要因素。

由于基于模式的监督分类的基本原理与传统的遥感影像基于像元的监督分类是一样的，这里仅以特征向量加权计算（隶属度计算）的简单规则判别方法为例，来说明基元的模式匹配过程。一般而言，某一目标有反映其不同属性的多个特征参量，经过上述特征提取与表达后，再将这些不同的特征参量组成一个特征向量，最后再利用这个包含了丰富、全面信息的目标特征向量和目标库中标准目标相应的特征向量进行匹配计算，根据计算结果，最终确定目标类型。具体地说，一般分为以下几个步骤：

（1）确定进行目标识别所需的特征量。在此之前，首先要确定待识别目标可能所属目标类型的集合，称之为目标论域，假设目标论域为 $U = \{U_i\}$，其中 $i = 1, 2, \cdots, n$，n 代表不同目标的类型数。随后列出目标论域中不同类型目标尽可能多的特征参量，然后在统计分析的基础上，选择那些数据分布差异明显、最能代表目标不同身份的特征量组成一个特征向量，作为进行目标识别的工具，如 $\boldsymbol{T} = \{\boldsymbol{T}_i\}$ 其中 $i = 1,2,\cdots,m$，m 代表特征分量的个数。

（2）确定目标识别的单因素识别矩阵。建立任一特征参量对所有不同类型目标的隶属函数，一般而言，用 m 个特征量对 n 种不同类型的目标进行识别，则应建立 $m \times n$ 个隶属函数。其中隶属函数用 $A_i(\boldsymbol{T}_j)$ 表示，其物理意义是以第 j 个特征参量为自变量时，求得的待识别目标属于第 i 个标准目标模式的隶属程度，其中 $j = 1,2,\cdots,m$；$i = 1,2,\cdots,m$。显然，将测得的 m 个特征参数代入相应的隶属函数，就可求得目标的单因素识别矩阵。如 $j = 1,2,3$；$i = 1,2,3,4$ 时，就可求得目标的单因素识别矩阵 $\boldsymbol{N}$。如：

$$\boldsymbol{N} = \begin{bmatrix} a_{11} & a_{12} & a_{13} & a_{14} \\ a_{21} & a_{22} & a_{23} & a_{24} \\ a_{31} & a_{32} & a_{33} & a_{34} \\ a_{41} & a_{42} & a_{43} & a_{44} \end{bmatrix} \tag{5-1}$$

式中，a_{ij} 为 $A_i(\boldsymbol{T}_j)$ 的计算值。

（3）确定目标识别的加权向量。在目标识别中，由于各特征参量在目标识别中所起的作用也不同，就需要对它们赋以相应的权重，权重矩阵 $\boldsymbol{B} = \{b_1, b_2, b_3\}$，其中 b_i 为第 i 个特征参量在目标识别中的加权值。

（4）求得目标最终的识别向量。根据前面求得的单因素识别矩阵和加权向量，利用简单的矩阵相乘法则，就可得出最终的目标识别向量，即 $\boldsymbol{M} = \boldsymbol{B} * \boldsymbol{N} = (m_1, m_2, m_3, m_4)$。其中 m_i 为待识别目标属于标准目标类型 i 的隶属值。

（5）根据判定规则最终确定目标类型。一般采用最大值原理或其他规则进行目标识别。

上述多隶属度的方法大大提高了目标识别结果的可靠性，但同时也应看到，这种方法算法复杂，隶属函数的建立、加权向量的确定相对比较抽象，在实际中不容易实施。因而在有的研究中目标论域只采用一种目标，并采用单一隶属度（确切地说应该是"置信度"），即先计算加权值和置信度，最后通过阈值判断来决定该目标是否是此类目标。

5.4.4　高分辨率遥感影像信息提取技术发展趋势

与传统的主要依赖于波谱信息的处理与分析方法相比，高分辨率影像处理与分析问题具有其特殊性，必须更多地综合结构、形态、分布等空间特征信息，这就也是伴随图像理解和高效能计算技术发展而形成的新一代遥感影像计算技术。根据高分辨率卫星遥感影像的特点，以及从国际高分辨率影像处理与分析的相关研究中可以看出，以下四方面是实现高分辨率影像计算研究必须突破的关键点，将成为今后主要发展趋势。

（1）影像处理中尺度选择和转换方法：尺度的选择与转换是高分辨率影像处理与分

析中的一个重要内容，其研究也一直是遥感影像处理过程中的焦点问题之一。在一幅影像的目标识别过程中，不同尺度的选择会导致最终的影像目标识别结果的不同，甚至大相径庭。因此，如何根据不同的影像、不同的识别目标及其他不同的条件选择合适的尺度进行影像基元（对象）的提取，然后在这些基元对象及其特征提取的基础上进行基元的分析与其所属地物的判定，直接关系着遥感影像目标识别的准确率。其中，如何建立针对影像的尺度转换模型，使得在影像分析与目标识别过程中，能够根据用户的需要对某一尺度下的基元进行合并与转换，从而开展尺度空间上的基元分析，以更好地完成不同类型的目标识别工作，是高分辨率遥感影像目标识别尺度选择与应用中的一个主要研究与应用趋势。

（2）目标识别过程中的空间分析方法：传统目标识别方法的任务主要集中在基于影像的处理、分析后对简单目标地物的识别，而基于这些简单目标识别后的目标分析工作则很少被应用。在简单目标地物的基础上，通过对已经识别出的目标地物的空间拓扑关系的构建，融合相应知识和模型，开展目标空间格局的判别分析，可实现对复杂目标组合识别和更广义的空间功能区的划分。通过分析这些对象所对应的 GIS 矢量对象之间的空间拓扑关系和其他属性对象进行基于 GIS 语义的遥感影像对象的空间分析，可以解决传统栅格影像空间分析能力不足的弱点，利于高层复杂目标判别的实现。因此，在遥感影像单一目标识别的基础上，采用 GIS 空间分析方法开展复杂目标识别和功能格局判别分析是实现高级影像理解的重要思路，也是高分辨率遥感影像分析与目标识别的一个发展趋势。

（3）高性能计算技术的集成：通过复杂成像所获取的高分遥感数据呈现混杂、巨量、快速更新的大数据特性，大量遥感资源未能得到及时有效的利用，导致数据堆积与信息渴求的矛盾日益突出，对高效可信的遥感信息提取技术提出了巨大挑战。在目标识别过程中，一方面需要关注影像目标识别的准确率，另一方面还需要关注识别过程的效率问题。提高目标识别的效率除了可以从算法角度考虑外，还可以从计算角度进行实现，如采用多机影像并行计算的方式实现目标识别任务，是提高影像目标识别效率的一种有效手段。随着遥感大数据时代的到来，规范高分遥感信息提取流程，提高遥感认知的精细化、精准化、智能化，以及综合化程度成为首要任务。

（4）深度学习技术的集成：近几年迅速发展的深度学习是对多层次认知的计算机模拟，是通过建立多层弹性的非线性映射（如神经网络）来模拟特征表达、逐层抽象目标特征并最终实现对大数据的有效挖掘；目前，深度学习算法在已在语音识别、自然语音处理、计算机视觉等领域开展了颇有成效的应用；一般具有低、中、高多层次的遥感特征，从底层的视觉特征到高层的语义表达之间往往存在鸿沟，而深度学习正是通过对低层特征的多层抽象获得中高层表达信息，在语义模型、深度学习等技术支持下运用空间分析进行自适应的知识逐步融入，开展微观环境中地物目标分布、组成结构及时空过程分析，实现对复杂态势和演化趋势的高层认识和预知，这正是高分辨率遥感信息计算的最终目标，是现阶段高分遥感认知走向实际应用所面临的重大挑战。

5.5　典型地学应用实例——面向对象土地覆盖遥感调查

遥感技术的发展为土地利用/土地覆盖调查研究提供了新的技术手段,通过对遥感影像进行分类处理得到土地利用、土地覆盖分布情况,较之传统的土地利用/覆盖调查方法,极大地缩短了调查周期,节约了人力物力财力。传统的面向像元的遥感影像分析技术,利用不同地物之间的光谱差异,将像元划分至不同的类别。但是随着影像空间分辨率的大幅提高,地物的空间信息如地物大小、形状、纹理、方向、结构、复杂性等特征都在影像上得到了更好的反映,传统的面向像元的分类结果往往会存在一些"椒盐"效应,已逐渐不能满足高分影像分析要求,面向对象的影像分析技术便应运而生,最有代表性的就是德国 Definiens Imaging 公司开发的智能化影像分析软件 eCognition 的问世和应用。

5.5.1　面向对象分类软件——eCognition

eCognition 是由德国 Definiens Imaging 公司(该公司 2010 年被美国 Trimble 公司收购)开发的智能化影像分析软件。eCognition 是目前所有商用遥感软件中第一个基于目标信息的遥感信息提取软件,它采用决策专家系统支持的模糊分类算法,突破了传统商业遥感软件单纯基于光谱信息进行影像分类的局限性,提出了革命性的分类技术——面向对象的分类方法,大大提高了高空间分辨率数据的自动识别精度,有效地满足了科研和工程应用的需求。以单个像素为单位的常规信息提取技术过于着眼于局部而忽略了附近整片图斑的几何结构情况,从而严重制约了信息提取的精度。eCognition 所采用的面向对象的信息提取方法,针对的不是传统意义上的像素,而是特征比较均质的影像对象(即 5.3 节和 5.4 节所称特征基元),充分利用了对象信息(色调、形状、纹理、层次)和类间信息(与邻近对象、子对象、父对象的相关特征)。eCognition 提供了一个理想的遥感与 GIS 集成的平台,GIS 数据可以作为分类的基础数据来使用,也可以将它作为专题层加入,且在影像分析过程中可以生成有意义的多边形,有利于和 GIS 的结合。

对于高空间分辨率遥感信息提取,eCognition 软件有其特有的优势:可以分析纹理和低对比度数据;可以通过多尺度影像分割技术来顾及分类过程中的尺度效应,以不同尺度进行影像对象分割,形成包含不同尺度的影像对象的网络层次结构,这种结构同时以不同的尺度来表征影像信息对象,而且不同层次的影像对象可相互引用进行分析,影像对象的分类则基于影像对象层次网络,分类方法可引入影像对象间的关系及其上下文信息等作为分类特征;将计算机自动分类和人工信息提取相结合,提供了基于样本的监督分类或基于知识的模糊分类功能;能够一定程度上表达和分析复杂的语义,分类过程初步模拟了人类大脑的认知过程;分割和分类结果易于与 GIS 数据集成,可以用于 GIS 数据库更新。

然而,该软件也存在局限,尽管 eCognition 提供了商业上可获得的工具集,这些工具集合并感兴趣的分割、拓扑和语义的部分,但是主要负责对象分割的一个重要的"尺度参数"的设置没有直观地连接到一个特殊的空间尺度或者对象大小,也没有连接到一个有关联的框架，这给用户带来了极大的限制；影像对象的建立受分割方法的影响，欠分割和过分割现象无法有效避免，并且缺乏尺度间的特征选择和融合，这使得在对某些细节地物进行识别的同时，对大面积的同质性区域造成过分割现象；反之，如果保持大尺度目标的同质性，则在细节对象存在欠分割；另外，eCognition 软件的多尺度分割中，尺度参数和组成场景的图像对象特有的空间度量（如面积）之间没有明确的关系。有效的多尺度分割及其图像对象创建是面向对象影像分类研究另一个重要问题。明冬萍等针对这个问题（Ming et al.，2012，2015，2016；明冬萍等，2015，2016）提出了基于空间统计学的多尺度分割尺度参数估计方法，一定程度上可以避免尺度参数选择时的盲目性，提高面向对象信息提取的精度。

5.5.2 多分辨率分割

eCognition 软件的分割以多分辨率分割方法为主要代表。多分辨率分割方法的基本思想是分形网络演化（fractal net evolution approach，FNEA）思想。

1. 原理

分形网络演化方法是目前广泛应用的一种多尺度分割算法，也是目前流行的面向对象影像分析技术的基础及核心内容，这种分割方法是由 Baatz 和 Schape 于 1999 年首先提出的，该算法目前已作为核心分割算法应用到商业遥感软件 eCognition 中，得到了较好的应用效果。FNEA 算法利用模糊子集理论提取感兴趣的影像对象，在感兴趣的尺度范围内，影像的大尺度对象与小尺度对象同时存在，从而形成一个多尺度影像对象层次等级网络。其基本思想是基于像素从下向上的区域增长的分割算法，遵循异质性最小的原则，把光谱信息相似的邻近像元合并为一个同质的影像对象，分割后属于同一对象的所有像元都赋予同一含义。影像分割过程中对影像对象的空间特征、光谱特征和形状特征同时进行操作，因此生成的影像对象不仅包括了光谱同质性，而且包括了空间特征与形状特征的同质性。

2. 异质性准则定义

异质性准则就是每次合并时都要计算合并前后两个对象的异质度，使得在分割的过程中每个对象合并时按照整体异质性最小的方式进行合并，如果最小的增长量超过所设置的阈值，那么合并过程就终止了。

FNEA 技术的关键在两个影像对象间异质度的定义和描述。这种异质性是由两个对象的光谱和形状差异决定的。若只考虑光谱异质性，结果可能会导致分割对象的边界比较破碎，因此通常把光谱异质性和形状异质性标准联合使用，这样才能使整幅影像所有分割对象的平均异质性达到最小。

1）合并前后异质度变化的描述

从影像中的单个像元对象开始，随着影像对象两两合并为更大的对象，至少所有影像对象的光谱平均异质度将明显的增加，使每次合并后新的异质度最小是算法优化的根本目标。影像对象应该被并入到合并后新对象异质度最小的邻近对象中。

因此,通过描述合并前两个相邻对象的异质度(h_1 和 h_2)与合并后新对象的异质度(h_m)间的差异 h_{diff},来定义这两个影像对象的同质度。理想的单个影像对象的异质度定义应该能保证合并后新对象异质度增加最小。对合并前后异质度变化的描述有几种不同的方法。

$$h_{\text{diff}} = h_m - (h_1 + h_2)/2 \tag{5-2}$$

这个定义满足分割结果评价量化的一个标准,即影像对象的异质度均值最小。在增加考虑影像对象的大小(可用像元个数描述)因素后,设两相邻对象内像元个数分别为 n_1 和 n_2。上述公式可以改进为

$$h_{\text{diff}} = h_m - (h_1 n_1 + h_2 n_2)/(n_1 + n_2) \tag{5-3}$$

同样影像对象的大小也可以来衡量影像对象的异质度,因此公式又可以为

$$h_{\text{diff}} = (n_1 + n_2)h_m - (h_1 n_1 + h_2 n_2) = n_1(h_m - h_1) + n_2(h_m - h_2) \tag{5-4}$$

考虑到遥感影像本身或多源遥感影像融合后影像有多波段,对给定的每个波段的权值 ω_c,通用的异质度变化差值计算公式如下:

$$h_{\text{diff}} = \sum_c w_c \left[n_1(h_{mc} - h_{1c}) + n_2(h_{mc} - h_{2c}) \right] \tag{5-5}$$

2)对象的光谱异质性

对象的光谱异质性可以采用如下的定义:

$$h_c = \sum_c w_c \times \sigma_c \tag{5-6}$$

式中,w_c 为不同光谱波段的权重;σ_c 为光谱值的标准差;c 为指定波段。标准差代表了影像灰度分布的波动情况,可以用来衡量整体差异,因此单个对象的光谱异质性可以理解为对象对应的各波段标准差的加权平均值。

对象合并前后的异质性用下面的式子来表示:

$$h_{\text{color}} = \sum_c w_c \left[n_{\text{merge}} \times \delta_{c,\text{merge}} - (n_{\text{obj1}} \times \delta_{c,\text{obj1}} + n_{\text{obj2}} \times \delta_{c,\text{obj2}}) \right] \delta_c \tag{5-7}$$

式中,h_{color} 为两个对象合并后得到的光谱异质性值和合并前对象 obj1 和 obj2 的各自光谱异质性值之和的差异;w_c 为参与分割合并的波段权重;n_{merge},$\delta_{c,\text{obj1}}$ 分别为合并后的区域面积和光谱方差;$\delta_{c,\text{obj1}}$,n_{obj1},$\delta_{c,\text{obj2}}$,n_{obj2} 分别为两个空间相邻区域的光谱方差和面积。

3)对象的形状异质性

对象的形状异质性指标是由平滑度指数与紧凑度指数这两个子异质性指标所构成。所谓的紧凑度指数就是指对象的圆度,是用来衡量区域接近圆形的程度,也可以作为衡量对象形状的规则程度的指标;平滑度指数和圆度有些类似,但是用来表示对象形状的平滑程度的,影像的平滑与否是衡量对象规则不规则的一种指标。

紧凑度指数的公式为

$$h_c = \frac{1}{\sqrt{n}} \qquad (5\text{-}8)$$

平滑度指数的公式为

$$h_s = \frac{1}{b} \qquad (5\text{-}9)$$

对象合并前后紧凑度指数的增量公式为

$$h_{\text{compactness}} = n_{\text{merge}} \times \frac{I_{\text{merge}}}{\sqrt{n_{\text{merge}}}} - \left(n_{\text{obj1}} \times \frac{I_{\text{obj1}}}{\sqrt{n_{\text{obj1}}}} + n_{\text{obj2}} \times \frac{I_{\text{obj2}}}{\sqrt{n_{\text{obj2}}}} \right) \qquad (5\text{-}10)$$

对象合并前后光滑度指数的增量公式为

$$h_{\text{smoothness}} = n_{\text{merge}} \times \frac{I_{\text{merge}}}{b_{\text{merge}}} - \left(n_{\text{obj1}} \times \frac{I_{\text{obj1}}}{b_{\text{obj1}}} + n_{\text{obj2}} \times \frac{I_{\text{obj2}}}{b_{\text{obj2}}} \right) \qquad (5\text{-}11)$$

对象合并前后的形状异质性增量为光滑度指数增量和紧凑度指数增量的加权平均值，$\omega_{\text{smoothness}}$ 与 $\omega_{\text{compactness}}$ 代表两者间的权重调配，两者的和为 1，其表达形式为：

$$h_{\text{shape}} = \omega_{\text{smoothness}} \times h_{\text{smoothness}} + \omega_{\text{compactness}} \times h_{\text{compactness}} \qquad (5\text{-}12)$$

其中，I 为对象的实际边长；b 为对象的最短边长；n 为对象面积；若平滑指标的权重较高，分割后的对象边界较为平滑，反之，若紧密指标的权重较高，分割后的对象形状较为紧密较接近矩形，根据不同的影像特性，以及目标对象特性，两者间的权重调配亦有所不同，可依使用者的需求加以调整。加入形状的因子于影像分割的过程中，能约束对象形状的发展，使分割后的区域形状较平滑完整，较符合人的视觉习惯。

4）对象的整体异质性

对象的整体异质性增量由光谱异质性增量和形状异质性增量的加权平均值所构成的。ω_{color} 与 ω_{shape} 代表光谱与形状两者间的权重调配，两者之和为 1，同样可以依据使者的需求进行调整，其计算公式为

$$h = \omega_{\text{color}} \times h_{\text{color}} + \omega_{\text{shape}} \times h_{\text{shape}} \qquad (5\text{-}13)$$

之所以在影像的分割过程中加入了形状因素，就是为了能够降低影像噪声对分割的干扰，从而提高其对纹理图像的适应能力，减少影像对象边界破碎程度，得到较为规则的影像对象。

3. 算法流程

FNEA 的基本步骤为：首先设置参数，包括尺度参数、形状因子权值和紧凑度权值。从一个单个像元开始，分别与其邻居进行计算，以降低最终结果的异质性，当一轮合并结束后，以上一轮生成的对象为基本单元，继续分别与它的邻居对象进行计算，这一过程将一直持续到在用户指定的尺度上已经不能再进行任何对象的合并为止，并采用局部相互最适应准则来保证每次合并的结果是所有可能合并方案中异质度最小。在实际应用中，要通过设置分割尺度参数来定义异质度的阈值，在阈值内的就合并，异质度超过阈

值就不能合并,所以需要根据不同的分类目标选择合适的参数,以得到合理的分割结果。其分割算法整体流程如图 5.18 所示。

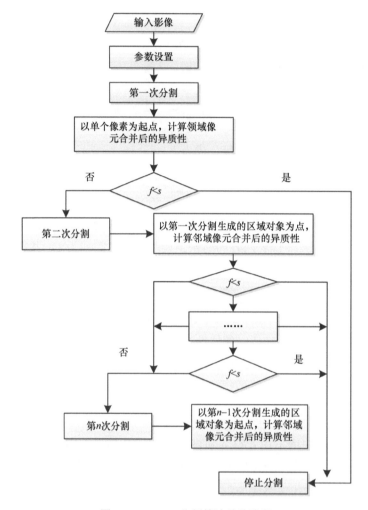

图 5.18   FNEA 分割算法总体流程

依据以上流程,每一尺度层次的分割可以设计采用如图 5.19 所示的算法程序框图。

4. 分割参数的选择

在异质度合并准则中,参数选择对分割结果有着重要的影响,其中主要的影响参数有以下三个。

1)分割尺度

分割尺度是一个关于多边形对象异质性的阈值,决定生成最小影像对象的大小,分割尺度越大,所生成对象层的多边形面积越大但数量越少,反之亦然。同时,分割尺度还能直接影响影像信息提取的精度,对于确定地物要素,最优分割尺度值是分割后的多边形能将此类地物类型的轮廓显示勾勒清楚,并能用一个或几个对象表示出这种地物。

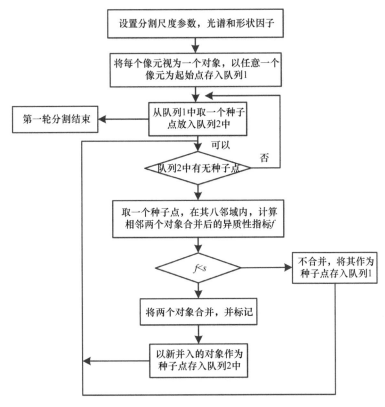

图 5.19　每一分割层次的 FNEA 分割算法流程

2）波段权重

它是影响分割结果的重要因素之一，取值在［0，1］之间。某波段的权重越高，表示分割过程中该波段信息使用的较多，应根据不同的波段对处理目的影响程度设置权重因子。

3）均质性因子

均质性因子包括光谱与形状因子。通常情况下，光谱因子最为重要，因为光谱信息是影像中所包含的重要数据，同时形状信息有助于避免分割过程中造成影像对象形状的不完整，光谱信息用于完善具有光滑边界的影像对象，紧凑度用于根据较小的对象差异性，依据紧凑度目标把不紧凑的目标区域分开。因此，分割时一般要遵循两个原则：①尽可能设置较大的光谱权值；②对那些边界不太光滑但聚集度较高的影像应尽可能减少形状因子的权重或不要形状因子。

5. 合并对象次序的确定

分形网络演化方法采用区域增长的理论，根据影像分割中的区域增长理论可以得出，基于不同种子点数据得到的增长结果一般是不可重复的，因此，利用分形网络演化方法进行分割时，要使影像对象合并次序得到最优。一般的优化处理方法有全局优化和局部优化两种测量手段。

全局优化在优化过程中约束能力最强，完全按照定量准则合并及保证影像异质性减小得到最大程度限制。但由于其过强的约束性采用该方法进行的影像分割会导致对象实体在全图范围内出现不均衡生长。以光谱为例：分割会优先在低光谱标准差区域内进行，而高光谱标准差区域的生长机会则低于低光谱标准差区域，这样就难以保证所有影像对象实体具有相似性。

分形网络演化方法采用的是局部最优的策略进行邻接对象合并的：对于一个任意的对象 A，先找到与其邻接的异质性增加最小的对象 B，对于得到的这个对象 B，按照同样的方式找到对象 C，如果有 A=C 成立，则表明此时满足局部最优原则，将对象 B 合并到对象 A，对象 C 合并到对象 B，重复上面过程，直到找到局部最优的一对对象进行合并。要利用局部最优的策略进行对象的合并，首先要找到起始对象 A，然后在搜索待合并对象。为了使对象合并处理能够均衡处理，连续操作对象应该尽量均匀分布在待分割影像中。因此，分形网络演化方法采用基于二进制计数器生成的抖动矩阵来选择起始点，从而保证该点与已经处理的对象实体距离最远。这种分布处理方式利用了分割过程中临时的影像对象，因此分割结果不是完全重复的，但主要差异在于低对比度边界，而实际上这些边界常常是模糊的，如果进一步分类往往属于同一种类地物。

分形网络演化方法用于影像分析中的影像分割的确很有优势，因为该方法不是为了得到最准确的分割，而是得到最大限度的满足后续分类要求的分割结果。另外分形网络演化方法的异质性尺度参数和影像尺度是相关联的，在 eCognition 软件中，该参数直接就叫做"尺度"。在进行影像分割时，可以根据需要在不同尺度上提取相应尺度的地物信息，如小尺度提取建筑物，中尺度可以提取居民地，在大尺度上可以提取城区，但不同层次间的异质性值既不满足线性关系，也不是一个定值。实际应用中，为了更好地提取信息，多采用分割和分类交互进行的迭代过程。

5.5.3　面向对象遥感分类流程

利用 eCognition 软件进行面向对象分类的步骤与基于像元的遥感分类大体相似，唯一不同的是在分类前需要对影像数据进行分割。其操作的具体流程如下。

（1）分割。分割是面向对象分类的前提，可以根据目标任务和所用影像数据的不同，选定相对较为合适的尺度参数，分割出有意义的影像对象。多尺度分割的结果是影像对象层次网络，每一层是一次分割的结果，影像对象层次网络在不同的尺度同时表征影像信息。

（2）分类。eCognition 软件提供了几种基本的分类工具，主要包括基于样本的监督分类工具和基于知识的分类工具等。基于知识的分类工具采用用户运用继承机制，利用模糊逻辑概念方法，以及语义模型建立用于分类的知识库。

（3）分类结果导出。

（4）分类精度评价。

5.5.4　面向对象分类实例

高分遥感的发展为快速准确地获得高精度土地覆盖情况提供了丰富的数据，面向对象的遥感影像分析技术可更充分地利用高分影像更丰富的空间信息，对高分遥感土地覆盖监测具有重要的意义。然而，高分辨率遥感影像数据量一般都很大，如果直接在海量影像数据基础上采用图像分割、特征表达和信息的提取和识别，将耗费大量的计算资源，导致提取和识别的效率非常低下。一般来说，人类对场景的分割首先是基于大尺度的，即视觉细胞首先捕获场景中的大目标或背景，并获得相应的轮廓；在此基础上，场景中的细节或子目标才逐渐被聚焦。因此，基于这种尺度空间理论，在进行目标特征分割之前，可先在一个较大的尺度下，根据影像的光谱或纹理对影像进行粗分割（或者说是分类），将图像划分为几个区域，然后根据目标的性质分别在有关的区域里面进行地物的精细分割和提取。图 5.20 显示了区域划分基础上的面向对象的遥感影像分析技术对高分影像进行土地覆盖遥感调查的基本流程。

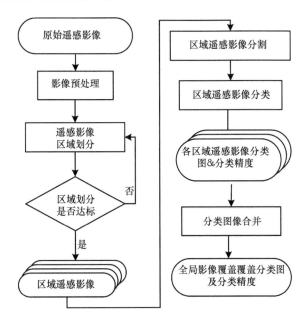

图 5.20　面向对象土地覆盖遥感调查基本流程

1. 研究区与影像数据

本节以 2007 年北京市昌平区小汤山镇 2.5m 分辨率的 SPOT5 全色多光谱融合遥感影像（图 5.21，彩图 5.21）为例，说明面向对象影像分析方法在土地利用/土地覆盖调查中的具体应用。

2. 大尺度区域划分

众多研究表明，在大尺度区域划分的基础上进行遥感影像分析，其精度会得到有效地提高（崔巍等，2013；竞霞等，2008；李石华等，2006；李文莉等，2013；莫源富和周立新，2000；申怀飞等，2007；师庆东等，2003；于菲菲等，2014）。周成虎院士领导的团队提出的高分辨率遥感影像计算框架中也是在区域的基础上再进行地物类别的详细划分（周成虎等，2009）。

　　本节利用面向对象分类软件 eCognition 的多分辨率分割，根据 Hue 色调、纹理和熵等特征将原始影像自动划分为如图 5.22 所示的四个区域，自左至右、自上至下分别为区域 N_1、N_2、N_3、N_4。

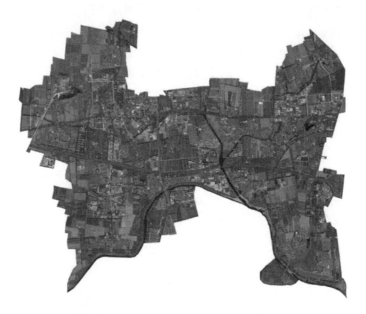

图 5.21　北京市昌平区小汤山镇 SPOT5 融合影像（灰度显示）

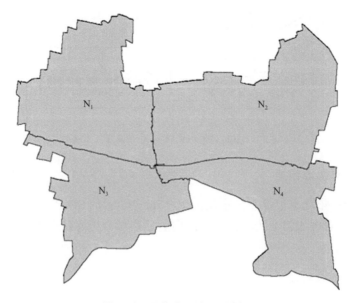

图 5.22　影像大尺度区域划分

3. 区域影像分割和分类

遥感影像分割的方法众多,本节以 eCognition 的多分辨率分割方法进行区域遥感影像分割。不同区域地物的类型及地物的比例不同,因此其固有的空间尺度存在差异,影像的最优分割参数也必然存在差异。最佳分割参数的优劣既可通过计算分割后影像对象的均质度、异质度来评定,也可通过影像最终的分类精度来反映(Yi et al., 2012)。本节以影像最终的分类精度来度量影像分割结果的优劣。

对于分类结果的寻优,这里采用了改进的网格搜索算法(王健峰等, 2012)进行分割参数的优化。改进的网格搜索算法即首先采用较大的步距确定最优分割参数所在的区间,然后在该区间内采用较小的步距锁定最优分割参数所在位置,得到最优分割参数组合。

本例采用 eCognition 的多尺度分割算法,以及基于类描述的 classification 分类算法,对小汤山四个区域影像分割参数优化,结果见图 5.23,全局影像的参数优化结果见图 5.24,四区域影像最优的参数组合及精度结果见表 5.6,全局影像较优的参数组合及精度结果见表 5.7。

将四区域影像的最佳分类结果进行拼接得到如图 5.25(彩图 5.25)所示的区域最佳精度分类结果图,图中将地物分为建筑、植被、裸地、道路、水体五类。将分类影像的矢量结果导出,可根据应用要求计算各类地物的面积,为相关部门或人员提供决策数据支持。

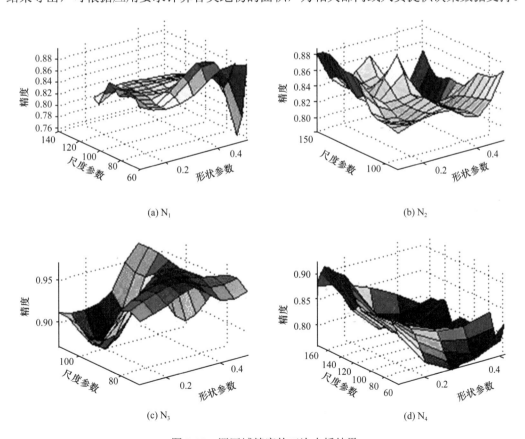

(a) N_1　　　　　　　　　　　　　(b) N_2

(c) N_3　　　　　　　　　　　　　(d) N_4

图 5.23　四区域精度的三次内插结果

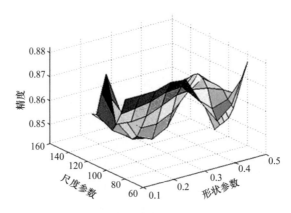

图 5.24　全图精度三次内插结果

表 5.6　区域最佳分割参数&精度组合

区域	尺度参数	形状参数	紧致度参数	精度/%
N_1	70	0.3	0.5	88.13
N_2	140	0.1	0.5	88.76
N_3	80	0.3	0.5	96.75
N_4	130	0.1	0.5	91.88
区域合并图				90.45

表 5.7　全图分割参数&精度组合

尺度参数	形状参数	紧致度参数	精度/%
60	0.3	0.5	88.58
70	0.5	0.5	88.0
100	0.1	0.5	88.22

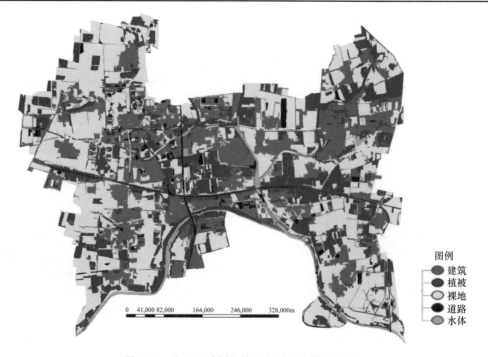

图 5.25　基于区域划分的面向对象分类结果图

参 考 文 献

程民德. 1983. 图像识别导论. 上海: 上海科学技术出版社

崔巍, 白音包力皋, 陈文学, 等. 2013. 中小河流非点源污染治理负荷估算及分区分类研究. 中国水利水电科学研究院学报, 11(1): 14-19+26

竞霞, 王锦地, 王纪华, 等. 2008. 基于分区和多时相遥感数据的山区植被分类研究. 遥感技术与应用, 23(4): 394-397+360

李石华, 王金亮, 陈姚. 2006. 独龙江流域 TM 图像的分区分类方法探讨. 遥感信息, (3): 40-43+93

李文莉, 杨泽元, 李瑛, 等. 2013. 基于分区和纹理特征的伊犁河谷遥感影像土地利用分类. 测绘与空间地理信息, 35(8): 68-71

林桂兰, 孙飒梅, 曾良杰. 2002. 高分辨率遥感在海湾生态环境分析中的应用研究. 香港: 海峡两岸地理信息系统发展研讨会论文集

明冬萍. 2006. 高分辨率遥感特征基元提取与格局判别方法研究. 北京: 中国科学院地理科学与资源研究所博士学位论文

明冬萍, 邱玉芳, 周文. 2016. 遥感模式分类中的空间统计学应用——以面向对象的遥感影像农田提取为例. 测绘学报, 45(7): 825-833

明冬萍, 周文, 汪闽. 2015. 基于谱空间统计特征的高分辨率影像分割尺度估计. 地球信息科学学报, 18(5): 622-631

莫源富, 周立新. 2000. 分区分类法——针对山区遥感图象的一种有效的分类方法. 中国岩溶, 19(4): 70-75

申怀飞, 胡楠, 丁圣彦, 等. 2007. 基于主成分融合的遥感影像分区分类方法探讨. 河南大学学报(自然科学版), 37(3): 294-299

沈占锋, 骆剑承, 胡晓东. 2010. 高分辨率遥感影像多尺度均值漂移分割算法研究. 武汉大学学报(信息科学版), 35(3): 313-316

师庆东, 吕光辉, 潘晓玲, 等. 2003. 遥感影像中分区分类法及在新疆北部植被分类中的应用. 干旱区地理, 26(3): 264-268

王积分, 张新荣. 1988. 计算机图像识别. 北京: 中国铁道出版社

王健峰, 张磊, 陈国兴, 等. 2012. 基于改进的网格搜索方法的 SVM 参数优化. 应用科技, 39(3): 28-31

邬建国. 2000. 景观生态——格局、过程、尺度与等级. 北京: 高等教育出版社

于菲菲, 曾永年, 徐艳艳, 等. 2014. 基于植被分区的多特征遥感智能分类. 国土资源遥感, 26(1): 63-70

张成海, 张铎. 2003. 现代自动目标识别技术与应用. 北京: 清华大学出版社

张华国, 黄韦艮, 周长宝. 2003. 应用 IKONOS 卫星遥感图像监测南麂列岛土地覆盖状况. 遥感技术与应用, 18(5): 306-312

周成虎, 骆剑承, 明冬萍, 等. 2009. 高分辨率卫星遥感影像地学计算. 北京: 科学出版社

左大康. 1990. 现代地理学辞典. 北京: 商务印书馆

Baatz M, Shäpe A. 1999. Object-oriented and multi-scale image analysis in semantic networks. Netherlands: 2nd International Symposium on Operationalization of Remote Sensing

Baatz M, Schäpe A. 2000. Multiresolution Segmentation: an optimization approach for high quality multi-scale image segmentation. Angewandte Geographische Informations verarbeitung XII, 12-23

Comaniciu D, Meer P J. 2002. Mean shift: A robust approach toward feature space analysis. IEEE Transactions on Pattern Analysis and Machine Intelligence, 24(5): 603-619

Comaniciu D. 2003. An algorithm for data-driven bandwidth selection. IEEE Trans. Pattern Analysis Machine Intelligence, 25(2): 281-288

Ming D, Ci T, Cai H, et al. 2012. Semivariogram based spatial bandwidth selection for remote sensing image segmentation with mean-shift algorithm. IEEE Geoscience and Remote Sensing Letters, 9(5): 813-817

Ming D, Li J, Wang J, ea al. 2015. Scale parameter selection by spatial statistics for GeOBIA: Using mean-shift based multi-scale segmentation as an example. ISPRS Journal of Photogrammetry and Remote Sensing, 106(8): 28-41

Ming D, Zhang X, Wang M, et al. 2016. Cropland extraction based on OBIA and adaptive scale pre-estimation. Photogrammetric Engineering & Remote Sensing, 82(8): 635-644

Yi L, Zhang G, Wu Z. 2012. A scale-synthesis method for high spatial resolution remote sensing image segmentation. IEEE Transactions on Geoscience and Remote Sensing, 50: 4062-4070

第6章 遥感指数计算及应用

遥感地物信息提取是通过数字图像处理、遥感解译、野外查证等技术手段，将在一定高度的空间（数千米至数百千米）获取的电磁波信息转换为遥感影像，继而判释为地物信息的过程。在遥感解译信息的过程中，应用一些遥感指数模型能更快速、更有效的提取地物信息，方便遥感解译工作者解读对象信息。

6.1 遥感指数计算概述

遥感信息提取是在定性和定量化地学模型的基础上，建立与目标相对应的数据间映射关系，并导出地物的物理量、识别目标及其空间分布的过程。目前遥感信息提取的方法有单波段阈值法、多光谱混合分析法、数学形态学法、决策树法、人工神经网络、支撑向量机等，从处理的对象看，上述方法都属于以像元为对象的分析方法，许多传统地理学、景观生态学的核心概念难以应用到无语义的像元分析中，而且大多存在技术模型不统一、方法普适性差等缺点。指数计算是描述地物波谱规律的一种简单而有效的方法，目前已广泛应用于地物的专题信息提取，是一种普适性较强的信息提取方法。

6.1.1 遥感指数计算模型的原理

指数计算方法是针对地物的波谱特征设计的，用于定量描述地物内在属性。指数模型的基本原理是在多光谱波段内找出目标地物的最强反射波段和最弱反射波段，将强者置于分子，弱者置于分母，通过比值运算进一步扩大两者间的差距，增强目标地物的亮度，抑制背景地物，达到突出目标地物的目的（郜丽静等，2009）。

经过指数计算，目标地物的信息得到增强，同时某些与目标地物波谱特征相似的背景地物的信息也被突出显示，形成干扰噪声，需要设定合适的阈值实现二者的最优分离。由于目标地物在不同时相、不同拍摄条件下呈现不同的特点，单一阈值法并不能满足精确提取的要求，需在不同尺度上融合不同层次的知识，以实现目标的精确提取。图像质量的差异、提取目标的不同，以及用户需求的多样化都是影响尺度选择的因素，尺度选择的合理与否直接关系到最终提取结果的优劣。

6.1.2 遥感指数的发展及应用

在测谱学和遥感图像处理技术共同发展的基础上，遥感指数在遥感图像解译上发挥了巨大的作用。早在 1978 年，Deering 提出的归一化植被指数（NDVI），是目前最为经典的植被信息提取算法；受 NDVI 的启发，Mcfeeters 提出了归一化差异水体指数（NDWI），该指数在突出水体信息的同时很好地抑制了植被信息，但忽略了地表的另一重要地类即土壤和建筑物；基于此，徐涵秋（2005）提出了改进的归一化差异水体指数（MNDWI）；针对半干旱地区水系的特殊性，闫霈等（2007）提出了增强型水体指数（EWI）。此外还有非线性彩红外植被指数（NCIVI）、归一化差分积雪指数（NDSI）等。

　　遥感指数应用领域广，可以根据图像的光谱特征和地物周边的环境等信息，对植被、土壤、水体、矿物等地物构造指数计算模型，从而进行有效的信息提取。例如，闫娜娜（2005）分析了 VCI、TCI 和 NDWI 三个遥感指数与土壤墒情点实测数据之间的关系，表明一半以上站点相关性达到 70%，建立了遥感指数与土壤湿度之间的统计关系模型，可以利用遥感指数反演土壤湿度，从而进行旱情监测。王金亮等（2013）等选取的 3 种指数在曲线分布形态和值变化上都与研究区地物变化较为吻合。NDVI 指数值最高的是林地，最低的是水体，水田为负值，而旱地为正值。MNDWI 指数值最高的是水体，最低的是旱地。对于 NDBI 值，城镇和旱地较为相近，两者不容易区分。分类结果中，错分误差值较大的是旱地和城镇，其次是水田，旱地的制图精度最低，水田的漏分误差最大。该研究通过对遥感指数的综合应用实现对重庆市典型地物进行分类。徐涵秋（2013）在水土流失区生态变化的遥感评估中提出了多指标的遥感生态指数（remote sensing ecology index，RSEI），这是一个完全基于遥感信息、能够集成多种指标因素的遥感综合生态指数，能用于快速地监测福建省长汀盆地水土流失区的生态质量，为政府采取整治水土流失的政策提供依据，取得良好的效果。

6.2　遥感植被指数计算模型与应用

　　植被在地球系统中扮演着重要角色，它影响着地-气系统的能量平衡，在气候、水文和生化循环中起着重要的作用，是气候和人文因素对环境影响的敏感指标（郭铌，2003）。而植被指数又恰恰是度量植被信息的一个重要参考量，因而研究植被指数对于研究全球变化有着重大意义。在遥感应用领域，从最早的比值植被指数的提出到目前的高光谱植被指数的提出，植被指数的作用也从简单的反映植被信息发展到了利用其本身与生物物理参数（如叶面积指数、叶绿素含量、植被覆盖度、生物量等）、生态环境参数（如气温、降水量、蒸发量、土壤水分等）的关系来挖掘植被冠层以下其他信息的一种方法（如水土资源、地质构造、自然环境演变等信息的获取），并且作为一种遥感手段，其作用也从早期的土地利用覆盖探测、植被覆盖密度评价、作物识别和作物预报等方面逐渐过渡到了高精度定量遥感信息提取（张良培和张立福，2011）。

6.2.1　遥感植被指数计算模型

　　植被指数是利用卫星传感器不同波段探测的数据组合而成的，能反映植物生长状况；是利用遥感光谱数据监测地面植物生长和分布，定性、定量评估植被的一种有效方法。许多植被指数能反映植被独特的生物物理信息。

根据不同的研究目的，人们已经提出了几十种植被指数，如表 6.1 所示（傅银贞，2010），如归一化植被指数（NDVI）、增强植被指数（enhanced vegetation index，EVI）、比值植被指数（ratio vegetation index，RVI）、垂直植被指数（perpendicular vegetation index，PVI）、土壤调节植被指数（soil adjusted vegetation index，SAVI）等。考虑了部分植被内部的光谱物理学意义，表 6.2 列出了一些常见植被指数及其参与计算的对应波段。

表 6.1　植被指数计算公式（傅银贞，2010）

植被指数	公式	出处
比值植被指数（RVI）	$RVI = \dfrac{NIR}{Red}$	Jordan（1969）
差异归一化植被指数（NDVI）	$NDVI = \dfrac{NIR - Red}{NIR + Red}$	Rouse 等（1974）
差值植被指数（DVI）	$DVI = NIR - Red$	Richardson 等（1977）
绿色归一化差值植被指数（GNDVI）	$GNDVI = \dfrac{NIR - Green}{NIR + Green}$	Gitelson 等（1996）
红色植被指数（RGNDI）	$RGNDI = \dfrac{Red - Green}{Red + Green}$	Escadafal 等（1991）
再归一化植被指数（RDVI）	$RDVI = \dfrac{NIR - Red}{\sqrt{NIR + Red}}$	Roujean 等（1995）
转换型植被指数（TNDVI）	$TNDVI = \sqrt{\dfrac{NIR - Red}{NIR + Red} + 0.5}$	Rouse 等（1974）
归一化差异绿度指数（NDGI）	$NDGI = \dfrac{Green - Red}{Green + Red}$	Chamadn 等（1991）
土壤调节植被指数（SAVI）	$SAVI = \dfrac{NIR - Red}{NIR + Red + L}(1 + L)$	Huete 等（1988）
修改型土壤调节植被指数（MSAVI）	$MSAVI = \dfrac{2*NIR + 1 - \sqrt{(2*NIR+1)^2 - 8*(NIR - Red)}}{2}$	Qi 等（1994）
改进型土壤调整植被指数（TSAVI）	$TSAVI = \dfrac{a(NIR - aRed - b)}{Red + a(NIR - b) + 0.08(1 + a^2)}$	Baret 等（1989）
全球环境监测植被指数（GEMI）	$GEMI = \dfrac{\eta*(1 - 0.25*\eta) - (Red - 0.125)}{1 - Red}$ $\eta = \dfrac{2*(NIR^2 - R^2) + 1.5*NIR + 0.5*Red}{NIR + Red + 0.5}$	Pinty 等（1992）
绿度植被指数（GVI）	$GVI = \dfrac{NIR}{Green}$	Kauth 等（1976）
红边比值指数（RGRI）	$RGRI = \dfrac{Red}{Green}$	Gamon and Surfus（1999）
三波段梯度差值植被指数（TGDVI）	$\begin{cases} TGDVI = \dfrac{NIR - Red}{\lambda_{nir} - \lambda_{red}} - \dfrac{Red - Green}{\lambda_{red} - \lambda_{green}} \\ TGDVI = 0, 若 TGDVI < 0 \end{cases}$	唐世浩等（2003）
GRNDVI	$GRNDVI = \dfrac{NIR - (Red + Green)}{NIR + Red + Green}$	Gitelson（1998）
垂直植被指数（PVI）	$PVI = \dfrac{NIR - aR - b}{\sqrt{a^2 + 1}}$	Jackson 等（1983）

续表

植被指数	公式	出处
基于模式分解的植被指数（VIPD）	$\mathrm{VIUPD}=\dfrac{C_v - a \times C_s - C_4}{C_v + C_s + C_w}$	Muramatsu 等（2000）
陆地光谱植被指数（VIUPD）	$\mathrm{VIUPD}=\dfrac{C_v - a \times C_s - C_4}{C_v + C_s + C_w}$ $\quad a=0.1$	张立福（2005）
增强植被指数（EVI）	$\mathrm{EVI}=\dfrac{\mathrm{NIR}-\mathrm{Red}}{\mathrm{NIR}+C_1*\mathrm{Red}-C_2*\mathrm{Blue}+L}(1+L)$ $(L=1.5, C_1=6, C_2=7.5)$	Huete 等（1997）
增强植被指数（EVI2）	$\mathrm{EVI2}=G\dfrac{\mathrm{NIR}-R}{\mathrm{NIR}+(6-7.5/c)*R+1}$ $(G=2.5, c=2.08)$	Zhangyan Jiang 等（2008）
抵抗大气植被指数（ARVI）	$\mathrm{ARVI}=\dfrac{\mathrm{NIR}-\mathrm{RB}}{\mathrm{NIR}+\mathrm{RB}}$ $\mathrm{RB}=\rho_r - \gamma(\mathrm{Blue}-\rho_r)$	Kanfman 等（1992））
新抵抗大气植被指数（IAVI）	$\mathrm{IAVI}=\dfrac{\mathrm{NIR}-[\mathrm{Red}-\gamma(\mathrm{Blue}-\mathrm{Red})]}{\mathrm{NIR}+[\mathrm{Red}-\gamma(\mathrm{Blue}-\mathrm{Red})]}$	张华仁等（1996）

表 6.2　常见的植被指数计算的波段对应

变量	公式
可见光比值指数	
（1）归一化色素总量/叶绿素比值指数（normalized pigments chlorophyll ratio index，NPCI）	$(\rho_{680} - \rho_{460})/(\rho_{680} + \rho_{460})$
（2）归一化脱镁叶绿素指数（normalized phaeophytinization index，NPQI）	$(\rho_{415}\mathrm{nm} - \rho_{435}\mathrm{nm})/(\rho_{415}\mathrm{nm} + \rho_{435}\mathrm{nm})$
（3）光谱辐射指数 1（photochemical reflectance index，PRI1）	$(\rho_{531}\mathrm{nm} - \rho_{570}\mathrm{nm})/(\rho_{531}\mathrm{nm} + \rho_{570}\mathrm{nm})$
（4）光谱辐射指数 2（PRI2）	$(\rho_{550}\mathrm{nm} - \rho_{531}\mathrm{nm})/(\rho_{550}\mathrm{nm} + \rho_{531}\mathrm{nm})$
（5）光谱辐射指数 3（PRI3）	$(\rho_{570}\mathrm{nm} - \rho_{539}\mathrm{nm})/(\rho_{570}\mathrm{nm} + \rho_{539}\mathrm{nm})$
（6）简单色素比率指数（simple ratio pigment index，SRPI）	$\rho_{430}\mathrm{nm} / \rho_{680}\mathrm{nm}$
（7）Carter1 index	$\rho_{695}\mathrm{nm} / \rho_{420}\mathrm{nm}$
（8）Lichtenthaler1（Lic1）	$\rho_{440}\mathrm{nm} / \rho_{690}\mathrm{nm}$
（9）450～680nm 反射率下覆盖的面积 AR	$\int_{450}^{680}\rho$
可见光/近红外比值指数	
（10）修改后的叶绿素吸收比值指数（modified chlorophyll absorption in reflectance index，MCARI）	$\left[(\rho_{701}\mathrm{nm} - \rho_{671}\mathrm{nm}) - 0.2(\rho_{701}\mathrm{nm} - \rho_{549}\mathrm{nm})\right](\rho_{701}\mathrm{nm} / \rho_{671}\mathrm{nm})$
（11）改进型的叶绿素吸收比值指数（translated chlorophyll absorption in reflectance index，TCARI）	$3*\left[(\rho_{701}\mathrm{nm} - \rho_{671}\mathrm{nm}) - 0.2(\rho_{701}\mathrm{nm} - \rho_{549}\mathrm{nm})(\rho_{701}\mathrm{nm} / \rho_{671}\mathrm{nm})\right]$

变量	公式
可见光/近红外比值指数	
（12）归一化差异植被指数 （normalized difference vegetation index，NDVI）	$(\mathrm{NIR}-R)/(\mathrm{NIR}+R)$，如 $(\rho_{864}\mathrm{nm}-\rho_{671}\mathrm{nm})/(\rho_{864}\mathrm{nm}+\rho_{671}\mathrm{nm})\ \mathrm{or}$ $(\rho_{774}\mathrm{nm}-\rho_{677}\mathrm{nm})/(\rho_{774}\mathrm{nm}+\rho_{677}\mathrm{nm})\ \mathrm{or}$ $(\rho_{774}\mathrm{nm}-\rho_{677}\mathrm{nm})/(\rho_{774}\mathrm{nm}+\rho_{677}\mathrm{nm})\ \mathrm{or}$ $(\rho_{800}\mathrm{nm}-\rho_{680}\mathrm{nm})/(\rho_{800}\mathrm{nm}+\rho_{680}\mathrm{nm})$
（13）红边植被胁迫指数 （red-edge vegetation stress index，RVSI）	$\left[(\rho_{712}\mathrm{nm}+\rho_{752}\mathrm{nm})/2\right]-\rho_{732}\mathrm{nm}$
（14）色素简单比值指数 （pigment specific simple ratio，PSSR）	$\mathrm{PSSR}_a:\ \rho_{800}\mathrm{nm}/\rho_{680}\mathrm{nm}$ $\mathrm{PSSR}_b:\ \rho_{800}\mathrm{nm}/\rho_{635}\mathrm{nm}$
（15）色素专项归一化指数 （pigment specific normalized difference，RSND）	$\mathrm{PSND}_a:(\rho_{800}\mathrm{nm}-\rho_{680}\mathrm{nm})/(\rho_{800}\mathrm{nm}+\rho_{680}\mathrm{nm})$ $\mathrm{PSND}_b:(\rho_{800}\mathrm{nm}-\rho_{635}\mathrm{nm})/(\rho_{800}\mathrm{nm}+\rho_{635}\mathrm{nm})$
（16）土壤调节植被指数 （soil adjusted vegetation index，SAVI）	$1.5*(\rho_{810}\mathrm{nm}-\rho_{660}\mathrm{nm})/(\rho_{810}\mathrm{nm}+\rho_{660}\mathrm{nm}+0.5)$
（17）转换土壤调节植被指数 （transformed soil adjusted vegetation index，TSAVI）	$a(\mathrm{NIR}-Ar-b)/(a\mathrm{NIR}+R-ab)$
（18）结构不敏感色素指数 （structure insensitive pigment index，SIPI）	$(\rho_{800}\mathrm{nm}-\rho_{445}\mathrm{nm})/(\rho_{800}\mathrm{nm}-\rho_{680}\mathrm{nm})$
（19）比值植被指数（ratio vegetation index，RVI）	NIR/R
（20）再归一化植被指数 （renormalized differece vegetation index，RDVI）	$(\mathrm{NIR}-R)/(\mathrm{NIR}+R)^{1/2}$
（21）增强植被指数 （enhanced vegetation index，EVI）	$2.5(\mathrm{NIR}-R)/(\mathrm{NIR}+6R-7.5R+1)$
红边反射率植被指数	
（22）Vogelmann1（简称为 Vog1）	$(\rho_{734}\mathrm{nm}-\rho_{747}\mathrm{nm})/(\rho_{715}\mathrm{nm}-\rho_{720}\mathrm{nm})$
（23）Vogelmann2（简称为 Vog2）	$(\rho_{734}\mathrm{nm}-\rho_{747}\mathrm{nm})/(\rho_{715}\mathrm{nm}-\rho_{726}\mathrm{nm})$
（24）Vogelmann3（简称为 Vog3）	$\rho_{740}\mathrm{nm}/\rho_{720}\mathrm{nm}$
（25）GM	$\rho_{750}\mathrm{nm}/\rho_{700}\mathrm{nm}$
（26）Carter2 index	$\rho_{695}\mathrm{nm}/\rho_{760}\mathrm{nm}$
有关水分的指数	
（27）叶片水分植被指数 （leaf water vegetation index，LWVI）	$(\rho_{1094}\mathrm{nm}-\rho_{893}\mathrm{nm})/(\rho_{1094}\mathrm{nm}+\rho_{983}\mathrm{nm})$
（28）修改的叶片水分植被指数 （variational leaf water vegetation index，VLWVI）	$(\rho_{1094}\mathrm{nm}-\rho_{1205}\mathrm{nm})/(\rho_{1094}\mathrm{nm}+\rho_{1205}\mathrm{nm})$
（29）归一化水分指数 （normalized difference water index，NDWI）	$(\rho_{860}\mathrm{nm}-\rho_{1240}\mathrm{nm})/(\rho_{860}\mathrm{nm}+\rho_{1240}\mathrm{nm})$
（30）简单水分比率指数 （simple ratio water index，SRWI）	ρ_{858}/ρ_{1240}
（31）叶面水含量指数（water index，WI）	ρ_{970}/ρ_{900}

续表

变量	公式
其他指数	
（32）垂直植被指数 （perpendicular vegetation index，PVI）	$(NIR - aR - b)/\sqrt{1 + a^2}$
（33）差值植被指数 （difference vegetation index，DVI）	$NIR - R$
（34）植株氮光谱指数 （plant nitrogen spectral index，PNSI）	$abs(1/NDVI)$

注：ρ 为光谱反射率。

　　但从整体上来说，根据植被指数的发展阶段，大体可将植被指数分为三类（田庆久，1998）：第一类植被指数基于波段的线性组合（差或和）或原始波段的比值，由经验方法发展的，没有考虑大气影响、土壤亮度和土壤颜色，也没有充分考虑土壤、植被间的相互作用（如 RVI 等）。它们表现了严重的应用限制性，这是由于它们是针对特定的遥感器（Landsat MSS）并为明确特定应用而设计的。第二类植被指数大都基于物理知识，将电磁波辐射、大气、植被覆盖和土壤背景的相互作用结合在一起考虑，并利用数学、物理，以及逻辑经验的知识通过模拟将原植被指数不断改进而发展的（如 PVI、SAVI、MSAVI、TSAVI、ARVI、GEMI、AVI、NDVI 等）。它们普遍基于反射率值、遥感器定标和大气影响并形成理论方法，解决与植被指数相关的但仍未解决的一系列问题。第三类植被指数是针对高光谱遥感及热红外遥感而发展的植被指数（如 DVI、Ts-VI、PRI 等）。这些植被指数是近几年来基于遥感技术的发展和应用的深入而产生的新的表现形式。

　　以下是几种常用的植被指数计算模型。

1. 归一化植被指数

　　遥感图像上的植物信息，通过绿色植物叶子（冠层）光谱响应的差异及动态变化反映出来。绿色植物的叶子是植物进行光合作用的基本器官，由于植被叶子的叶绿素含量、水分含量、组织结构、叶层构造等的差异，造成植物反射光谱特征的差异。NOAA/AVHRR 的通道 1 光谱波段为 0.58～0.68μm，即可见光红光波段，叶绿素强烈地吸收该波段的入射辐射。通道 2 光谱波段为 0.725～1.10μm，即近红外波段，它对植被差异及植物长势反应敏感，指示着植物光合作用能否正常进行，是叶子健康状况最灵敏的标志。归一化植被指数就表示了植被对这两个波段响应的差异。其计算式为

$$NDVI = \frac{NIR - R}{NIR + R} \qquad (6-1)$$

式中，R 和 NIR 分别为第一通道（红波段）和第二通道（近红外波段）的反照率。

　　尽管近些年有许多新的植被指数考虑了土壤、大气等多种因素并得到发展，但是 NDVI 在植被指数中仍占有重要的位置，其应用还是最广的，甚至它还经常被用作指标来评价基于遥感影像和地面测量或模拟新的植被指数的效果。

　　NDVI 数据与植被的许多参数密切相关，如吸收光合有效百分率（FPAR）、叶绿素

密度、叶面积指数、植被覆盖率和蒸散率。近年来利用 NDVI 数据在季节性植被状况和监测土地覆盖变化等方面有越来越多的应用，NDVI 数据给研究带来一定程度的不确定性也受到了更多关注。无论在生物化学循环还是水循环方面，植被都扮演了最重要的角色，植被根据生态系统中水、气等的状况，调控植被内部与外部的物质能量交换。目前研究植被与气候的关系比以前更深入，陆地生态系统与全球气候变化的相互关系需要更详细和准确的植被信息。而植被类型和覆盖面积及其这些重要资料的准确度，也是至关重要的，所以有关植被的各种研究都是复杂和较具活力的研究（陈朝晖等，2004）。

2. 土壤调节植被指数

许多植被指数是建立在红与红外波谱空间中存在土壤线的基础上的。红与红外波谱空间中土壤线的表示形式为

$$\text{NIR}=aR + b \tag{6-2}$$

式中，a、b 为土壤线的斜率和截距。

为了修正土壤背景对植被指数的影响，Huete 于 1988 年提出了土壤调整植被指数，公式

$$\text{SAVI}=\frac{\text{NIR} - R}{\text{NIR}+R}(1+L) \tag{6-3}$$

式中，L 为土壤调节系数，它是植被密度的函数，应根据具体的植被密度而变化，一般取 $L=0.5$，它的确定需要预先知道植被数量。

3. 增强植被指数

为了消除大气对植被指数带来的影响，Kaufman 等（1992）提出了大气抵抗植被指数（atmospherically resistant vegetation index，ARVI），它是考虑到大气对光谱影响的波段相关性，用红、蓝波段的组合，代替了 NDVI 中的红波段。基于 ARVI，任何植被指数中的红波段用红、蓝波段的组合代替，就可达到减少大气影响的效果。增强植被指数就是根据这一原理，充分考虑了大气、土壤对植被指数的影响而提出的，其公式为

$$\text{EVI}=G\frac{\text{NIR} - T}{\text{NIR}+C_1R - C_2B + L} \tag{6-4}$$

式中，G 为调节因子，一般取 $G=2.5$；C_1、C_2 为抵抗大气调节系数，$C_1=6$，$C_2=7.5$，主要是通过红、蓝波段的合理组合，调节大气气溶胶对植被指数的影响；L 为土壤调节因子，用来调节土壤背景对植被指数的影响，取值一般为 1；红外与红光波段的反射率 NIR、R 为进行了部分大气纠正后的反射率值；EVI 已经被作为 MODIS 陆地植被指数产品之一（张良培和张立福，2011）。

4. 比值植被指数

RVI 是绿色植物的灵敏指示参数，与 LAI、叶干生物量（DM）、叶绿素含量相关性高，可用于检测和估算植物生物量（孙权等，2011）。植被覆盖度影响 RVI 的敏感性，当植被覆盖度较高时，RVI 对植被十分敏感；当植被覆盖度<50%时，这种敏感性显著降

低（夏天等，2013）。绿色健康植被覆盖地区的 RVI 远大于 1，而无植被覆盖的地面（裸土、人工建筑、水体、植被枯死或严重虫害）的 RVI 在 1 附近。植被的 RVI 通常大于 2。其公式为

$$RVI=\frac{NIR}{R} \tag{6-5}$$

5. 差值植被指数

DVI 能很好地反映植被覆盖度的变化，但对土壤背景的变化较敏感，当植被覆盖度在 15%～25%时，DVI 随生物量的增加而增加，植被覆盖度大于 80% 时，DVI 对植被的灵敏度有所下降。其公式为

$$DVI=NIR - R \tag{6-6}$$

植被指数随生物量的增加而迅速增大。比值植被指数又称为绿度，为二通道反射率之比，能较好地反映植被覆盖度和生长状况的差异，特别适用于植被生长旺盛、具有高覆盖度的植被监测。归一化植被指数为两个通道反射率之差除以它们的和。在植被处于中、低覆盖度时，该指数随覆盖度的增加而迅速增大，当达到一定覆盖度后增长缓慢，所以适用于植被早、中期生长阶段的动态监测。蓝光、红光和近红外通道的组合可大大消除大气中气溶胶对植被指数的干扰，所组成的抗大气植被指数可大大提高植被长势监测和作物估产精度。

6.2.2　遥感植被指数的应用

植被指数有助于增强遥感影像的解译力，随着遥感技术的发展，植被指数在众多领域有了广泛的应用。以下仅简单介绍植被指数在环境、生态、农业和林业等方面的应用。

在环境领域，植被指数可应用于土地利用覆盖探测、植被覆盖密度评价等，进而在此基础上可进行对环境及土地利用的变化监测。Ming 等（2016）将 NDVI 作为遥感分类的识别特征之一，利用 HJ-1B-CCD2 影像对北京市昌平区 2010 年的土地利用覆盖进行分类，有效保证了土地覆盖分类的精度。另外，在环境监测中还可通过植被指数反映植被信息，间接表明环境信息，如地表温度，用于城市热环境研究。王伟等（2011）选用南京市 Landsat ETM+影像为数据源，通过地表温度与植被指数的二维散点图和回归来反演地表温度。结果显示 NDVI 是一种可互补的、甚至更适用的城市热环境评价指标。

在生态领域，可利用植被指数实现土壤退化、水土流失、土地荒漠化、土地盐渍化、草原退化、森林破坏等的监测。例如，蔡斌等（1995）用 1985～1991 年 NOAA 卫星标准化植被指数资料进行处理生成的条件植被指数，研究我国土壤的湿度状况，对我国的干旱、洪涝状况进行了宏观动态监测。巴艳君（2015）以植被和土壤信息，构建盐渍化遥感信息提取模型，在综合分析盐分指数与归一化植被指数二者间关系的基础上，提了 NDVI-SI 特征空间概念，最终构建了土壤盐渍化遥感监测指数模型（SDI），验证及分析表明该模型能够很好地区分研究区内土壤盐渍化程度，可以用于在区域国情监测中对土

壤进行盐渍化程度的精细分类。

　　在农业领域，可利用植被指数进行耕地提取；还可用来诊断植被一系列生物物理参量如叶面积指数（leaf area index，LAI）、生物量、光合有效辐射吸收系数（APAR）等；反过来又可用来分析植被生长过程中农作物长势监测、产量估算、农作物各参数的提取等。例如，焦险峰等（2005）利用卫星资料得出用于监测作物长势的植被指数，用作建模因子，建立作物产量监测模型，可应用于农作物遥感监测业务化运行系统中。

　　在森林资源监测中，植被指数可用于森林生物量的模拟预测，从宏观上把握森林植被的各种状况。LAI 是一项极其重要的植被特征参量，而以植被指数作为统计模型的自变量来反演和估算 LAI 是植被指数应用的重要内容，进而可以在 LAI 估算的基础上计算植被覆盖度及森林生物量等。例如，张志东和臧润国（2009）采用覆盖研究区的 TM 影像数据，选取 4 个植被指数：短红外湿度植被指数、中红外湿度植被指数和 RVI、NDVI，将物种根据演替地位划分成先锋种和顶极种，利用 Pearson 相关分析分别计算了总物种、先锋种和顶极种生物量与植被指数的关系，利用逐步多重线性回归分析构建了生物量与植被指数的回归模型。根据回归模型，分别对总物种、先锋种和顶极种生物量在研究区的空间分布进行了预测，进行森林生物量的空间分布模拟，了解各物种的分布格局。傅银贞（2010）以福建永安地区为研究区域，基于 BJ_1、IRS-P6 和 MODIS 影像，利用植被指数对森林提取、叶面积指数反演和森林树种分类应用进行了研究，结果表明利用植被指数提取森林信息的精度可满足宏观调查要求。

6.3　遥感水体指数计算模型与应用

　　水资源与人类生活发展密不可分，水资源供给不足已经成为国民经济可持续发展的瓶颈，及时有效的水资源分布调查及变化监测有利于水资源合理利用和保护（刘昌明和王红瑞，2003）。但利用地面观测手段调查水资源耗资较大、效率较低，且对复杂地形勘查较困难。在遥感影像上水资源有区别于其他地物的特性，水体与其他背景地物光谱信息有明显差异。根据水资源在图像上的色调和纹理可以利用遥感信息提取技术提取研究区水体信息，了解研究区水体分布情况，再根据变化监测方法，获取研究区各时间段内水体变化情况，分析水体变化趋势（吴赛和张秋文，2005），这对于水资源监测和水安全工作都具有重要的意义。

6.3.1　遥感水体指数计算模型

　　利用遥感数据研究水体信息是信息提取技术中发展较为成熟的技术之一，有相当多的研究中涉及水体指数的研究。例如，Mcfeeters 在 1996 年提出的归一化差异水体指数（NDWI），它是根据对植物与水体在可见光波段和近红外波段的反射强度的分析提出的一种最大程度抑制图像中植被信息，从而增强水体信息的水体指数。徐涵秋（2005）针对 NDWI 不能很好提取城市范围内水体，提出了改进的归一化差异水体指数（MNDWI），利用中红外波段代替近红外波段，增加建筑物和水体的反差，从而更精确的提取城市范围内水体信息。丁占峰和李大军（2015）利用 Landsat 8 新增波段 NDB 波段替换 NDWI 计算公式中的绿光波段，可以排除水分含量较大土壤对水体提取的干扰。曹荣龙等（2008）利用短波红外波段和红光波段增强水体与土壤和植被的反差，提出了修订型归一化水体指数（RNDWI），有效进行水体提取。闫霈等（2007）综合了 NDWI 和 MNDWI 水体指数的优点，利用近红外波段和中红外波段代替 NDWI 计算公式中的近红外波段提出增强型水体指数（EWI）。丁凤（2009）根据蓝光波段比绿光波段反射率高，以蓝光波段代替绿光波段，加入第七波段进一步增加水体与背景地物的差异。

以上所述水体指数都各具优缺点，根据不同研究区特点，选择相对应的水体指数可以有效地将水体与背景信息分离，实现水体信息的精确提取。以下是几种常用的植被指数计算模型。

1. 归一化差异水体指数

NDWI 是由 Mcfeeters 于 1996 年根据对植物与水体在可见光波段和近红外波段的反射强度的分析提出的一种最大程度抑制图像中植被信息，从而增强水体信息的水体指数。由于水体在可见光波段反射强，在近红外波段反射弱，而植被在可见光波段反射弱，在近红外波段反射强，因此利用可见光波段与近红外波段的比值可最大程度上增强水体信息，抑制植被信息的干扰（McFeeters，1996）。但 NDWI 指数仅仅考虑了植被对水体提取造成的干扰，并未排除云影、建筑物阴影等产生的噪声。因此，NDWI 适合用于植被信息较多的研究区，不利于对城市范围进行水体提取。NDWI 计算公式为

$$\text{NDWI} = \frac{\text{Green} - \text{NIR}}{\text{Green} + \text{NIR}} \tag{6-7}$$

2. 改进归一化差异水体指数

MNDWI 主要是针对 NDWI 不能很好提取城市范围内的水体而改进的一种水体指数。由于土壤/建筑物跟水体在绿光波段和近红外波段的波谱特征相似。但研究发现建筑物在近红外波段到中红外波段的反射率急剧升高，因此在 NDWI 计算公式中，利用中红外波段代替近红外波段，增加建筑物和水体的反差，从而更精确地提取城市范围内的水体信息（徐涵秋，2005）。虽然 MNDWI 水体指数弥补了 NDWI 的缺陷，但是不能很好抑制含水量较大的土壤信息干扰。MNDWI 的计算公式为

$$\text{NDWI} = \frac{\text{Green} - \text{MIR}}{\text{Green} + \text{MIR}} \tag{6-8}$$

3. Override NDWI（ONDWI）

ONDWI 在 MNDWI 的基础上，利用 Landsat 8 新增波段 NDB 波段替换 NDWI 计算公式中的绿光波段。ONDWI 水体指数不仅能够提取植被覆盖区域的水体，精确提取可见度低的水体信息，而且可以排除水分含量较大土壤对水体提取的干扰（丁占峰和李大军，2015）。ONDWI 的计算公式为

$$\text{ONDWI} = \frac{\text{NDB} - \text{NIR}}{\text{NDB} + \text{NIR}} \tag{6-9}$$

4. 修订型归一化水体指数

RNDWI 采用短波红外波段和红光波段进行比值计算。由于水体在短波红外波段的反射比红光波段低，然而土壤和植被在短波红外波段反射比红光波段高，因此利用短波红外波段和红光波段增强水体与土壤和植被的反差，有效进行水体提取（曹荣龙等，2008）。RNDWI 的计算公式为

$$\text{RNDWI} = \frac{\text{SIR} - \text{Red}}{\text{SIR} + \text{Red}} \qquad (6\text{-}10)$$

5. 增强型水体指数

EWI 水体指数综合了 NDWI 和 MNDWI 水体指数的优点，利用近红外波段和中红外波段代替 NDWI 计算公式中的近红外波段，不仅可以较好的分离水体与植被、土壤、建筑物信息，而且可以增强半干涸河道与土壤、建筑物的差异，精确提取半干涸河道信息。同时，纯净水与含沙水体在近红外和中红外波段反射率都很低，因此用此替换方法仍然可以有效提取水体信息（闫霈等，2007）。EWI 的计算公式为

$$\text{EWI} = \frac{\text{Green} - \text{NIR} - \text{MIR}}{\text{Green} + \text{NIR} + \text{MIR}} \qquad (6\text{-}11)$$

6. 新型水体指数

NWI 根据蓝光波段比绿光波段反射率高的特点，以蓝光波段代替绿光波段，可加强水体与背景地物的差异。且 TM/ETM+影像中水体在第七波段具有较强的吸收力，而植被、土壤和建筑物在此波段反射高，因此 NWI 加入第七波段能够进一步增加水体与背景地物的差异（丁凤，2009）。NWI 的计算公式为

$$\text{NWI} = \frac{\text{Blue} - (\text{NIR} + \text{MIR} + \text{Band7})}{\text{Blue} + (\text{NIR} + \text{MIR} + \text{Band7})} \qquad (6\text{-}12)$$

水体指数法简单易用，通过比值运算能很好地抑制背景地物而突出水体特征，因而被广泛地研究和应用。

6.3.2　遥感水体指数的应用

水资源遥感包括陆地水资源遥感、水环境遥感和海洋水环境遥感三大领域。陆地水资源遥感是指对陆地地表水资源及地下水资源的调查与评价，包括水体覆盖面积、水系及流域水资源、径流估算与河流、湖泊、河口三角洲、海岸带的水域分布变化及环境变化等内容；水环境遥感主要研究水温、水深、水体富营养化、悬浮泥沙含量、石油污染、废水污染、热污染等；海洋水环境遥感主要研究海洋水色要素，如叶绿素、悬浮泥沙、黄色物质及近海岸带污染等（薛重生，2011）。

1. 遥感水体指数在陆地水资源监测上的应用

目前研究水体指数主要集中在对河流、湖泊和水库的常规监测和对洪涝灾害的动态

监测上，研究的主要内容是将水体、植被和城镇区分开或单纯的为了提高水体边界提取的精度，并且这些领域的相关工作已经取得了一定的成果。

王志辉和易善祯（2007）在利用水体指数基于 MODIS 数据提取洞庭湖信息时发现，MNDWI 提取的水体信息最多，RVI 提取的水体信息最少，NDWI、MNDWI、NDSI 可以精确提取细小水体。廖程浩和刘雪华（2008）在基于 MODIS 数据对比研究 NDWI、MNDWI、CIWI 和 SPWI 的识别能力后，发现 CIWI 是比较理想的水体识别指数，但不适用于小型水体。罗崇亮（2015）利用多种水体指数提取艾比湖湖水面积的对比研究中发现，EWI 的精度最优，其次是 NDWI、MNDWI、RNDWI 和 NEW，他们的提取结果偏大，会将湿度较大的土壤归为水体；NEW 提取的结果偏小，会将水体较浅的部分归为陆地。

2. 遥感水体指数在陆地水环境监测上的应用

水环境遥感监测是以污染水与清洁水的反射率不同，以及出现在遥感影像上的色调的差异来监测水污染。影响水质的主要因子有水中悬浮物（浑浊度）、溶解有机物质、病原体、油类物质、化学物质和藻类（叶绿素、类胡萝卜素）等。根据水体的光学和温度特性，可利用可见光和热红外遥感技术对水体的污染状况进行监测。清澈的水体反射率比较低，往往小于 10%，水体对光有较强的吸收性。在进行水质监测时，可以采用以水体光谱特性和水色为指标的遥感技术。目前，遥感技术在水环境污染监测中的应用，主要集中在水体浑浊度、热污染、富营养化、石油污染等方面（刘红等，2013）。

以水体富营养化遥感监测为例，水体富营养化是水体接纳的 N、P 等营养元素超过了自身的最大负荷量，造成水体中浮游植物大量繁殖，这是水质富营养化的显著标志。遥感技术根据浮游植物中的叶绿素与可见光和近红外光之间具有特殊的陡坡效应，即叶绿素含量高的地方反射率的峰值也大的现象来监测富营养化的分布范围，然后，从彩色红外图像上的颜色变化来监测富营养化的污染程度。宋瑜等（2011）结合高光谱的实验数据，建立了基于 MODIS 数据的水体绿度指数（green index，GI）对太湖水体富营养化识别的模型，实现了水体富营养化遥感信息的有效提取。Xue 等（2011）采用水体富营养化状态指数（TSI）对西安渭河水体富营养化的研究证明，使用 TM 遥感数据对水体富营养化的远程监测和评估是可行的。吴传庆等（2011）通过研究和分析认为，基于遥感方法直接反演湖泊的富营养化指数不太可行，即不能把湖泊水体的富营养化指数作为一个指标来提取。考虑到我国湖泊富营养化评价方法的参评指标的遥感反演可行性，以及指标之间的相关关系，可以从叶绿素 a 和悬浮物浓度两个指标入手，建立评价模型，进行湖泊富营养化指数的遥感反演。因此他们利用欧空局 PROBA-CHRIS 遥感影像提取了叶绿素 a 和悬浮物浓度两个指标，再次基础上反演了富营养化指数。实验结果表明遥感技术能够多角度对水体富营养化进行监测和评价，为动态监测水体富营养化提供了有效的监测技术手段。

3. 遥感水体指数在海洋上的应用

海洋遥感是 20 世纪后期海洋科学取得重大进展的关键技术之一，其主要目的是了解海洋、研究海洋、开发利用和保护海洋资源，因而具有十分重要的战略意义。随着科学技术的发展，高光谱遥感已成为当前海洋遥感前沿领域。遥感水体指数不仅能作为海洋水色、水温、海水中叶绿素浓度、悬浮泥沙含量、污染物等信息提取的有效方式，还可以用于海冰、海岸带的探测，如遥感水体指数在用海地物上的应用（娄全胜等，2008）。

海域使用动态遥感监测主要利用光学遥感影像，只能监测在遥感影像中可视的用海地物。在实际海域使用遥感监测的过程中，用海地物可分为以下 9 种状态，分别是：水体、滩地、水生植被、漂浮物、构筑物、盐田、碱渣池、填成区和建成区。海域开发利用大多会形成用海地物，使海域"硬化"，这种过程对应着水体指数的变化。水体指数可以作为警示海域使用动态变化的一种指标（倪衡，2016）。

不同水体指数针对不同类型用海地物的识别能力有较大差别。NDWI 在对水体、滩地和水生植被进行判别中表现优秀；MNDWI 在对悬浮物进行判别时表现良好；EWI 在对水体和盐田判别中表现优秀，对碱渣池判别中表现良好；NEW 在对水体的判别中表现优秀，对填成区进行判别时表现良好。

组合使用优选出的水体指数可有效实现对海域动态变化区域的快速发现。在实际进行用海地物监测的过程中，可首先用 NDWI 将水体、滩地和水生植被区分开；接着再用 MNDWI 将漂浮物区分出来；随后用 EWI 将盐田和水生植被区分开；接着再用 MNDWI 将漂浮物区分出来；随后用 EWI 将盐田和碱渣池分别区分出来；对剩下的建成区、填成区和构筑物分别采用 NDWI、NWI 和 EWI 的方法区分出来。

6.4 遥感矿化指标计算模型与应用

矿产资源是人类社会经济发展的重要物质基础。我国 92%的一次性能源、80%以上的工业原料、30%的工农业用水和城乡居民用水来自矿产资源。以遥感数据为信息源，利用地质体、地质构造和地质现象等对电磁波谱的响应特征，通过数字图像处理和遥感地质解译，测量或获取地质参数、填绘地质图件、研究地质问题、开展成矿预测、间接或直接发现矿体，已经成为遥感地质工作者的一项重要工作（杨金中等，2013）。

6.4.1 遥感矿化指数计算模型

光谱指数由不同波段的灰度值经数学运算而得出，由于这类指数是由地物的吸收/反射光谱确定的，而吸收是基于表面物质的分子（bond），因此，能够提供目标的化学组成信息。光谱指数广泛地应用于矿物勘查和植被分析，以查明岩石和植被类型的细小差异。正确地选择光谱指数能够突出显示和增强在常规色调波段显示时难以察觉的差异信息。同时，光谱指数也能够减少阴影所带来的影响（吕开云，2006）。

图像比值组合是一种十分有用的蚀变信息增强处理方法，但由于蚀变岩受其自身反射和辐射强度，以及环境条件影响，常规增强蚀变信息的比值因子（如 TM3/TM1 增强铁化信息，TM5/TM7 增强泥化信息）并非在所有地区都有效。换言之，对于不同的地区，由于蚀变岩石及"背景"地物的光谱特征存在差异，在提取矿化蚀变信息时，需要根据岩石（矿物）的光谱特征分析来调整比值因子或波段组合；另外，不同地区的蚀变岩石与"背景"地物在光谱空间的"聚类结构"特征也不同，所以，矿化蚀变信息提取的方法及遥感信息模型的建立也不存在固定的模式。事实上，利用对岩石光谱数据进行多元数据分析，可以研究和揭示不同地区的蚀变岩的光谱个性特征，进而建立遥感矿化蚀变信息提取模型（吴德文等，2006）。

利用多光谱遥感数据提取蚀变信息的主要依据是，蚀变矿物包含的离子引起的特征光谱不同，在地质遥感中把这种现象称为矿化蚀变遥感异常。根据矿物所含离子或基团不同，蚀变矿物大致可分为三种，归纳如表 6.3 所示。

表 6.3　蚀变矿物分类表（周林立，2010；袁晓华和李社，2010）

蚀变矿物类型	典型矿物	吸收谱带影响因素	吸收谱带中心波长/μm		相对应的 TM 波段	
			中等吸收	强吸收	中等吸收	强吸收
含铁离子矿物	角闪石	Fe 的还原化物（Fe^{2+}离子）				TM7
	赤铁矿、褐铁矿、针铁矿	Fe 的氧化物（Fe^{3+}离子）		1.4～0.55；0.90		TM1 TM4
黏土矿物	高岭石、蒙脱石、伊利石、绿泥石	OH 离子	1.4，1.9	2.20	TM5	TM7
硫酸盐和碳酸盐矿物	硫酸盐矿物：石膏、明矾石；碳酸盐矿物：方解石、白云石、菱锰矿	SO_4^{2-} 离子、CO_3^{2-} 离子	2.16	2.35		TM7

Fe 离子、SO_4^{2-} 离子/CO_3^{2-} 离子和 OH 离子决定了绝大多数蚀变矿物的光谱特征。以下是几种如表 6.3 中的蚀变矿物遥感识别中常用的矿化指数计算模型。

1. 铁染指数

矿化一般伴随有褐铁矿化等铁氧化物次生蚀变，以铁氧化物组成的铁帽为矿体表生氧化露头的显著性标志，也是最直接的找矿标志之一。铁氧化物有褐铁矿、赤铁矿和黄钾铁钒等，化学成分普遍含 Fe^{2+} 和 Fe^{3+} 离子（团），在可见光波段有特征吸收谱段和强反射谱段，在遥感图像中易于识别，除了指导寻找铁矿床，对其他金属矿的找矿工作也具有一定的指导意义（金谋顺等，2015）。

1）氧化铁指数

氧化铁（褐铁矿）指数反映 Fe^{3+} 所占的比例，Fe^{3+} 比例越高则氧化铁指数值越大，表明该区氧化程度高（吕开云等，2006）。

$$氧化铁指数 = \frac{TM3}{TM1} \tag{6-13}$$

$$归一化氧化铁指数 = \frac{TM5 - TM4}{TM5 + TM4} \tag{6-14}$$

三价铁离子 Fe^{3+} 在 0.84μm 左右有较强的吸收。对于地表土壤和岩石，Fe^{3+} 氧化物含量增加，几乎所有的 TM 波段的反射率均有所降低，它对可见光波段影响较显著，且 TM1 反射率降低幅度最大，而 TM3 反射率降低相对较少。因此 Sabins 提出可用 TM3/TM1 区

分 Fe^{3+} 氧化物（如赤铁矿、针铁矿、褐铁矿和黄甲铁矾等）含量的高低（祝民强等，2007）。

2）氧化亚铁指数

氧化亚铁指数反映 Fe^{2+} 所占的比例，Fe^{2+} 比例越高则氧化亚铁指数值越大，表明该区氧化程度低（吕开云等，2006）。

$$氧化亚铁指数 = \frac{TM5}{TM4} \tag{6-15}$$

$$归一化氧化亚铁指数 = \frac{TM5 - TM4}{TM5 + TM4} \tag{6-16}$$

二价铁离子 Fe^{2+} 产生的特征光谱分布在 $1.1\sim2.4\mu m$ 范围内，其波长因矿物不同而异。一般含 Fe^{2+} 矿物（如辉石、橄榄石、黄铁矿和绿泥石等）在 $0.18\sim1.1\mu m$ 存在较强的吸收，它是 Fe^{2+} 晶格场吸收所致，该吸收位置与 TM4 基本重合。当有机质含量增高，土壤颜色深时，TM1–TM4 波段的反射率降低，但 TM5 和 TM7 则相反。由于 TM7 常受黏土矿物和碳酸盐矿物吸收的影响，因此，可选择 TM5/TM4 提取 Fe^{2+} 和有机质异常信息。通常情况下，土壤和岩石有机质含量增高，还原性增强，部分 Fe^{3+} 会转化为 Fe^{2+}，使土壤和岩石漂白和红层褪色（祝民强等，2007）。

2. 羟基类矿物指数

这一类矿物包括黏土矿物和云母，其反射光谱的典型特征表现在 $2.2\sim2.3\mu m$ 存在有较强的光谱吸收。黏土矿物指数反映黏土矿物的含量特征，黏土矿物指数越大，则黏土矿物含量越高。

$$羟基矿物指数 = \frac{TM5}{TM7} \tag{6-17}$$

$$归一化羟基矿物指数 = \frac{TM5 - TM7}{TM5 + TM7} \tag{6-18}$$

含羟基基团和含水的矿物，如高岭石、绿泥石、绿帘石、蒙脱石、明矾石及云母类等次生蚀变矿物，在 $2.2\sim2.3\mu m$（相当于 ETM+7 波段）附近有较强的吸收谱带，使得这类含羟基和水的矿物及其所组成的岩石（蚀变岩）在 ETM+7 波段产生低值，而在 ETM+5 波段有相对的高值；黏土矿物主要是含水的铝、铁和镁的层状结构硅酸盐矿物，包括高岭石族矿物、蒙托石、蛭石、伊利石、海绿石、绿泥石等。羟基是黏土矿物的重要组分，其光谱特征受羟基离子的影响显著。

3. 硫酸盐和碳酸盐类矿物指数

如图 6.1 所示，水合硫酸盐矿物（石膏和明矾石）和碳酸盐矿物（方解石和白云石）在 TM7 波段，均有较强的光谱吸收，而前者 TM4 大于 TM5，后者 TM4 与 TM5 相近。所以常用 TM7/TM4 区分云母、石膏与明矾石。

4. 其他应用指数

在遥感矿化蚀变的信息提取中，除了铁染指数和羟基指数等比较常用的提取方法外，往往还要根据光谱原理、地物波谱、各自的成矿条件、研究对象等特征来选择和构建一些遥感矿化指数，如亮度指数、绿度指数和湿度指数等一系列光谱指数。

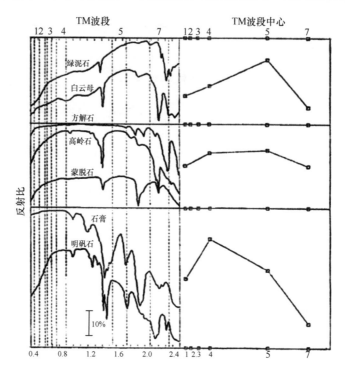

图 6.1 主要 OH^- 和 CO_3^{2-} 矿物的波谱曲线（Knepper et al.，1989）

左侧曲线为波谱曲线；右侧曲线为 TM 波段中心的反射率变化特征

6.4.2 遥感矿化指数的应用

随着找矿相关技术的快速发展，地质找矿事业得到了蓬勃发展。遥感技术，作为一种现代信息化技术，大幅度提高了找矿的质量及效率，被相关行业人士大力认可。中国国土资源航空物探遥感中心从 20 世纪 70 年代开始进行遥感地质研究，在遥感地质弱信息增强与快速提取方面积累了丰富的经验，建立了一系列遥感方法模型，并在实践中取得了丰硕的成果。本节现以新疆东天山土屋大型斑岩铜矿床遥感识别为例（张守林，2006），介绍遥感矿化指数在地质找矿中的应用。

1. 地质概况

新疆东天山土屋铜矿床位于塔里木板块与准噶尔板块碰撞对接缝合带的北侧，即准噶尔板块最南缘的石炭纪增生拼贴岛弧带中。土屋铜矿围岩蚀变主要以黏土化（或含羟基矿物）蚀变为主。

2. 遥感数据特征

从 741 波段彩色合成的 ETM139-31 影像数据中裁切出土屋斑岩铜矿区的遥感影像，

如图 6.2 所示。从影像图上可以看出该区的地物类型既包括岩体、蚀变带，也包括了干枯的沟谷、河床等。

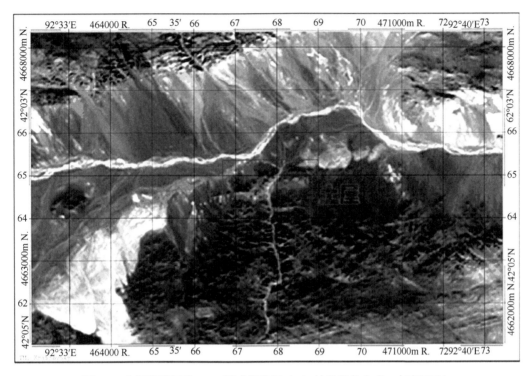

图 6.2　土屋斑岩铜矿 ETM 遥感影像图（741 波段彩色合成，灰度显示）

3. 蚀变异常的圈定

选择铁染指数、羟基矿物指数和综合蚀变因子分别进行计算与统计分析，圈定不同蚀变因子所反应的遥感蚀变异常的范围。

1）铁染指数（ETM3/1）

根据铁染指数 ETM3/1 比值异常图（图 6.3）分析，ETM3/1 圈定的异常在土屋矿本很少，多分布于沟谷及岩体上。这一方面与土屋本区含铁蚀变不发育相吻合。另一方面说明土屋附近岩体铁质含量较高，为斑岩铜矿的形成提供了物源；沟谷中异常较高，是由于河流的冲刷作用，将土屋矿床地表含铁物质（氧化层）携带到附近而致。

2）羟基矿物指数（ETM5/7）

ETM5/7 比值异常图（图 6.4）反映的黏土矿物蚀变类型及蚀变范围、强弱与土屋斑岩铜矿的地表蚀变特征相符合，即主要为与羟基有关的黏土化、绿泥石化、绿帘石化、青磐岩化。其主体范围与铁化因子提取的蚀变范围基本一致。

3）综合蚀变因子［ETM（5+3）/（7+1）］

综合图 6.3 和图 6.4 的异常信息，由［ETM（5+3）/（7+1）］值所揭示的异常（图 6.5）

包括了 ETM3/1 和 ETM5/7 的异常的范围。

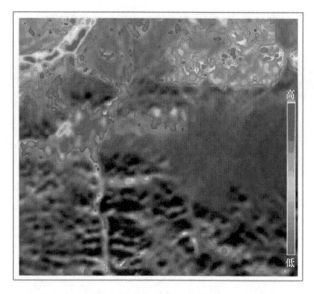

图 6.3　ETM3/1 比值异常图（铁染指数分布图）

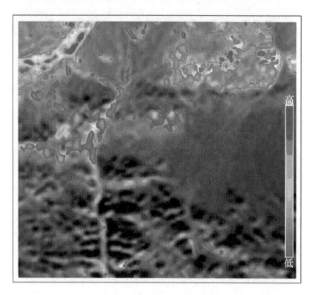

图 6.4　ETM5/7 比值异常图（羟基矿物指数分布图）

4. 异常的筛选

从铁化因子图像上可以判读，土屋斑岩铜矿区与铁有关的蚀变不发育，而主要为泥化蚀变即与羟基有关的蚀变。通过遥感图所揭示地貌特征和成矿理论分析，分布于干沟中的含铁砂粒和岩体表面的铁锈为非致矿蚀变异常应剔除，保留与矿化比较密切的致矿异常（图 6.6）。

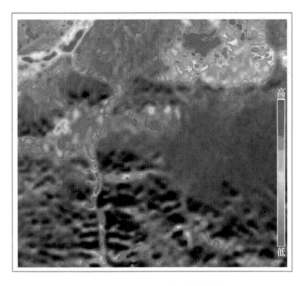

图 6.5　综合因子蚀变异常图

 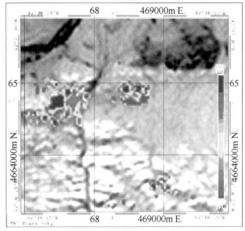

图 6.6　蚀变异常分布图

6.5　基于指数计算的多层次遥感信息提取模型

指数计算法能够满足一般精度信息提取的要求，经过指数计算，目标地物的信息得到增强，同时某些与目标波谱特征相似的背景地物的信息也被突出显示，形成干扰噪声，需要设定合适的阈值实现二者的最优分离。同时，对于影像全局来说，整幅图像只用一个阈值来区分目标地物和背景地物，难免会出现错分、漏分现象，难以满足高精度信息提取的要求。针对上述问题，郜丽静等（2009）提出了基于指数计算的多层次遥感信息提取模型。该模型采用面向对象技术，克服了基于像元信息提取方法的不足，将遥感信息提取提高到图像分析的层次；在传统基于指数提取算法的基础上引入多层次的概念，通过"全域-局部"的信息提取思路，实现遥感信息的精确和自动提取。本节主要介绍该多层次指数计算模型及其应用。

6.5.1 多层次信息提取模型

模型的实现思路如图 6.7 所示。首先，在原始遥感数据的基础上，通过地物波谱特征，计算其相应的指数（采用 NDWI 或 NDVI 等）获得对全域范围内目标地物信息的定量化增强；第二，对指数计算获得的波段进行分割，获得目标地物与背景信息的初始分离，然后在分割图像上根据归属程度进行目标与背景信息的自动选择，并加入更多图像波段信息和空间结构信息，采用高维特征分类器（如 SVM 等）进行图像分类，获得全域范围内目标地物信息的提取；第三，在上述结果的基础上，按照一定顺序搜索目标像元，并以该像元为起点对目标单元进行区域填充，获得各个单元的局部空间位置；在各个单元周围以一定的尺度建立缓冲区，作为对象的局部作用域；最后，在各个局部作用域内，不断重复图像分割—样本选择—图像分类的过程，根据迭代计算判别规则，逐步实现目标地物与背景信息的最优分离。

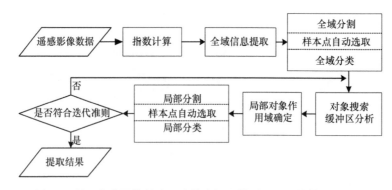

图 6.7　基于指数计算的多层次信息提取模型（郜丽静等，2009）

6.5.2 基于多层次信息提取模型的水体自动提取

试验基于自主研发的遥感信息提取与目标识别（TARIES）软件平台（郜丽静等，2009），以鄱阳湖地区 2003 年 9 月 23 日 Landsat 7/ETM+图像作为试验数据。鄱阳湖南北长 173km，东西平均宽 16.9km，南部宽阔处达 50～70km。

应用如图 6.7 所示的遥感信息提取模型，鄱阳湖区水体信息提取流程如下。

（1）NDWI 水体指数计算：利用式（6-7）得到水体信息的定量化增强。

（2）全域信息提取：通过直方图阈值分割法和最大似然分类法，实现全域范围内大尺度的分割和分类，得到全域范围内水体信息提取结果。

（3）局部对象作用域的选择：在全域信息提取结果图上按照一定顺序搜索水体像元，并以该像元为起点进行区域填充；在该水体单元周围建立缓冲区，缓冲区面积大约与水体单元面积相等，此缓冲区及其所包含的水体单元即为局部信息提取的作用域；重复步骤（1）～（3），直至找到所有的水体单元。

（4）局部信息提取：在局部信息提取对象的作用域内，基于 NDWI 进行直方图分割，选择水体和陆地的样本点，记录其位置信息；加入其他波段，记录对应于上述样本点位置的灰度值向量；分别建立水体和陆地的最大似然函数，将作用域内的像元依次归到其所属类别中；重复本步骤，直到新生成的图像与前一次迭代生成的图像之差满足迭代判别准则为止。

图 6.8 给出了水体提取的中间过程及结果。其中图 6.8（a）是从原图像上截取的一部分试验区域，波段组合采用 ETM+432（R：4，G：3，B：2）。

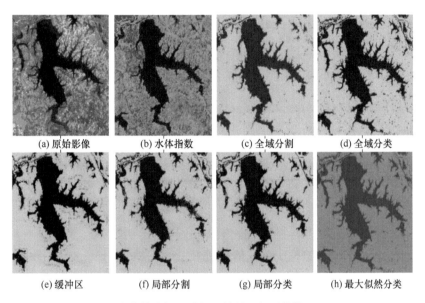

图 6.8　水体信息提取过程及结果（郜丽静等，2009）

图 6.8（b）是对图 6.8 进行水体指数计算的结果，显示水体信息得到加强（图中蓝色区域），背景信息被抑制；以水体指数值做直方图阈值分割的依据，对图 6.8（b）做全域分割得到图 6.8（c），可以看出，大部分水体信息被提取出，但在水陆分界线周围存在错分、漏分现象；对图 6.8（c）进行水体和陆地样本点的自动采集，并加入更多波段信息，依据最大似然准则进行全域分类，结果如图 6.8（d）所示；图 6.8（e）是基于全域分类图像中的水体单元建立缓冲区，确定局部分割对象的作用域（建立缓冲区时采用了数学形态学中的膨胀操作，当缓冲区面积与其包含的水体单元面积大致相等时，膨胀结束）；图 6.8（f）中的局部分割建立在局部对象作用域内（每个作用域内都有其对应的阈值，与全域分割时只有一个阈值相比，可有效地屏蔽区域间影像差异并提高信息提取的精度），由于缓冲区面积和水体单元面积大致相等，直方图上反映为两个明显的峰，有助于选择最恰当的阈值进行直方图分割；从图 6.8（f）到图 6.8（g），经历了 6 次迭代，最终结果图上水体边界清晰，与原图像最逼近。图 6.8（h）是只用最大似然法分类后的结果，与图 6.8（d）比较可以看出，单一使用最大似然法存在大量错分、漏分现象，而经过"全域-局部"处理后的图 6.8（g）比图 6.8（d）精度更高，消除了大量碎小的多边形。

精度的评定采用统计分类正确的像元数占像元总数的比例来衡量。采用最大似然法，水体提取精度是 93.468%；而用上文提出的"全域-局部"多层次信息提取方法，水体提取精度达 95.751%，基本实现了水体信息提取的高精度化。在局部分割过程中，对每个局部对象采用了不同的阈值，符合自然界中地物多样性的规律，能最大程度提取出目标信息，因此这种多层次信息提取模型可推广到更为复杂的地物信息提取中。

参 考 文 献

巴艳君. 2015. 基于盐分指数与归一化植被指数的土壤盐渍化遥感监测指数模型构建. 北京农业, 17: 159-160

蔡斌, 陆文杰, 郑新江. 1995. 气象卫星条件植被指数监测土壤状况. 国土资源遥感, 4: 45-50

曹荣龙, 李存军, 刘良云. 2008. 基于水体指数的密云水库面积提取及变化监测. 测绘科学, 33(2): 158-160

陈朝晖, 朱江, 徐兴奎. 2004. 利用归一化植被指数研究植被分类、面积估算和不确定性分析的进展. 气候与环境研究, 9(4): 687-696

丁凤. 2009. 基于新型水体指数(NWI)进行水体信息提取的实验研究. 测绘科学, 34(4): 155-157

丁占峰, 李大军. 2015. 基于 ONDWI 水体指数的鄱阳湖水域信息提取. 安徽农业科学, 43(6): 348-350

傅银贞. 2010. 遥感植被指数分析及应用研究. 福州: 福州大学硕士学位论文

郜丽静, 骆剑承, 沈占锋, 等. 2009. 基于指数计算的多层次遥感信息提取模型. 地理与地理信息科学, 25(2): 39-45

郭铌. 2003. 植被指数及其研究进展. 干旱气象, 21(4): 71-75

黄琳. 2015. 高精度遥感影像水体信息融合. 杭州: 浙江工业大学硕士学位论文

焦险峰, 杨邦杰, 裴志远, 等. 2005. 基于植被指数的作物产量监测方法研究. 农业工程学报, 21(4): 1052-1056

金谋顺, 王辉, 张薇, 等. 2015. 高分辨率遥感数据铁染异常提取方法及其应用. 国土资源遥感, 27(3): 122-127

廖程浩, 刘雪华. 2008. MODIS 数据水体识别指数的识别效果比较分析. 国土资源遥感, 4: 22-26

刘昌明, 王红瑞. 2003. 浅析水资源与人口、经济和社会环境的关系. 自然资源学报, 18(5): 635-644

刘红, 张清海, 林绍霞, 等. 2013. 遥感技术在水环境和大气环境监测中的应用研究进展. 贵州农业科学, 41(1): 187-191

娄全胜, 陈蕾, 王平, 等. 2008. 高光谱遥感技术在海洋研究的应用及展望. 海洋湖沼通报, 3: 168-173

吕开云, 胡振琪, 高永光. 2006. 光谱指数在铀矿找矿中的应用矿业研究与开发. 矿业研究与开发, 26(4): 24-32

罗崇亮. 2015. 基于水体指数的艾比湖湖水面积提取对比研究. 科技创新导报, 24: 34-35

倪衡. 2016. 用海地物遥感监测中水体指数的优选研究. 天津: 天津师范大学硕士学位论文

宋瑜, 宋晓东, 郭青海, 等. 2011. 太湖藻华水体的遥感监测与预警. 光谱学与光谱分析, 31(3): 753-757

孙权, 张显峰, 江淼. 2011. 干旱区生态环境敏感参量遥感反演与评价系统研究. 北京大学学报(自然科学版), 47(6): 1073-1080

唐世浩, 朱启疆, 王锦地, 等. 2003. 三波段梯度差植被指数的理论基础及其应用. 中国科学: 地球科学, 33(11): 1094-1102

田庆久. 1998. 植被指数研究进展. 地球科学进展, 13(4): 327-333

王金亮, 邵景安, 李阳兵. 2013. 基于多种遥感指数综合应用的城市典型地物分类. 地球信息科学学报, 15(6): 925-931

王伟, 申双和, 赵小艳, 等. 2011. 两种植被指数与地表温度定量关系的比较研究——以南京市为例. 长江流域资源与环境, 20(4): 439-444

王志辉, 易善祯. 2007. 不同指数模型法在水体遥感提取中的比较研究. 科学技术与工程, 7(4): 534-537

吴传庆, 盖嘉翔, 王桥, 等. 2011. 湖泊富营养化遥感评价模型的建立方法. 中国环境监测, 27(5): 77-82

吴德文, 朱谷昌, 张远飞, 等. 2006. 多元数据分析与遥感矿化蚀变信息提取模型. 国土资源遥感, 1: 22-25

吴赛, 张秋文. 2005. 基于 MODIS 遥感数据的水体提取方法及模型研究. 计算机与数字工程, 33(7): 1-4

夏天, 吴文斌, 等. 2013. 冬小麦叶面积指数高光谱遥感反演方法对比. 农业工程学报, 29(3): 139-147

徐涵秋. 2005. 利用改进的归一化差异水体指数(MNDWI)提取水体信息的研究. 遥感学报, 9(5): 589-595

徐涵秋. 2013. 水土流失区生态变化的遥感评估. 农业工程学报, 29(7): 91-97

薛重生. 2011. 地学遥感概论. 武汉: 中国地质大学出版社有限责任公司

闫娜娜. 2005. 基于遥感指数的旱情监测方法研究. 北京: 中国科学院遥感应用研究所硕士学位论文

闫霈, 张友静, 张元. 2007. 利用增强型水体指数(EWI)和 GIS 去噪音技术提取半干旱地区水系信息的研究. 遥感信息, 6: 62-67

杨金中, 孙延贵, 秦绪文, 等. 2013. 高分辨率遥感地质调查. 北京: 测绘出版社

袁晓华, 李社. 2010. 内蒙古乌拉特中旗 294 地区遥感蚀变异常信息提取研究. 地质找矿论丛, 25(04): 356-361

张立福, 张良培, 村松加奈子, 等. 2005. 利用 MODIS 数据计算陆地植被指数 VIUPD. 武汉大学学报(信息科学版), 30(8): 699-702

张良培, 张立福. 2011. 高光谱遥感. 北京: 测绘出版社

张仁华, 饶农新, 廖国男. 1996. 植被指数的抗大气影响探讨. Journal of Integrative Plant Biology, (1): 53-62

张守林. 2006. 基于 ETM 数据矿化蚀变信息定量提取方法研究. 北京: 中国地质大学(北京)博士学位论文

张志东, 臧润国. 2009. 基于植被指数的海南岛霸王岭热带森林地上生物量空间分布模拟. 植物生态学报, 33(5): 833-841

周林立. 2010. 云南普雄多光谱遥感矿化蚀变信息提取研究. 武汉: 中国地质大学(武汉)博士学位论文

祝民强, 刘德长, 赵英俊. 2007. 鄂尔多斯盆地伊盟隆起区东部微烃渗漏区的遥感识别及其意义. 遥感学报, 11(6): 882-890

Baret F, Guyot G, Major D J. 1989. TSAVI: A vegetation index which minimizes soil brightness effects on LAI and APAR estimation. In: proceedings of Geoscience and Remote Sensing Symposium 1989, 1355-1358

Chamard P, Courel M F, Ducousso M, et al. 1991. Utilisation des bandes spectrales du vert et du rouge pour une meilleure évaluation des formations végétales actives. In Télédétection et Cartographie, 203-209

Escadafal R, Huete A. 1991. Improvement in remote sensing of low vegetation cover in arid regions by correcting vegetation indices for soil "noise"

Furumi S, Hayashi A, Muramatsu K, et al. 1998. Relations between VIPD based on pattern decomposition method and physical quantities on vegetation state. In: Proceedings of the Japanese Conference on Remote Sensing, 39-40

Gamon J A, Surfus J S. 1999. Assessing leaf pigment content and activity with a reflectometer. New Phytologist, 143(1): 105-117

Gitelson A A, Kaufman Y J, Merzlyak M N. 1997. Use of a green channel in remote sensing of global vegetation from EOS-MODIS. Remote Sensing of Environment, 58(3): 289-298

Gitelson A A, Kaufman Y J. 1998. MODIS NDVI optimization to fit the AVHRR data series—spectral considerations. Remote Sensing of Environment, 66(3): 343-350

Huete A R, Liu H Q, Leeuwen W J D V. 1997. The use of vegetation indices in forested regions: issues of linearity and saturation. In: Proceedings of IGARSS 97, 4 : 1966-1968

Huete A R. 1988. A soil-adjusted vegetation index(SAVI). Remote Sensing of Environment, 25(3): 295-309

Jackson R D. 1983. Spectral Indexes in N-Space. Remote Sensing of Environment, 13(5): 409-421

Jiang Z, Huete A R, Didan K, et al. 2008. Development of a two-band enhanced vegetation index without a blue band. Remote Sensing of Environment, 112(10): 3833-3845

Jordan C F. 1969. Derivation of Leaf-Area Index from Quality of Light on the Forest Floor. Ecology, 50(4), 663

Kaufman Y J, Tanré D. 1992. Atmospherically resistant vegetation index (ARVI) for EOS-MODIS. IEEE Transactions on Geoscience & Remote Sensing, 30(2): 261-270

Kauth R J, Thomas G S. 1976. The Tasselet Cap: A graphic description of the spectral-temporal development of agricultural crops as seen by landsat. In: Proceedings of the Symposium Machine Processing of Remote Sensing Data, LARS, Purdue

Knepper M A, Sands J M, Chou C L, et al. 1989. Independence of urea and water transport in rat inner medullary collecting duct. Renal Physiology, 256(4): 610-621

McFeeters S K. 1996. The use of the normalized difference water index(NDWI)in the delineation of openwater features. International journal of remote sensing, (7): 1425-1432

Ming D P, Zhou T N, Wang M, et al. 2016. Land cover classification using random forest with genetic algorithm-based parameter optimization. Journal of Applied Remote Sensing, 10(3), 035021. DOI: http: // dx.doi.org/10.1117/1.JRS.10.035021

Pinty B, Verstraete M M. 1992. GEMI: a non-linear index to monitor global vegetation from satellites. Plant Ecology, 101(1): 15-20

Qi J, Chehbouni A, Huete A R, et al. 1994. A modified soil adjusted vegetation index. Remote Sensing of Environment, 48(2): 119-126

Richardson A, Wiegand C. 1977. Distinguishing vegetation from soil background information. Photogrammetric Engineering & Remote Sensing, 43(12): 1541-1552

Roujean J L, Breon F M. 1995. Estimating PAR absorbed by vegetation from bidirectional reflectance measurements. Remote Sensing of Environment, 51(3): 375-384

Rouse J W, Haas R H, Schell J A, et al. 1974. Monitoring the vernal advancement of natural vegetation. Final report, NASA/GCSFC, Greenbelt, MD

Xue X, Huo A, Liu Y, et al. 2011.Eutrophication multi-spectral remote sensing monitoring and evaluation of section of the Weihe river in Xi'an, International Symposium on Water Resource and Environmental Protection, 4: 2675-2678

第7章　定量遥感模型及应用

遥感技术的一大优势在于能以不同的时空尺度不断地提供多种地表特征信息。正是由于这种优势，遥感能源源不断地为国家的宏观决策、资源调查、环境及灾害监测等影响国民经济发展的关键领域提供数据支持。随着遥感科学的发展、遥感应用的深入人们越来越多地体会到了定量遥感的重要性。尤其是近 20 年以来，定量遥感机理、建模和应用研究快速发展，在农业、林业、资源、环境和灾害等各个领域的应用逐渐深入。本章主要介绍定量遥感的定义、内容及常用定量遥感建模方法。

7.1　定量遥感基本概念

7.1.1　定量遥感的定义

定量遥感是利用遥感传感器获取的地表地物的电磁波信息，在先验知识和计算机系统支持下，定量获取观测目标参量或特性的方法与技术。作为新兴的遥感信息获取与分析方法，定量遥感强调通过数学的或物理的模型将遥感信息与观测地表目标参量联系起来，定量地反演或推算出某些地学目标参量。定量遥感已经是当前遥感研究与应用的前沿领域（李小文，2005）。

7.1.2　定量遥感的内容分类

定量遥感从工作内容来进行分类，可以分为两种内容：数据预处理工作，得到遥感信息在电磁波的不同波段内给出的地表物质的定量物理量和准确的空间位置；模型研究与反演工作，即从上述那些定量的遥感信息中，通过实验的或者物理的模型将遥感信息与地学参量联系起来，定量地反演或者推算某些地学或者生物学信息。

从数据源的角度，定量遥感可以分为三种内容：可见光/近红外的定量遥感、热红外波段的定量遥感及微波的定量遥感。

从定量遥感的技术流程方面，定量遥感可以分为以下五个研究内容。

1. 遥感传感器定标

定标是将遥感器所得的测量值变换为绝对亮度或变换为与地表反射率、表面温度等物理量有关的相对值的处理过程。或者说，遥感器定标就是建立遥感器每个探测器输出值与该探测器对应的实际地物辐射亮度之间的定量关系；建立遥感传感器的数字量化输出值 DN 值与其所对应视场中辐射亮度值之间的定量关系（赵英时，2003）。

2. 大气校正

遥感传感器在空中获取地表信息的过程中，受到大气中分子、气溶胶和云粒子等大气成分的吸收、散射的影响。大气校正的作用就是消除这些因素的影响，它是定量遥感很关键的一步。

3. 定量遥感模型

定量遥感模型主要分为物理模型、统计模型（即经验模型）和混合模型。本章 7.2 节详细介绍了定量遥感常用模型。

4. 混合像元分解

遥感器所获得的地面反射或发射光谱信号是以像元为单位记录的。它是像元所对应的地表物质光谱信号的综合。图像中每个像元所对应的地表，往往包含不同的覆盖类型，他们有着不同的光谱响应特征，而每个像元则仅用一个信号来记录这些"异质"成分。若该像元包含不止一种土地覆盖类型，则称为混合像元（赵英时，2003）。混合像元的存在，是传统的像元级遥感分类和面积量测精度难以达到实用要求的主要原因。为了提高遥感应用的精度，就必须解决混合像元的分解问题，使遥感应用由像元级达到亚像元级，进入像元内部，将混合像元分解为不同的"基本组分单元"或称"终极单元"或"端元"，并求这些基本组分所占的比例，这就是所谓的"混合像元分解过程"。

5. 多角度遥感

多角度遥感是指从两个以上的观测方向对下垫面进行观测，从不同的视角获取地表物信息。单一方向的遥感只能得到地面目标一个方向上的信息，多角度对地观测可以提高地表参数反演的准确度。

7.1.3　高光谱定量遥感

定量遥感与高光谱遥感是两种不同的分类，在知识结构上有交集，也有一定的区别。

定量遥感重点是定量的提取地表参数的技术，因此定量遥感是从遥感信息提取方法及应用的角度而定义的。

高光谱遥感是从数据的角度而定义的。高光谱遥感是当前遥感技术的前沿领域，在电磁波谱的可见光、近红外、中红外和热红外波段范围内，获取许多非常窄的光谱连续的影像数据的技术。高光谱遥感的出现是遥感界的一场革命，它使本来在宽波段遥感中不可探测的物质，在高光谱遥感中能被探测。高光谱遥感的成像光谱仪可以收集到上百个非常窄的光谱波段信息，利用这些很窄的电磁波波段，可以获得物体的丰富的空间、辐射和光谱三重信息，具有谱像合一的特点，如图 7.1 所示。

关于遥感数据的光谱分辨率，国际遥感界的共识是光谱分辨率在 $\lambda/10$ 数量级范围的称为多光谱（multispectral），这样的遥感器在可见光和近红外光谱区只有几个波段，如美国的 Landsat MSS、TM，法国的 SPOT 等；而光谱分辨率在 $\lambda/100$ 的遥感信息称之为

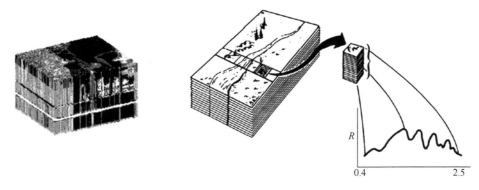

图 7.1 高光谱遥感图像"谱像合一"示意图

高光谱遥感（hyperspectral）；随着遥感光谱分辨率的进一步提高，在达到 $\lambda/1000$ 时，遥感即进入超高光谱（ultraspectral）阶段（陈述彭等，1998）。高光谱遥感的研究内容是高光谱数据处理及其应用。高光谱遥感影像数据的一个重要特征是超多波段和大数据量，对它的处理也就成为其成功应用的关键问题之一。对于高光谱图像处理和分析来说，其研究的热点和重点主要体现在对高光谱图像的压缩、纠正和地物分类、目标识别等方面。

高光谱定量遥感的目的是从遥感卫星上的高光谱传感器测量的有关电磁波的属性中获得有关目标的物理、化学、生物、地理信息的状况参数。为了获得这些地表参数，必须在传感器可测数据与目标地物参数之间建立函数关系，也就是遥感建模（张良培和张立福，2003）。高光谱遥感数据是定量遥感常用的数据源之一，但定量遥感的数据源却不仅仅局限于高光谱遥感数据。

7.2 遥感反演模型概述

7.2.1 遥感反演模型分类

利用遥感观测数据、通过遥感模型反演地学参数，是遥感反演的根本问题（梁顺林等，2013）。遥感应用的本质就是通过遥感原始观测数据来"反演"地表有价值的信息（赵英时，2003）。

装置在星体上的传感器，它的可测参数一般为电磁波的属性参数，也就是电磁辐射强度、偏振度、相位差等，而我们的目的是要从这些可测参数中获得有关目标的物理的、地理的、化学的，甚至生物学的状态参数，所以在可测参数与目标状态参数间建立某种函数关系是实现目标参数反演的关键一步，我们称它为建模。为了更好地理解电磁波与地表特征间的相互关系，国内外学者将经典的数学物理理论与遥感实践相结合，发展了许多描述地物目标的二向性反射和目标参数之间关系的模型，建立了近百种不同的遥感模型。这些模型大体上可以分为物理模型、统计模型及混合模型（赵英时，2003）。

物理模型是根据物理学原理建立的模型，模型中参数具有明确的物理意义，模型通常采用数学公式描述。常见的有植被二向性反射辐射传输模型、几何光学模型等。遥感物理模型的优点是精度高，可移植性强。其缺点是模型通常为非线性的，过程复杂，实用性较差；在复杂问题考虑中会产生大量参数，其中有些参数无法获取；若采取近似方法替代，会产生误差，而对非主要因素有过多忽略或假定也会产生误差。

统计模型主要是基于陆地表面变量和遥感数据的相关关系，对一系列的观测数据做经验性的统计描述或者进行相关性分析，基于数学模型或者机器学习模型构建遥感参数与地面观测数据之间的回归方程，来进行地表参量的反演。遥感统计模型的优点是参数少，容易建立且可以有效概括从局部区域获取的数据，简便，适用性强。其缺点是有地域局限性，所以可移植性差，理论基础不完备，缺乏对物理机理的足够理解和认识，参数之间缺乏逻辑关系。

混合模型是一种新的方法（梁顺林等，2013），倾向于将统计方法和物理方法相结合，能突出上述两种模型的优点，回避其缺点，且考虑经验数据和物理过程，其参数往往是经验参数，但有一定的物理意义，代表性的如地表二向反射模型等。

7.2.2　遥感物理模型基础

物理模型遵循遥感系统的物理规律，通过建立一个对现实的抽象遥感系统的模型来解释陆地表面变量和遥感数据之间的因果关系。目前主流的定量遥感物理模型包括用于地物亮温反演的热辐射传输模型和用于植被定量遥感的植被冠层辐射传输模型。其中，植被冠层辐射传输模型的基础是二向性反射分布函数（bidirectional reflectance distribution function，BRDF）。

1. 热辐射传输模型

热辐射传输模型主要用于地物亮温的反演。影响热辐射的大气变化因素不确定，如大气、气溶胶、云、风、水汽及海拔等随时空变化，使得很多变量实时测定非常困难。在热红外遥感的地-气辐射传输中，地表与大气都是热红外辐射的辐射源，辐射能多次通过大气层，被大气吸收与发射。因此研究地表热红外辐射需要对大气的干扰进行纠正。

假设地表和大气对热辐射具有朗伯体性质，大气下行辐射强度在半球空间内为常数，则热辐射传输方程可简化为（赵英时，2003）

$$L_\lambda = B_\lambda(T_s)\varepsilon_\lambda\tau_{0\lambda} + L_{0\lambda}^\uparrow + (1-\varepsilon_\lambda)L_{0\lambda}^\downarrow\tau_{0\lambda} \tag{7-1}$$

式中，L_λ 为遥感器所接受的波长 λ 的热辐射亮度；$B_\lambda(T_s)$ 为地表物理温度 T_s（单位为 K）时的普朗克黑体辐射亮度；ε_λ 为波长 λ 的地表比辐射率；$\tau_{0\lambda}$ 为从地面到遥感器的大气透过率；$L_{0\lambda}^\uparrow$、$L_{0\lambda}^\downarrow$ 分别为波长的大气上行辐射和大气下行辐射。

式（7-1）中，第一项为地表热辐射经大气衰减后被遥感器接收的热辐射亮度（即被测目标本身的辐射）；第二项为大气上行辐射亮度（大气直接热辐射）；第三项为大气下行辐射（大气向地面的热辐射）经地表反射后又被大气衰减最终被遥感器接收的辐射亮度。

考虑到热辐射的方向性，则式（7-1）可表示为

$$L_\lambda = B_\lambda(T_s)\varepsilon_\lambda\tau_{0\lambda} + L_{0\lambda}^\uparrow + \tau_{0\lambda}\int_{2\pi} f(\Omega'\to\Omega)L_{0\lambda}^\downarrow(\theta)\cos\theta d\Omega' \tag{7-2}$$

式中，$L^{\downarrow}_{0\lambda}(\theta)$ 为观测天顶角为 θ 时波长 λ 的大气下行辐射；$f(\Omega' \rightarrow \Omega)$ 为地表二向反射分布函数；$\displaystyle\int_{2\pi}$ 为积分符号代表半球积分；$\mathrm{d}\Omega'$ 代表微分立体角。

2. 二向性反射分布函数

物理模型是一种研究比较全面深入的模型，它具有明确的物理意义，代表了二向性反射分布函数（BRDF）模型研究的主流方向。如图 7.2 所示，二向性反射分布函数 $f(\ )$ 可以完整地描述一个表面的方向性反射率，即沿观测方向从物体表面反射的光谱辐射亮度与从入射方向入射到表面的光谱辐射亮度之比，其中 θ 为天顶角，ϕ 表示方位角。

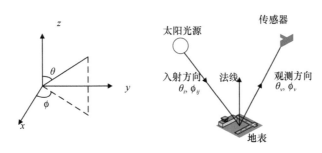

图 7.2 二向性反射分布函数 BRDF 的入射方向和观测方向

运用物理模型进行遥感反演的优点是具有清晰的物理机制和严格的理论依据，可以分析原理改进模型，适用性较强，便于误差传播分析（张良培和张立福，2003）。但是这种方式也有不足，就是反演过程非线性，计算量大，不易反演；模型依赖于对目标的一些假设，不满足假设的目标不适用；即使是最严格的物理模型，仍然是对复杂自然现象的近似，因此仍然有误差。本章 7.3 节主要以植被遥感为例，介绍常用的物理反演模型。但需要说明的是，这些模型不仅仅局限于植被遥感领域，这些模型经过变化和改进也可用于土壤、冰雪遥感等。

7.3 遥感物理模型

基于二向性反射分布函数的物理模型又可以分为辐射传输模型（radiative-transfer model，RT）、几何光学模型（geometric-optical model，GO）、混合模型（GO-RT hybird model）、计算机模拟模型（computer-simulation model，CS）和半经验的"核"驱动模型（柳钦火等，2010）。其中辐射传输模型和几何光学模型是比较常用的且有代表性的遥感物理反演模型。

7.3.1 辐射传输模型

辐射传输模型的理论基础是辐射传输理论和冠层平均透射理论。辐射传输模型是诺贝尔奖获得者 Chandrasekhar 在 20 世纪 50 年代创立的，在天体物理学、大气科学和地球科学中有广泛的应用，前苏联院士 J.Ross 60 年代将其应用于植被、土壤和冰雪等。冠层平均透射理论的基础是在植被冠层中任一高度上，总辐照度由直接到达该高度的直接太阳辐射、天空散射辐射，以及植被各组分（叶、茎、花等）所截获辐射的反射和透射部分的组合所组成（赵英时，2003）。本节的辐射传输模型主要针对植被遥感而言。

　　自从 Kubelka-Munk 提出针对水平均匀介质的四通量近似理论（即 KM 理论）以来，辐射传输模型已被广泛用于解释植被冠层的二向反射特性。代表工作有连续冠层模型（scattering by arbitrarily inclined leaves，SAIL）模型（Verhoef，1984）、PROSPECT 模型、N-K 模型（Nilson and Kuusk，1989；Myneni，1991）等。辐射传输模型的优点是能够较好地描述植被冠层内部的多次散射（柳钦火等，2010）。但辐射传输理论都是基于体积散射介质的水平均匀性，本质上是与像元大小无关和尺度不变的。在遥感像元尺度上，陆地表面大量呈现非均匀的复杂结构，且以表面散射为主，辐射传输理论难以给出合理的解释。以下仅以 SAIL 模型、PROSPECT 模型，以及两者的结合 PROSAIL 模型为例，对其模型原理进行介绍。

1. SAIL 模型

　　SAIL 模型是在 SUIT 模型的基础上发展起来的适用于农田作物连续型冠层的最有代表性的冠层反射率模型（Verhoef，1984）。连续型冠层具有均一和混沌的特点。图 7.3 展示了连续型冠层和非连续冠层的差异。

(a) 连续型冠层　　　　　　　　　　(b) 非连续型冠层

图 7.3　植被的冠层类型①

　　SAIL 模型是在连续、水平均匀冠层下，假定叶面的倾角为方位随机分布，通过输入日期、波长、叶片反射率、叶片透射率、叶面积指数、叶倾角分布、太阳天顶角、观

① 焦全军. 中国科学研遥感与数字地球研究所. 植被辐射模型上机课程课件（来源：百度文库）。

测天顶角和方位角等参数,求解冠层内上行和下行散射光强度,计算出不同波长作物的反射率并给出任意太阳角、天空散射光和观测角条件下的方向反射率。SAIL 模型模拟值较好地体现了植被在不同光学波段的各向异性反射特征,是对 SUITS 模型的很好改进。此时得到的是混合目标的反射率,这种计算不仅仅是叶片尺度上的,也是冠层尺度上的。图 7.4 为常用的植被遥感应用软件 WinSail(SAIL 模型应用的 Win 版本应用程序)的主界面,界面上显示了模型的输入参数类型。

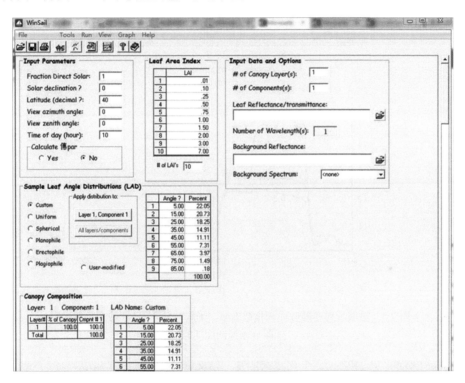

图 7.4 植被遥感应用软件 WinSail 主界面

图 7.5 给出了利用 WinSAIL 模拟出的植被冠层反射率随叶面积指数 LAI、平均叶倾角 LAD 的变化曲线图。

2. PROSPECT 模型

从叶片形态来讲,扁平叶片和针形叶片是常见的两种叶片形态,如图 7.6 所示,这也是植被遥感常常研究和讨论的两种叶片形态。针对扁平叶片植被反射率遥感反演,著名的叶片反射率模型是 PROSPECT 模型,由 Jacquemoud 和 Baret(1995)提出并完善。图 7.6(b)所示的针形叶片植被反射率遥感反演一般采用 LIBERTY 模型,该模型有相应的 SCALE 软件。但因定量遥感植被反射率反演模型众多,本书主要侧重方法论介绍,故本节只以扁平叶片植被反射率遥感反演为例,介绍 PROSPECT 模型,其他模型请读者自行查阅资料。

PROSPECT 模型模拟叶片从可见光到中红外波段的反射率和透射率,认为它们是叶

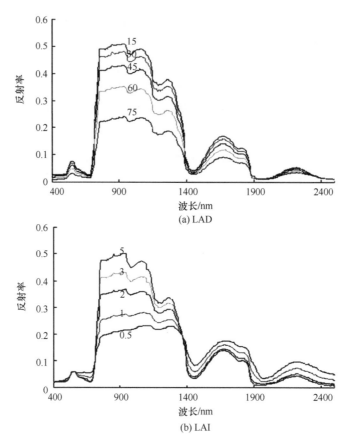

图 7.5　冠层反射率随叶面积指数 LAI、平均叶倾角 LAD 的变化曲线图
（图片来源同图 7.3）

(a) 扁平叶片　　　　　　　　　　　　　　(b) 针形叶片

图 7.6　植被叶片类型（图片来源同图 7.3）

片结构参数和生物化学参数的函数。它基于 Allen 等（1969）提出的"平板模型"，即把叶片看作一个表面粗糙的均匀平板，把非致密型叶片当做由 N 层平板夹和 N–1 层空气组成（实际描述的是叶片内部的结构），假设在叶片内部，光通量是各向同性的。对于各向同性入射光，叶片的反射率和透射率与每层的折射指数（约为 1.4，与波长有关）和投射系数有关，透射系数又和叶片的吸收系数有关，这里吸收系数又与叶片生化组分含量浓度（叶绿素含量、叶片含水量、干物质含量）直接相关。

进而，PROSPECT 模型主要需要以下 4 个参数：叶片结构参数、叶绿素含量、叶片含水量、干物质（蛋白质和叶绿素+木质素等）的含量，根据上述原理，通过计算可以模拟出叶片的光谱反射率和透射率。图 7.7 给出了 PROSPECT 模型运行的主界面，界面上显示了模型的输入参数类型，以及模拟计算得到的植被叶片反射率和透射率。

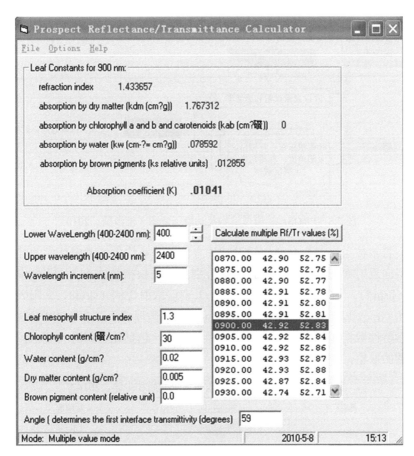

图 7.7　PROSPECT 模型运行的主界面

借助 PROSPECT 模型，可以前向模拟出在给定水分、叶绿素、干物质和叶肉结构参数下的叶片光谱；反之，通过模型的反演，也可以从叶片光谱信息中获取上述三种生化组分的浓度信息。已有学者用不同类型的叶片对 PROSPECT 模型的性能进行了检验，结果表明，该模型是目前最好的叶片光学模型之一（施润和等，2006）。

3. PROSAIL 模型

PROSAIL 模型是通过将扁平叶片模型 PROSPECT 和连续冠层模型 SAIL 结合起来而得到的，即建立包含化学组分含量的叶片散射和吸收模型，将叶片模型结合到冠层模型中反演整个冠层的生化组分含量。如图 7.8 所示，PROSPECT 模型模拟计算得到的叶片光谱信息作为 SAILH 冠层辐射模型的输入参数。SAILH 模型是在 SAIL 模型的基础上，通过引入热点（即当传感器与太阳位于同一方向时，传感器所接收的地面辐射最强，地面反射率最大、光强最强、最热）的概念发展而来的冠层尺度上的辐射传输模型。

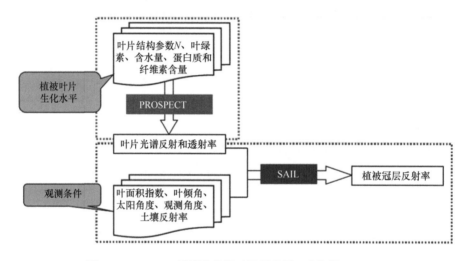

图 7.8　PROSAIL 模型结构及功能示意图（李淑敏，2010）

该模型将植被当作混合介质，假设叶片方位角分布均匀，考虑任意的叶片倾角，模拟冠层的双向反射率，包括 8 个输入参数，分别为叶面积指数（LAI）、平均叶倾角（ALA）、热点参数（hspot）、土壤亮度参数（psoil）、天空漫散射比例（skyl）、太阳天顶角（tts）、观测天顶角（tto），以及观测相对方位角（psi）。各参数取值可依据 LOPEX93 数据库（植被叶片光学特性数据库，内含多种植被的相关信息，包括化学组分含量、反射光谱等）中相应参数的取值，如表 7.1 所示。

表 7.1　PROSAIL 参数输入表（王李娟和牛铮，2014）

模型	参数	表述	基础值	变化范围
PROSPECT	N_s	叶片结构参数	1.5	1~4
	C_{ab}	叶片叶绿素 a+b 含量/（μg/cm²）	50	20~80
	C_m	叶子干物质含量/（g/cm²）	0.005	0.002~0.2
	C_w	叶片含水量（用等效水厚度表示）/cm	0.015	0.005~0.04
SAILH 模型	tts	太阳天顶角/（°）	30	−50~50
	tto	观测天顶角/（°）	0	−50~50
	Psi	观测相对天顶角/（°）	0	0~180

续表

模型	参数	表述	基础值	变化范围
	LAI	叶面积指数	3.5	1~5
	ALA	平均叶倾角/ (°)	50	20~50
SAILH 模型	hspot	热点参数	0.2	0.01~1
	Psoil	土壤亮度参数	0.1	0.01~0.3
	skyl	天空漫散射比例	0.1	0.01~0.4

利用 PROSAIL 模型可以模拟不同生化水平及不同观测条件下的不同植被冠层反射率。图 7.9 给出了利用 SAIL 模型模拟出的植被冠层反射率随输入参数叶肉结构参数 N、叶绿素 C_{ab}、水含量 C_w 和干物质 C_m 变化的变化曲线图。

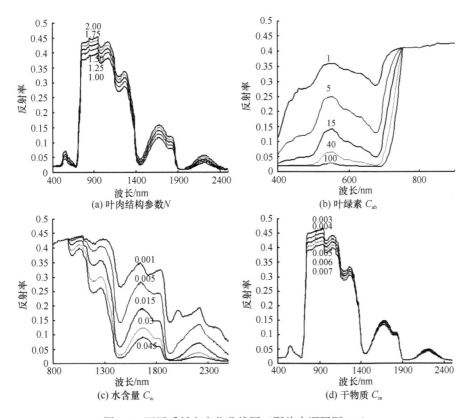

图 7.9　冠层反射率变化曲线图（图片来源同图 7.3）

以上介绍了几种辐射传输模型，其优点在于，能考虑多次散射作用，在红外和微波波段对均匀植被尤其重要；其缺点是复杂的三维空间微分方程即使是对均匀植被，通常也只能得到数值解，很难建立起植被结构与 BRDF 之间明晰的解析表达式。由于辐射传输方程不考虑植被组分的尺寸大小和它们之间的距离，以及各组分非随机的空间分布，因此它仅适用于植被组分与群体密度相比很小的群体（如作物群体），以及浓密、水平均匀的群体。也就是说，它适用于连续植被冠层的反射状况，如垄状特征不明显的作物或者处于生长期的作物、大面积生长茂盛的草地等，而对于复杂的不连续的植被冠层，如森林等是不适用的。应该说，在遥感像元尺度上，地球陆地表面大部分呈现出非均匀的复杂结构，且以表面散射为主，这是辐射传输理论难以合理解释的（赵英时，2003）。

7.3.2　几何光学模型

地表的真实状况有时会偏离水平均匀假设很远，尤其对于稀疏林地和有固定垄行结构的农作物等植被来说，辐射传输模型不再适用。几何光学模型把植被简化为立方体、圆锥、椭球或圆柱等离散的几何实体，以简洁的形式描述了产生离散植被反射和热辐射方向性的主要原因，得到学术界的广泛认可。目前遥感界现有的几何光学模型主要是针对土壤和雪，以及植被冠层而提出的。

几何光学模型假定冠层由一系列以指定方式置于地表的规则几何形状（如圆柱体、球体、圆锥体、椭球体）构成（图 7.10）。对于稀疏植被冠层，反射率/辐射亮度为不同光照/阴影组分的面积加权和。不同组分部分根据光学理论计算得到。本节主要以植被遥感中具有代表性的冠层几何光学模型即 Li-Strahler 的 GOMS（geometry optical mutual shadow）模型（Li and Strahler，1985；Li et al.，1995）为例，对几何光学模型的建模原理和过程进行简要的介绍。Li-Strahler 的几何光学模型后来也被扩展到热辐射传输过程的模拟。

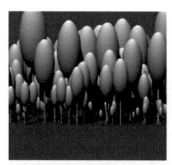

(a) 独立几何冠层

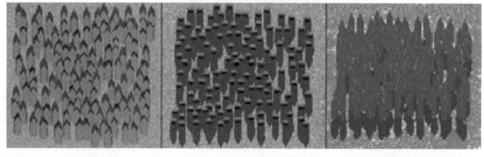

(b) 树冠光照面　　　　　(c) 背景树冠的光照面和阴影面　　　　　(d) 背景和树冠的阴影面

图 7.10　包含冠层几何光学模型中主要组分的模拟冠层场景（梁顺林，2009）

Li-Strahler 的 GOMS 模型中，一棵树被视为一个简单的几何体：一个木棒上支撑一个球体，见图 7.11。树的个数因每个像元而不同，服从泊松分布。每个像元的反射（S）为几何光学四分量的面积加权和。几何光学四分量分别为：光照冠层（C，即光直接照射的树冠）、光照背景（G，即直接照射的地面）、阴影冠层（T，即树冠阴影面）和阴影背景（Z，即阴影遮蔽的地面）。进而像元的反射（S）表示为（梁顺林，2009）

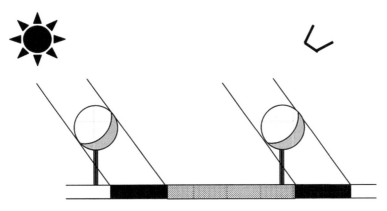

图 7.11 几何光学模型中椭圆树冠示意图

$$S = K_g G + \left(1 - K_g\right)\left(K_c C + K_z Z + K_t T\right) \tag{7-3}$$

在式（7-3）中，K_c、K_z 和 K_t 为光照冠层、阴影背景和阴影冠层的面积比，且经归一化使 $K_c + K_z + K_t = 1$。K_g 为像元没有被树或阴影遮挡的部分。C、G、T 和 Z 可以从遥感数据中估计得到（梁顺林，2009）。由木棒上加一个球体向背景投影的三维几何关系，可以得到光照冠层、阴影冠层和阴影背景面积的公式，该公式可基于树的几何形状参数和太阳角度参数求解出。图 7.11 中，树的形状为球形，则此时树的形状参数有树棒高度、树冠直径；有的模型中假设树的形状为椭球型，则此时树的形状参数有树棒高度、树冠椭球的长短轴半径。

这个简单的模型目前已经被用于基于 Landsat TM 和 SPOT 影像的树木尺寸与密度制图工作中（Franklin and Strahler，1988；Franklin and Turner，1992；Woodcock et al.，1994）。结合森林类型的树木尺寸与密度的信息还可进一步用于木材蓄积量估计和其他资源管理中（梁顺林，2009）。

7.3.3 混合物理模型

为了使几何光学模型能够反映地物反射更一般的特性，Li 等（1995）在他们的纯 GO 模型和不连续植被间隙率模型的基础上，用 RT 方法求解多次散射对各面积分量亮度贡献，提出了 GO-RT 混合模型。将几何光学模型和辐射传输模型结合起来，使得模拟的结果更接近真实结果。

从理论上说，混合模型适应于任何非均匀程度的植被。这些模型及验证结果在理论上和实际应用中都取得了很好的效果。但是这些模型相对比较复杂，需要的参数特别多，如叶面积指数、叶倾角分布、叶面积高度分布、植被群体的散布方式等。这些描述植被群体的参数对实际测量的要求很高。另外，植被组分本身也各不相同，它们并非单一的叶片，而是由茎、叶、花、果实等共同组成，这些组分的光学特性和空间分布方式也要予以考虑，这就更加复杂。而现有的混合模型相对于简单的行结构作物有比较好的应用，对于更复杂的植被群体应用起来就相当有难度。总之虽然混合模型在理论上取得了很大的成功，但是在实际应用中还有相当的难度。

7.4　遥感统计模型

7.4.1　遥感统计模型的基本原理

装置在星体上的传感器的可测参数一般为电磁波的属性参数，基于模型知识基础，依据可测参数值去反推有关目标物理的、地理的、化学的，甚至生物学的状态参数，即定量反演。在可测参数与目标状态参数间建立某种函数关系是实现目标参数反演的关键一步，我们称它为建模。反演，就是在建模基础上用已知值推未知值，就像解方程或解方程组的问题。

根据方程形式和求解过程不同，统计模型可以分为线性回归模型、多项式回归模型、指数函数模型、多变量回归模型、贝叶斯网络，从模型反演的角度，各种机器学习模型也可以归结到这一类，如人工神经网络法、支持向量机和随机森林算法等。

以下仅以常用的基于统计模型的叶面积指数 LAI 遥感定量估算为例，来对遥感统计模型的基本原理进行介绍。

该 LAI 遥感定量估算统计模型是以 LAI 为因变量，以光谱数据或其变换形式（如植被指数 VI）作为自变量建立的统计估算模型。以植被指数 VI 作为经验统计模型的自变量是经典的 LAI 遥感定量方法，通过建立 VI 与 LAI 之间的经验关系来反演 LAI，即 $\mathrm{LAI} = f(\mathrm{VI})$。主要的形式有

$$\mathrm{LAI} = aV_{\mathrm{I}}^3 + bV_{\mathrm{I}}^2 + cV_{\mathrm{I}} + d \tag{7-4}$$

$$\mathrm{LAI} = a + bV_{\mathrm{I}}^c \tag{7-5}$$

$$\mathrm{LAI} = -\frac{1}{2a}\ln(1 - V_{\mathrm{I}}) \tag{7-6}$$

$$\mathrm{LAI} = \ln\left(\frac{V_{\mathrm{I}} - V_{\mathrm{I}\infty}}{V_{\mathrm{Ig}} - V_{\mathrm{I}\infty}}\right) K_{\mathrm{VI}} \tag{7-7}$$

式中，LAI 为叶面积指数；V_{I} 为植被指数；a、b、c、d 为回归系数；$V_{\mathrm{I}\infty}$ 为植被指数的渐进无穷值，在 LAI>0.8 时，总能达到此限；V_{Ig} 为相应裸土的植被指数；K_{VI} 为一个消光系数。

经验模型方法简单实用，对输入参数要求不高，但是其函数形式不确定，对于不同的数据源、植被类型及地点，需要重新拟合参数，模型需要不断调整。例如，Wang 等

（2005）通过分析落叶林 LAI 与 AVHRR、SPOT-VEGETAION、MODIS 等 3 种传感器 NDVI 之间的关系，表明 NDVI-LAI 的关系是随着季节变化的，某一年份获得的 NDVI-LAI 关系并不能应用于其他的年份。Propastin（2009）在分析不同植被指数与森林 LAI 关系时，认为地理加权回归模型（geographically weighted regression，GWR）较一般最小二乘回归模型（ordinary least squares，OLS）具有更好的预测效果，并且可以获取最佳的数据分析尺度。

7.4.2　遥感统计模型的局限

统计模型一般是描述性的，基于陆地表面变量和遥感数据的相关关系，对一系列观测数据做经验性的统计描述或者进行相关性分析，构建遥感参数与地面观测数据之间的回归方程。优点在于容易建立并且可以有效地概括从局部区域获取的数据；但是其理论基础不完备，缺乏对物理机理的足够理解与认识，参数之间缺乏逻辑关系。扩展后的模型一般都是有地域局限性的，也不能解释因果关系。对于不同地区、不同条件，往往可以得出多种统计规律，所建立的经验模型缺乏广泛的普适性。此外，许多遥感参数与地面参数之间并非简单的线性关系，还需考虑方向反射、结构变化的非线性影响等，情况是复杂的。

当然，对于地面实况不清或遥感信号产生机理过于复杂的情况下，"统计模型"应该是一种合适的描述工具。但是随着地面知识的积累和遥感观测波段的增加，它的优势明显减弱（赵英时，2003）。

7.5　定量遥感应用实例

本节主要以基于热红外遥感数据的地表温度定量反演为例（许国鹏等，2007）介绍遥感物理模型应用，以基于高光谱遥感的水稻铅污染胁迫水平评估为例，介绍遥感统计模型的应用。

7.5.1　基于热红外遥感数据的地表温度定量反演实例

1. 地表温度

地表温度是区域和全球尺度地表物理过程的关键因子，是地球能量交换和水平衡研究的重要参数，在气象、地质、水文、生态等众多领域有着广泛的应用需要。与传统的地面点测量温度相比，热红外遥感具有覆盖面广、信息量大、动态性好等明显的优点，热红外遥感反演地表温度可以较准确地获取区域地表温度空间差异，进而分析其对资源环境变化的影响，是资源环境动态监测的重要内容。在城市热环境研究、农田干旱监测等区域尺度的环境研究中，具有不可替代的作用。因此对热红外遥感地表温度反演方法的研究具有重要的现实意义（陈瀚阅，2010）。

2. 地表温度的反演方法

常用的地表温度反演方法包括单通道法、多通道法（劈窗算法）、单通道多角度法和多通道多角度法、双温多通道法，这些方法总体上都属于经验加物理模型方法。

1）单通道法

选用卫星遥感的热红外单波段数据，如果我们能得到大气的温度和湿度垂直廓线（温度、湿度、压力等），那么就可以利用成熟的大气辐射传输模式（如 MODTRAN）计算大气辐射和大气透过率等参数，以修正大气对比辐射率的影响，然后将其代入辐射传输方程，就可以从遥感传感器所测得的辐射亮度值计算得到地表辐射亮度；若已知地表发射率，就可以求出地表温度（田国良等，2014）。单通道法可根据地表热辐射传输方程，在已知地表比辐射率、大气廓线（或大气透过率、大气平均温度）的基础上，反演地表温度。大气廓线数据可以通过星载大气垂直探测器、地面探空数据或气象数据得到。也可以运用经验统计方法，从大气辐射传输方程出发，考虑大气含水量和传感器视角天顶角的影响，建立遥感亮度温度与地表温度的经验公式，并通过同步实测资料回归经验系数（田国良等，2014）；或通过热红外单波段数据中最大、最小辐射亮度值与其灰度值之间的关系，求算对应像元的亮度温度（覃志豪，2001）。该方法适用于只有一个热红外波段的遥感数据进行陆地表面和海洋表面的温度反演（孟鹏等，2012）。

单通道法反演的表面温度的精度取决于辐射模型、地表辐射率、大气廓线的精度，在实际应用中，因为大气模拟所需要的实时大气廓线数据一般难以获取，往往采用非实时的大气探空数据或探空模型（如 MODTRAN）中的标准大气数据替代实时大气廓线数据进行大气模拟，造成地表温度估算中的较大误差（田国良等，2014），因而在实际运行系统中该方法较少采用。

2）多通道法（劈窗算法）

多通道遥感反演方法的典型为劈窗（或"分裂窗"）方法，由 McMillin 最早于 1975 年提出。其基本原理是利用 $10\sim13\mu m$ 的大气窗口内，两个相邻通道（一般取波长在 $11\mu m$ 附近和 $12\mu m$ 附近）对大气吸收作用的不同（尤其对大气中水汽吸收作用的差异），通过两个通道测量值（亮度温度）的各种线性组合来剔除大气的影响，反演地表温度（赵英时，2003）。劈窗算法的改进算法是至今地表温度反演中应用最为广泛的方法，它原理明确清晰，计算简单，结果在很多情况下具有较高的定量精度（田国良等，2014）。劈窗算法最初适用于海面温度的反演，由于水体近似黑体，温度及比辐射率满足于普朗克定律，且大气与海面温度相差不大，这正好与劈窗算法的基本假设一致（下垫面均匀且发射率已知），因此仅要考虑消除大气效应的影响即可。劈窗算法在海面温度（SST）反演中较为成功，其反演误差小于 0.7℃，在全球范围内精度可达 1K。由于海水并非简单的黑体，其比辐射率是随水中悬浮泥沙、叶绿素和表面物理状态的不同而改变，所以在实际应用中误差往往要大一些（赵英时，2003）。

以 AVHRR 数据为例，将 AVHRR 的两个相邻热通道，即第 4 和第 5 通道数据转化为相应的亮度温度，然后通过亮度温度来反演表面温度。在上述条件下，表面温度可以表示为两个通道亮度温度的线性组合，其一般表达式如下：

$$T_S = A_0 + A_1 T_4 + A_2 T_5 \qquad (7\text{-}8)$$

式中，T_4 和 T_5 分别为 AVHRR 第 4 和第 5 通道的辐射亮度温度；T_S 为求出的表面真实温度；A_0、A_1、A_2 为常数，不同学者和研究人员采用不同方法得到的系数略有不同（田国良等，2014）。尽管计算简单，劈窗算法还有一定的应用限制，其所确定的参数只在局部地区上适用，在全球尺度上不适用，并不能反映实际的变化情况。当大气水汽含量和地表比辐射率有较大变化时，这种经验半经验公式将产生较大偏差（秦福莹，2008）。

但对于陆面温度反演而言，因陆面比辐射率变化较大，大气效应的消除更加复杂（祝善友等，2006）。学者们从理论上分析了大气和比辐射率等因素对陆地温度反演的影响，将劈窗法推广到陆地表面温度的反演当中。有学者把海温遥感的分裂窗方法引入到农田地区的温度反演中，随后很多学者从不同角度对"分裂窗"算法进行改进，并提出了一系列的反演模型与参数（祝善友和张桂欣，2011）。目前应用分裂窗方法反演地表温度的精度为 1~2℃，取决于大气和比辐射率的校正误差，而大气和比辐射率的校正误差取决于大气水汽含量和比辐射率的测定误差。

3）单通道多角度法

单通道多角度法依据在于同一物体从不同角度观测时所经过的大气路径不同，产生的大气吸收也不同，大气的作用可以通过单通道在不同角度观察下所获得的亮度温度的线性组合来消除。这种多角度探测可以通过同一颗星的不同角度、不同星的同时探测来实现（祝善友等，2006）。研究表明，利用 ERS-1 上的 ATSR 辐射计所获得的数据（θ 为 0°、55°），通过双角度法来反演海洋表面温度精度可达 0.3℃或者更好。由于不同角度的地面分辨率不同，以及陆地表面状况很不均匀且地物类型复杂，单通道法很少用于地面温度反演的研究（赵英时，2003）。

4）多通道多角度法

多通道多角度法是多通道法和多角度法的结合。它的依据在于，无论是多通道还是多角度分窗法，地表真实温度是一致的。利用不同通道、不同角度对大气效应的不同反应来消除大气的影响，反演地表温度（赵英时，2003）。多通道的反演方法具有较好的应用前景。但是由于热红外辐射方向性模型参数的不确定性和难以计算性，单通道多角度法和多通道多角度法在实际应用较少（祝善友，2008）。

5）双温多通道法

日夜多通道法是双温多通道法的一种。所谓双温指应用昼、夜两个不同时相的数据；所谓多通道是指应用 3.5~4.5μm 的中红外波段数据，以及多个热红外数据。由于分裂窗法中 10~13μm 两个相邻通道辐射特征差别较小，数据相关性高，影响温度反演精度，于是考虑引入中红外波段数据和昼、夜数据，即可以增加波段数据之间，以及昼、夜数据之间的差异，又增加了信息源。双温多通道法假设昼、夜两次观测时目标的比辐射率不变而温度不同（赵英时，2003）。

3. 劈窗算法地表温度反演实例

劈窗算法最初是根据地表热辐射传导方程，利用 AVHRR 大气窗口内热红外第 4、5 两个相邻通道对大气吸收作用的差异，通过两个通道亮度温度的各种组合来剔除大气的影响，进行大气和地表比辐射率的订正来获取地表温度的。

1）劈窗算法

AVHRR 的两个热通道 10.5～11.3μm，11.5～12.5μm 与 MODIS 第 31 波段（10.7805～11.2801μm）和 32 波段（11.770～12.270μm）的中心波长基本对应，毛克彪等（2005）据此提出了一种利用 MODIS 数据 31、32 波段估算地表温度的劈窗算法。该劈窗算法的表达式如下：

$$T_S = A_0 + A_1 T_{31} + A_2 T_{32} \tag{7-9}$$

式中，T_S 为地表温度；T_{31}，T_{32} 为 MODIS 31/32 波段的亮度温度，单位取℃，可用 Planck 辐射方程获取；A_0，A_1 和 A_2 为系数，可用式（7-6）～式（7-14）计算：

$$A_0 = -64.6036 E_1 - 68.7258 E_2 - 273.16 \tag{7-10}$$

$$A_1 = 1 + A + 0.440817 E_1 \tag{7-11}$$

$$A_2 = -(A + 0.473453 E_2) \tag{7-12}$$

$$E_1 = D_{31}(1 - C_{31} - D_{31}) / E_0 \tag{7-13}$$

$$E_2 = D_{31}(1 - C_{32} - D_{32}) / E_0 \tag{7-14}$$

$$A = D_{31} / E_0 \tag{7-15}$$

$$E_0 = D_{32} C_{31} - D_{31} C_{32} \tag{7-16}$$

$$C = \varepsilon_i \tau_i \tag{7-17}$$

$$D_1 = (1 - \tau_I)\left[1 + (1 - \varepsilon_i)\tau_i\right] \tag{7-18}$$

式中，E_1、E_2、E_0、C_{31}、D_{31}、C_{32}、D_{32} 均为中间变量，可迭代消除；τ_i 为大气透射率；ε_i 为地表辐射率。算法的关键是计算大气透射率 r 和地表比辐射率 ε_i。

2）大气透射率计算

大气透射率是地表辐射、反射透过大气到达传感器的能量与地表辐射能、反射能的比值，它与大气状况、高度等因素有关。对于热红外波段，最重要的大气变化是大气温度和水汽的变化。在天气稳定情况下，水汽含量是影响大气透射率的主要因素。

利用 MODIS 第 19 和第 2 波段模拟出大气水汽含量的表达式：

$$w = [(\alpha - \ln \tau_w) / \beta]^2 \tag{7-19}$$

式中，w 为大气水汽含量；τ_w 为大气水汽吸收波段第 19 波段地面反射率与大气窗口波段第 2 波段地面反射率的比值；α、β 为参数，对于复合性地表，$\alpha = 0.02$，$\beta = 0.651$。MODIS 31/32 夏季中纬度标准大气状况下大气水汽含量和透过率的变化之间呈近似线性关系：

$$\tau_{31} = -0.10671w + 1.04015 \quad\quad (7\text{-}20)$$

$$\tau_{32} = -0.12577w + 0.99229 \quad\quad (7\text{-}21)$$

3）地表比辐射率计算

地表比辐射率是物体与黑体在同温度、同波长下的辐射出射度的比值。在传感器的波段区间及像元大小确定情况下，地表比辐射率主要取决于地表物质的组成和结构。在 MODIS 1 km 的像元尺度下，像元可以粗略视作由水体、植被和裸土 3 种类型构成。MODIS 混合像元的地表比辐射率可表示为

$$\varepsilon_i = P_{\mathrm{w}} R_{\mathrm{w}} \varepsilon_{iw} + P_{\mathrm{v}} R_{\mathrm{v}} \varepsilon_{iv} + (1 - P_{\mathrm{w}} - P_{\mathrm{v}}) R_{\mathrm{s}} \varepsilon_{is} \quad\quad (7\text{-}22)$$

式中，P_{w} 和 P_{v} 分别为水面和植被在该像元内的构成比例；ε_{iw}、ε_{iv} 和 ε_{is} 分别为水面、植被和裸土在该波段的辐射率，可在 ASTER 提供的常用地物比辐射率光谱库内查得；R_{w}、R_{v} 和 R_{s} 分别为水体、植被和裸土的温度比率，在 5～45℃ 范围内，分别为 1.00744、0.99240 和 0.99565。该方程的求算关键在于估算混合像元中的 P_{w} 和 P_{v} 值。

对于水面较大的地区来说，可以利用可见光和红外波段水体反射率一般明显低于其他地物，以及水体归一化植被指数 NDVI<0 的特性，提取纯水体像元，并取 $P_{\mathrm{w}} = 1$。此时，$\varepsilon_i = R_{\mathrm{w}} \varepsilon_{iw}$。对于水面可以忽略的陆地来说则构成比较复杂，像元中植被构成比例可以表示为

$$P_{\mathrm{v}} = (\mathrm{NDVI} - \mathrm{NDVI_s}) / (\mathrm{NDVI_v} - \mathrm{NDVI_s}) \quad\quad (7\text{-}23)$$

式中，$\mathrm{NDVI_v}$ 和 $\mathrm{NDVI_s}$ 为完全植被和裸土的植被指数；NDVI 为任意像元的植被指数。

地表比辐射率可根据像元 NDVI 来求算：①当 $\mathrm{NDVI} > \mathrm{NDVI_v}$ 时，像元被看作是完全的植被覆盖，取 $P_{\mathrm{v}} = 1$，则 $\varepsilon_i = R_{\mathrm{v}} \varepsilon_{iv}$；②当 $\mathrm{NDVI_s} < \mathrm{NDVI} < \mathrm{NDVI_v}$ 时 $\varepsilon_i = P_{\mathrm{v}} R_{\mathrm{v}} \varepsilon_{iv} + (1 - P_{\mathrm{v}}) R_{\mathrm{s}} \varepsilon_{is}$；③当 $\mathrm{NDVI} < \mathrm{NDVI_s}$ 时，像元被看作完全裸土，取 $P_{\mathrm{v}} = 0$，则 $\varepsilon_i = R_{\mathrm{s}} \varepsilon_{is}$。

4）反演结果

许国鹏等（2007）采用 2005 年 10 月 10 日 HDF 格式 1B 级别的 MODIS 数据进行了湖北省地表温度的反演。首先进行预处理：①对相邻扫描行之间数据重复的"蝴蝶结"现象，利用 ENVI 软件 IDL 模块中开发的纠正函数去除；②进行物理定标，将 DN 值转化为反射亮度或辐射亮度；③对于有云的区域，鉴于云在多波段的光谱特征互补性，可利用热温度信息和云检测指数进行云的综合检测。

数据处理过程中的编程、计算均在 Matlab 环境中完成，主要步骤如下：①用第 1、2 波段计算 NDVI，对比反射率提取水体；②根据湖北省秋季植被覆盖情况，取 $\mathrm{NDVI_v} = 0.70$，$\mathrm{NDVI_s} = 0.05$，估算水面和植被的构成 P_{w} 和 P_{v}；③根据式（7-22）及 P_{w} 和 P_{v}，估计像元的地表比辐射率 ε_{31} 和 ε_{32}；④用第 2、19 波段计算大气水分含量 w，并进而根据式（7-20）和式（7-21）估计大气透过率 τ_{31} 和 τ_{32}；⑤用第 31、32 波段的辐射亮度，根据 Planck 方程计算星上亮度温度 T_{31} 和 T_{32}；⑥运用劈窗算法的式（7-9）～式（7-18），

利用 ε_{31} 和 ε_{32}、τ_{31} 和 τ_{32}，以及 T_{31} 和 T_{32}，计算地表温度 T_s；⑦利用数据自带的坐标信息做精几何校正，叠加省界掩膜，得到湖北省地表温度反演结果图，如图 7.12 所示。

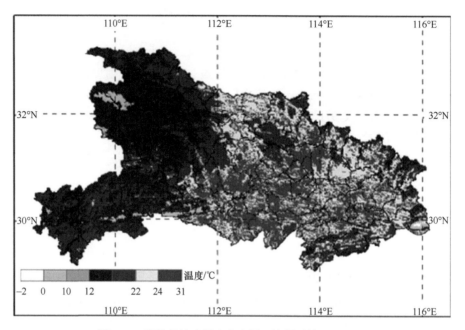

图 7.12　湖北省地表温度分布图（许国鹏等，2007）

图 7.12 为 MODIS 反演结果得到的湖北省地表温度空间分布图。经过云检测，鄂西北竹溪、竹山、鄂西南约 30°N 沿线部分地区和鄂东南黄梅等地区反演温度明显偏低是由于云的覆盖造成的。统计可知，遥感反演的湖北省地表温度平均值为 14.24℃；空间分布差别不大，97.66%的地区温度为 13～27℃，其中 17℃、18℃、22℃、23℃、24℃的比例均达到了 9%，基本符合湖北省 10 月上中旬白天的季节特点。

7.5.2　基于随机森林的海表盐度遥感反演模型应用实例

盐度（salinity）是海水中含盐量的一个标度。盐度的基本定义为每 1kg 水内溶解物质的克数。1902 年，Knudsen 等基于化学分析测定方法，将盐度正式定义为：每 1kg 的水内，将溴和碘化物计算为氯化物，将碳酸盐计算为氧化物，将所有有机化合物计算为完全氧化的状态，溶解物质的克数，单位是 g/kg，以 S‰号表示。海表盐度是描述海洋的一个重要参量，研究其分布和变化规律对了解海洋自身特性，以及海洋在海洋和大气这一复杂系统中的作用有着重要意义，因而海洋盐度的反演研究逐渐受到关注。

海洋盐度遥感反演方法主要分为间接法和直接法。间接法主要是基于特定海域盐度与某些光敏感性物质的关系，建立其遥感反演模型。而直接法则主要利用盐度敏感波段（可见光、近红外波段及微波 L 和 S 波段），通过微分光谱技术、海表辐射模型、多元统计回归模型等获得盐度与光谱数据的关系，实现海表盐度的遥感反演。本节主要介绍一种基于随机森林回归算法的间接法海表盐度遥感反演模型及其应用（江佳乐等，2014）。

1. 数据及准备

香港特别行政区位于 114°15′E，22°15′N，珠江口以东，拥有很长的海岸线，水域面积达 1651km²，属海洋性副亚热带季风气候。香港环境保护署自 1986 年起在其海域实施全面的海水水质监测计划，每月在全港 76 个水质监测站进行海水监测，本书以其所搜集度量的表层海水水质数据为实测数据（图 7.13）。

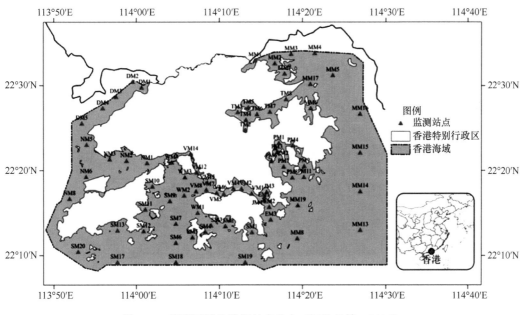

图 7.13　研究区域及监测站点分布（江佳乐等，2014）

先进星载热发射和反射辐射仪（the advanced spaceborne thermal emission and reflection radiometer，ASTER）是搭载于 1999 年发射的 Terra 卫星上的多光谱成像仪。本书基于 ASTER LEVEL 1B（L1B）数据对影像进行辐射定标，其中将 VNIR、SWIR 定标为辐射亮度，单位是 W/（m²·sr·μm），TIR 数据定标为大气表观温度值，以开尔文为单位，继而对其进行基于 FLAASH 的大气校正，以及拼接、裁剪等处理。考虑到研究区域的覆盖率及影像质量，实验选取了 2003～2008 年共 6 期 L1B 影像数据，并利用其覆盖的监测站点的数据进行相关应用与分析（表 7.2）。

表 7.2　ASTER 影像数据覆盖的监测站点

成像时间	影像覆盖的监测站点	站点数目	成像时间	影像覆盖的监测站点	站点数目
2003.11.03	DM（2，3，4，5）；NM（1，2，3，5，6，8）；SM（3，4，5，6，7，9，10，11，12，13，17，18，20）；TM3；VM（4，5，6，7，8，12，14）；WM（1，2）	33	2006.04.17	DM（1，2）；EM1；JM（3，4）；MM（1，2，3，4，5，6，7，14，15，16，17，19）；NM（1，2，3）；PM（1，2，3，4，6，7，8，9，11）；TM（2，3，4，5，6，7，8）；VM（1，2，4，5，6，7，8，12，14，15）；WM（3，4）	48

成像时间	影像覆盖的监测站点	站点数目	成像时间	影像覆盖的监测站点	站点数目
2004.11.21	DM（1，2，3，4，5）；MM1；NM（1，2，3，5，6，8）；SM（2，3，4，5，6，7，9，10，11，12，13，17，18，20）；TM（2，3，4，5，6）；VM（2，4，5，6，7，8，12，14，15）；WM（1，2，3，4）	44	2007.11.30	DM1；EM（1，2，3）；JM（3，4）；MM（1，2，3，4，5，6，7，8，13，14，15，16，17，19）；NM（1，2）；PM（1，2，3，4，6，7，8，9，11）；SM（1，2，3，4，5，6，7，9，10，11，12，13，17，18，19）；TM（2，3，4，5，6，7，8）；VM（1，2，4，5，6，7，8，12，14，15）；WM（1，2，3，4）	67
2005.10.23	DM（1，2，3，4）；EM（1，2，3）；JM（3，4）；MM（1，2，3，4，5，6，7，8，14，15，16，17，19）；NM（1，2，3，5，6）；PM（1，2，3，4，6，7，8，9，11）；SM（1，2，3，4，5，6，7，9，10，11，12，13，17，18，19，20）；TM（2，3，4，5，6，7，8）；VM（1，2，4，5，6，7，8，12，14，15）；WM（1，2，3，4）	73	2008.02.18	DM（1，2，3，4，5）；MM1；NM（2，3，5，6，8）；SM（2，3，4，5，6，7，9，10，11，12，13，17，18，19，20）；TM（2，3，4，5）；VM（4，5，6，7，8，12，14，15）；WM（1，2，3，4）	42

2. 海表盐度反演遥感建模方法

1）RF 遥感建模方法

随机森林是一种统计学习理论，包括随机森林分类（random forest classification，RFC）和随机森林回归（random forest regression，RFR）。它是决策树的组合，用 Bagging 算法产生不同的训练集，即利用 Bootstrap 重抽样方法从原始训练集中抽样生成多个样本，对每个新的训练集进行决策树建模，且决策树在生长过程中不进行剪枝，然后组合多棵决策树的预测，最后通过简单多数投票法（因变量为分类变量时，RFC）或单棵树输出结果的简单平均（因变量为数值变量时，RFR）得出最终预测结果（Breiman，2001）。

由于作为因变量的敏感因子光谱参数及海表盐度都是数值变量，在盐度预测 RF 的建模过程中，采用的是随机森林回归模型，如图 7.14 所示。随机森林利用 Bagging 方法生成训练集，即每棵分类决策树的训练样本都是从原始总样本数据集中随机选取，直至生成 k 棵决策树，所有决策树的集合形成一个盐度预测的随机森林，最终产生 k 个决策树结果，通过平均法得到最优盐度预测结果。在训练集生成过程中，一些样本在特别的 Bootstrap 采样中不止用了一次，而另一些数据可能并未用到，这样原始样本中接近 37% 的样本不会出现在训练集中，这些数据称为袋外（out-of-bag，OOB）数据。使用这些数据可用来估计模型的性能（OOB 估计），即估计单个变量的重要性，以及估计模型的泛化误差，用于结果的解释。

2）敏感因子筛选

海洋环境复杂，存在多方面影响海洋盐度变化的因子，影响层次也不尽相同，因此要研究盐度的反演，需要对潜在的影响因子进行分析、筛选，为模型的建立提供依据。

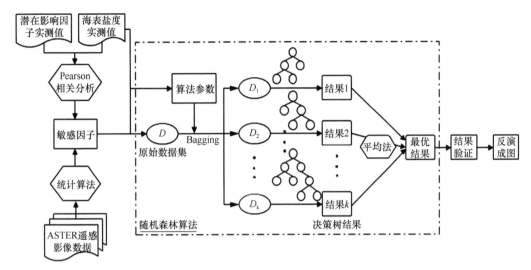

图 7.14　算法流程结构示意图

　　在对海盐的遥感探测过程中存在一定的干扰因子,增加了卫星遥感观测海表面盐度的复杂性,影响了其精确程度,但这些因素大多数可通过一定的技术手段消除或降低至可忽略水平。海洋表面作为海洋和大气的交界面,其条件不稳定,而近岸海域易受气候与大陆的影响,多数因子涉及面广,条件复杂,且难以量化,可用相关参数进行表征。除了上述宏观因素外,对于光学遥感而言,在海水物质成分中还存在一些与盐度密切相关的组分,它们是海表宏观因子的微观表征,同时也在一定程度上影响着海表盐度。

　　考虑到实际测量数据的获取途径及光学遥感特性,首先筛选出在盐度反演中重要的参数:代表黄色物质的氮素、与河川径流相关的悬浮固体、表征浮游植物量的叶绿素 a,以及海表温度(T)。黄色物质即有色可溶性有机物质(colored dissolvable organic matter,CDOM),是遥感监测水质的主要参数之一,是不同于浮游植物种群的、与枯衰植物有关的溶解有机物。前人研究分析了黄色物质的渊源,认为海水中的黄色物质的来源有:①来源于大陆,主要是江河携带;②直接由海洋浮游植物有机体化学降解而形成。悬浮固体(suspended solid,SS)是指水中呈悬浮状态的固体。在河口-近岸海域,河川径流入海时,会携带大量悬浮物质,使其附近海水中固体悬浮物明显增大,因此悬浮固体与径流密切相关。浮游植物广泛存在于河流、湖泊和海洋中,植物生长需要吸收必需的营养元素及营养盐,在一定程度上降低了附近水域环境的营养盐含量,稀释盐度。而地球上约一半的光合作用是由浮游植物进行的,因此,叶绿素 a、氮、磷等含量可作为表征浮游生物量的参数。海水的温度是海洋热能的一种表现,温度对蒸发量起决定作用,它通过改变溶解度而影响盐度,一般而言,温度越低,溶解度越小,溶解的盐越少,盐度就越大。

　　为检验各潜在影响因子与海表盐度的相关程度,影像数据所对应的研究区域监测站共 1535 个实测数据(包括盐度、总氮、悬浮固体、叶绿素 a 及温度,已剔除数据异常值),利用统计软件 SPSS 对盐度与各因子之间进行 Pearson 相关分析及双侧检验,得到结果如表 7.3 所示。

表 7.3   盐度与各潜在影响因子的相关关系

年份	盐度	总氮	悬浮固体	叶绿素 a	温度
2003	Pearson 相关性	−0.962**	−0.647**	−0.105	0.797**
	显著性（双侧）	0.000	0.000	0.563	0.000
	样本量 N	33	33	33	33
2004	Pearson 相关性	−0.935**	−0.711**	−0.411**	−0.392**
	显著性（双侧）	0.000	0.000	0.006	0.009
	样本量 N	44	44	44	44
2005	Pearson 相关性	−0.865**	−0.328**	−0.344**	−0.280*
	显著性（双侧）	0.000	0.005	0.003	0.017
	样本量 N	73	73	73	73
2006	Pearson 相关性	−0.924**	−0.808**	−0.159	−0.191
	显著性（双侧）	0.000	0.000	0.279	0.194
	样本量 N	48	48	48	48
2007	Pearson 相关性	−0.938**	0.015	−0.085	0.278*
	显著性（双侧）	0.000	0.903	0.495	0.023
	样本量 N	67	67	67	67
2008	Pearson 相关性	−0.952**	−0.813**	−0.090	−0.546**
	显著性（双侧）	0.000	0.000	0.570	0.000
	样本量 N	42	42	42	42

**为在 0.01 水平双侧上显著相关；*表示在 0.05 水平（双侧）上显著相关。

　　表 7.3 给出了 Pearson 相关系数，以及相关检验 t 统计量对应的双尾检验概率 p 值。从敏感因子与盐度的相关性比较中可以看出，盐度与总氮、悬浮固体显著相关，显著水平达到 0.01，其中与总氮相关性最高（相关系数都在 0.8 以上，对应的显著性（双侧）p 值均为 0.000<0.05）。总氮是溶液中所有含氮化合物的总称，即硝酸盐氮、亚硝酸盐氮等无机氮，以及大部分有机含氮化合物的总和。在近海区域，河川径流入海时携带了大量的氮、磷等营养元素，由此总氮含量可以在一定程度上代表淡水注入量，并与盐度存在反比关系。此外，作为浮游植物生长的重要物质基础，氮在大多数海域中是限制浮游植物生长的主要营养元素，尤其在热带和亚热带海域作用更加明显。

　　固体悬浮物含量越大，代表注入的淡水量越大，相应区域内的海水盐度降低。已有多项研究表明温度对海表盐度具有重要影响。温度可直接影响海表水蒸发量，从而改变盐度，并能影响水体理化性质，进而改变盐类在水体中的溶解度，与盐度形成负相关关系。也有研究发现，在海水表面存在高温、低盐度的关系。同时，近岸海水属于二类水体，悬浮泥沙、黄色物质和叶绿素 a 浓度成为相互独立的三个要素，共同影响着水体光学特性，因而悬浮泥沙和黄色物质都将对叶绿素 a 浓度造成影响，导致叶绿素 a 对盐度的影响复杂化，不足以直接作用于盐度。

　　总体而言，总氮、悬浮固体、温度与盐度的相关性较高，对盐度的反演贡献较大。叶绿素 a 与盐度虽然存在一定的相关性，但较之同时期的总氮和悬浮固体而言，相关系数较小。尽管在少数年份中存在相关系数叶绿素 a 比温度高的情况，但两者仅相差 0.019

（2004 年）、0.064（2005 年），而在其他年份中相关系数温度远高于叶绿素 a。

利用以上相关关系及显著性水平作为筛选参考，并结合理论分析，剔除叶绿素 a，选取总氮（TN）、悬浮固体（SS）、温度（T）作为盐度敏感因子用于模型的建立。

3）输入数据集构建

输入数据集由三个敏感因子总氮、悬浮固体、温度构成，其数据采用 ASTER 遥感影像利用如下所述的计算方法提取得到。

水体中，黄色物质的光学性质可以用波段 R_{665}/R_{490} 值来表示；氮、磷对不同波段光谱反射具有显著的特征，其中氮在波长 404 nm 和 477 nm 处各有一反射峰。基于这些知识，经过多种波段组合的尝试，最终得出与总氮实测值的相关系数达到 0.633 的波段组合：

$$TN = 47.473 \times \frac{b_2}{b_1} + 13.464 \times \frac{b_1}{b_2} - 25.009 \times b_3 + 15.051 \times b_2 - 50.027 \qquad (7\text{-}24)$$

式中，b_1、b_2、b_3 分别对应 ASTER 数据第 1（0.52～0.60 μm）、2（0.63～0.69 μm）、3（0.78～0.86 μm）波段，以此作为总氮在模型应用时的输入参数。

香港海域属于二类水体，浑浊度高。根据不同类型水体的实测光谱曲线，绿波段对低悬浮物浓度有很高的相关度，而且可以校正叶绿素 a 所产生的干扰，红波段则对中高悬浮物浓度敏感。因而考虑单波段与比值相结合的方法反演悬浮固体（R=0.605）。

$$SS = 1766.392 \times b_2 + 5.536 \times \frac{b_1}{b_3} - 985.872 \times b_1 + 63.658 \times \frac{b_1}{b_2} - 121.373 \qquad (7\text{-}25)$$

对于地表温度，前人多采用劈窗算法、多通道法、插值法、人工神经网络等方法进行反演，但海洋表面环境复杂，远不如地表稳定，因此将以上算法应用于海表温度，效果并不理想。而 ASTER 数据拥有 5 个热红外通道，能有效地反演温度。首先利用普朗克公式计算出各波段亮温：

$$B_\lambda(T) = \frac{C_1}{\lambda^5 \left(e^{C_2/\lambda T} - 1 \right)} \qquad (7\text{-}26)$$

式中，λ 为波段的中心波长；$B_\lambda(T)$ 为卫星测量辐射强度；$C_1 = 1.1910435610^{-16}$ W·m²，$C_2 = 1.4387686910^{-2}$ m·K。上式可简化为

$$T = \frac{K_2}{\ln\left(\frac{K_1}{L_\lambda} + 1\right)} \qquad (7\text{-}27)$$

$$K_1 = \frac{C_1}{\lambda^5} \quad K_2 = \frac{C_2}{\lambda} \quad L_\lambda = B_\lambda(T) \qquad (7\text{-}28)$$

基于温度与单波段亮温的相关性分析，通过多次计算验证，最终得出温度反演线性方程（R=0.903）：

$$T = 1.569 + 0.939 \times T(b_{12}) - 1.681 \times T(b_{10}) + 1.631 \times T(b_{13}) \qquad (7\text{-}29)$$

式中，$T(b_{10})$、$T(b_{12})$、$T(b_{13})$ 分别为 ASTER 数据的第 10（8.125～8.475μm）、12（8.925～

9.275μm）、13（10.25～10.95μm）波段的亮温。

4）算法参数设定

随机森林有三个重要参数：ntree 为森林中树的数目，nodesize 为每个终端节点数据点的最小数目，mtry 为每个树节点随机采样的数目。对于回归问题，nodesize 默认值为 5，ntree 的默认值为 500，mtry 默认值为 1/3 的自变量数目。

将遥感影像提取出的悬浮固体、总氮、温度数据，以及对应的盐度实测值作为原始数据集输入分析，得出 OOB 均方差误差率图（图 7.15）。可以看出，OOB 均方误差随着树的数目增长而收敛。结合 ntree、nodesize 参数在不同取值下 R^2 及 MSE 的比较，由表 7.4、表 7.5 可知，当 nodesize 取默认值 5，ntree = 500、1000、5000 时，R^2 取值相对较大，而 MSE 相对较小，而当 ntree = 500，nodesize = 2 及 ntree = 5000，nodesize = 2 时，模型评价效果最佳。但两者相比，ntree 取值 5000 时，OOB 均方误差曲线（图 7.15）近乎稳定。因此，为了让森林的整体误差率趋于稳定，并保证 RF 收敛，在提高算法效率的基础上，本实验选取 ntree = 5000，nodesize = 2，同时将 mtry 设为默认值，结合实测盐度值、敏感因子（TN、SS、T）光谱参数四组数据组成原始数据集输入，进而利用 R 语言对盐度进行回归建模。

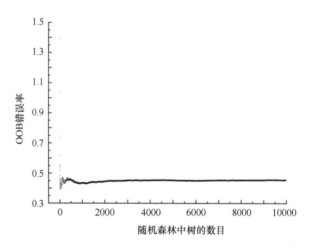

图 7.15　OOB 均方差误差率图

表 7.4　随机森林算法 ntree 参数不同取值的比较

ntree	500	1000	2000	3000	4000	5000	6000	7000	8000	9000	10000
R^2	0.8779	0.8786	0.8751	0.8723	0.8738	0.8770	0.8766	0.8745	0.8754	0.8762	0.8746
MSE	0.4441	0.4413	0.4540	0.4645	0.4589	0.4473	0.4487	0.4565	0.4530	0.4502	0.4561

表 7.5　随机森林算法 ntree、nodesize 参数不同取值的比较

ntree	nodesize	R^2	MSE
500	2	0.93	0.27
500	3	0.91	0.32
500	4	0.88	0.42
500	5	0.88	0.44

续表

ntree	nodesize	R^2	MSE
500	6	0.85	0.54
1000	2	0.92	0.30
1000	3	0.90	0.35
1000	4	0.89	0.39
1000	5	0.88	0.44
1000	6	0.86	0.51
5000	2	0.92	0.28
5000	3	0.91	0.33
5000	4	0.89	0.39
5000	5	0.88	0.45
5000	6	0.86	0.51

3. 结果与讨论

为了评价随机森林建模结果，采用决定系数（R^2）和均方误差（MSE）作为反演模型的评价依据。由图 7.16 可以看出，2005 年、2006 年的决定系数 R^2 均在 0.98 以上，而 2004 年数据反演结果 R^2 则相对较低（0.856）。这是由于海表面环境复杂、卫星过境时间的不同、实地采样的天气情况差异等因素均会对反演结果精度产生一定程度上的偏差。同时，表层盐度也会有季节循环和年度跃变形式的变化。

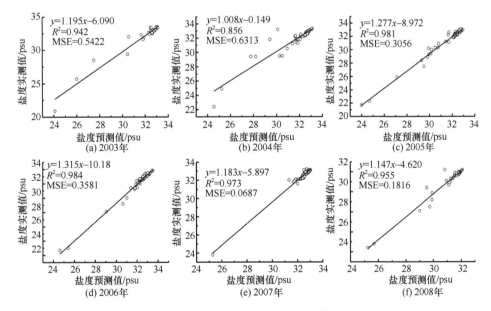

图 7.16 盐度预测值与实测值对比散点图

经过比较发现，图 7.16 中虽然存在偏高或偏低的预测值，但总体接近实测值，误差较小，基本服从线性成比例分配。可以看出，盐度预测值与实测值之间相关性强，该模型拟合度高，用以描述实验数据具有良好的精确度，能很好地对实测值进行预估。

根据上述分析结果，将随机森林海表盐度反演模型应用于 ASTER 遥感影像数据，得到 2003～2008 年香港海域盐度分布（图 7.17）。可以看出盐度值集中在 27～33 psu，在接近大陆区域的盐度较低，河流的入海口尤其是邻接珠江口的后海湾海域，盐度最低，而开阔海域盐度相对较高。研究区域盐度分布呈自东南向西北递减、近岸向远岸递增的总体趋势，符合现实情况。

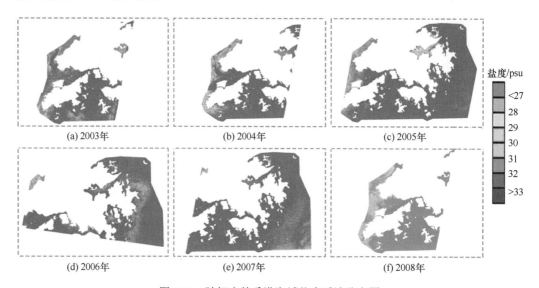

图 7.17　随机森林香港海域盐度反演分布图

虽然随机森林反演模型结果精度较高，但依然存在着一定的误差。香港海域是一个开放性的复杂环境，大气及海洋条件下的宏观因子均会对模型结果造成一定的影响。从建模的整个过程来看，误差来源包括参数误差及模型本身误差。遥感数据存在一定的复杂性，表征温度、总氮、悬浮固体的数据集虽然与之相关性显著，但毕竟存在差异，这也会导致模型精度降低。

随机森林相对于其他集成学习算法的最主要优势在于对结果的可解释性，即对变量重要性的测算，重要性越大，变量特征就越重要。为了得到可靠稳定的模型，本书采用如下测算方法，即计算每棵树 OOB 误差和挑选自变量序列后每棵树的 OOB 误差的差：

$$\mathrm{FI}^{(t)}(f) = \frac{\sum\limits_{x_i \in \beta^{c(t)}} I\left[I_j = c_i^{(t)}\right]}{|\beta^{c(t)}|} - \frac{\sum\limits_{x_i \in \beta^{c(t)}} I\left[I_j = c_{i,\pi f}^{(t)}\right]}{|\beta^{c(t)}|} \tag{7-30}$$

式中，$\beta^{c(t)}$ 与第 t 棵树的 OOB 样本相关，其中 $t \in \{1, \cdots, T\}$；$c_i^{(t)}$ 和 $c_{i,\pi f}^{(t)}$ 表示预测的样本 x_i 在转换特征 f 前后的预测类别。需要指出的是，如果特征 f 不在第 t 棵树中时，$\mathrm{FI}^{(t)}(f) = 0$。特征 f 作为全部树的变量重要性计算如下：

$$\mathrm{FI}(f) = \frac{\sum\limits_T \mathrm{FI}^{(t)}(f)}{T} \tag{7-31}$$

式中，T 为树的数目。

由此，每一个随机挑选序列的自变量 OOB 变化便是这个特定自变量的重要性标志。如果一个自变量是不相关的，那么随机挑选序列的 OOB 值应该有非常小的 OOB 误差。

变量重要性度量就是假设将某个变量剔除，会对模型的结果精度造成多大的影响。表 7.6 体现了变量的重要性，其中节点不纯度由残差平方和计算得到，表示变量在每个分裂节点的不纯度减少值。表中值越大表明该元素对预测结果影响越大，重要性越高。总体而言，总氮对盐度预测的贡献度很高，而温度对其结果的影响程度较小。可以看出，反演结果与相关性分析基本一致，符合客观事实，且能反映出模型是以总氮为主导因子，悬浮固体、温度为辅助因子建立的。

表 7.6 变量重要性

变量	温度	总氮	悬浮固体
MSE/%	27.22	94.49	37.78
节点不纯度	224.47	625.56	362.01

总体上来说，预测结果表明，预测的盐度值与实测值相关性强，平均相对误差小，反演分布结果符合客观实际，基本保证了较高的准确率与可信度，为进一步建立精确的海盐遥感反演模型提供了参考。

7.6 定量遥感面临的基本问题

目前来说，我们获得的大量的遥感数据并未得到有效充分地利用，导致所需求的有效信息十分匮乏，这也是目前制约遥感发挥作用的瓶颈问题。这种矛盾产生的原因就是人们对于遥感数据的认识和理解还不够，这必然影响了遥感定量应用的精度。

7.6.1 方向性问题

传统的遥感主要采取垂直对地观测方式，以获得地表二维信息，对获取的数据则基于地面目标漫反射的假定——即简单化、理想化的把地表看做各种同性的、均匀的表面——"朗伯体"，地表与电磁波的相互作用是各向同性；遥感的研究也主要是从地物目标的波谱特征入手，进行分析、判读或分类。

但事实上，地球表面并非朗伯体。大量事实证明，地物与电磁波的相互作用也非各向同性，而具有明显的方向性。这种反射的方向性信息中，既包含了地物的波谱特征信息，又包含着其空间结构特征信息；而辐射的方向性信息，也是由物质的热特征，以及几何结构等决定的。因此，随着太阳高度角及观测角度的变化，地物的反射、辐射特征及地物瞬时所表现出的空间结构特征都会随之变化。这种变化记录在遥感图像上，则将可能产生同一地物反射、辐射信息的很大差异。Kimes 的研究认为朗伯表面的假设会在反照率计算中引起高达 45%的误差，而随着观测天顶角从 0°～80°变化，观测到的作物表面温度可以产生 13℃变化。

正因为传统遥感缺乏足够的信息来同时推断像元的组分光谱和空间结构，使遥感的定量精度受到很大的限制。地表反射与发射辐射的方向性模型研究和应用，是定量遥感必须首先解决的关键问题。

7.6.2　混合像元与尺度问题

1. 混合像元分解

由于地物分布的复杂性、电磁辐射传输过程中各种环境的影响，以及探测元件本身的物理特性等多种因素的作用，遥感影像中的像元很少是由单一地物组成的。这种包含了多种地物类型的影像像元被称为混合像元，组成混合像元的纯净地物则被称为端元（end-member）。混合像元的光谱特征是由其包含的多种地物光谱叠加的结果。在传统的利用遥感影像进行的研究中，影像上的每个像元都被视为纯像元，这种处理方式会对研究结果的准确性产生影响。由于大多数自然地物的形状和大小是不规则的，它们很难正好被某个或多个像元沿边界完全覆盖。因此，混合像元非常普遍地存在于遥感影像中，特别是当空间分辨率较低时（胡茂桂和王劲峰，2010）。从理论上讲，混合光谱的形成主要有以下原因。

（1）单一成分物质的光谱、几何结构，以及在像元中的分布；

（2）大气传输过程中的混合效应；

（3）遥感仪器本身的混合效应（赵英时，2003）。

混合像元的存在是传统的像元级遥感分类和面积量测精度难以达到实用要求的主要原因。为了提高遥感影像应用的精度，必须解决混合像元的分解问题，使遥感应用由像元级达到亚像元级，进入像元内部，将混合像元分解为不同的"基本组分单元"或称"端元"。并求出这些端元所占的比例。这就是混合像元的分解问题（李素等，2007）。

选取合适的端元是成功的混合像元分解的关键。端元选取包括确定端元数量以及端元的光谱。理论上，只要端元数量 m 小于等于 $b+1$（b 表示波段数），线性方程组就可以求解。然而实际上由于端元波段间的相关性，选取过多的端元会导致分解结果产生更大的误差。

端元光谱的确定有两种方式：一种是使用光谱仪在地面或实验室测量到的"参考端元"；另一种是在遥感图像上得到的"图像端元"。第一种方法一般从标准波谱库选择；第二种方法直接从图像上寻找端元，可选择的方法有：从二维散点图中基于几何顶点的端元提取，借助纯净像元指数（pixel purity index，PPI）和 n 维可视化工具进行端元波谱收集，基于连续最大角凸锥（sequential maximum angle convex cone，SMACC）的进行端元自动提取。多年来国内外学者们探索遥感光谱成像机理，模拟光谱的混合过程，研究和发展了多种混合光谱分解方法，提出不同的光谱混合模型，如线性、概率、几何光学、随机几何、模糊模型等。

2. 尺度效应与尺度转换

定量遥感是当前遥感研究与应用的前沿领域。遥感信息的定量化首先要求对地表特征的合理描述。由于地球表面空间是一个很复杂的系统，所以在某一尺度上人们观察到的性质、总结出的原理或规律，在另一尺度上可能有效、相似，也可能需要修正。这里便存在着不同尺度的对比、转换、误差分析等问题，也就是常说的"尺度效应与尺度转换"。尺度问题存在于自然科学和社会科学的多个领域，在不同的领域中有不同的诠释，总的来说，它可以总结成具有以下的特点：多层次性、复杂性、易变性。加之遥感观测信息多空间分辨率固有的特点，从定量遥感出发的地学描述必然存在多尺度的问题（李小文和王祎婷，2013）。

尺度研究的根本目的在于通过适宜的空间和时间尺度来揭示和把握复杂的生态地理变化规律。栾海军等（2013）提出不同的自然现象有不同的最佳观测距离和尺度，需要适当的距离和比例尺，才能有效、完整地观察，并不一定是距离越近越好，观测越细微越好。这是遥感尺度研究的第一层问题，即尺度选择。

遥感科学要研究的第二个尺度问题是尺度转换问题，即同一地物不同观测尺度的参数估计结果是否要求一致、如何提高参数估计精度（李小文，2005）。遥感的尺度问题主要存在于空间域中，即遥感的尺度问题主要是空间尺度问题。遥感的空间尺度是与遥感信息的空间分辨率密切相关的，低分辨率对应大尺度，高分辨率对应小尺度，多个分辨率的遥感信息即多尺度信息，正是因为多尺度信息的存在，而且大多数情况下并不是一致的，尺度转换不可避免地成为遥感研究的内容之一。

遥感科学要研究的第三个尺度问题是尺度效应问题。地球时空信息的尺度效应研究，应根据应用需求确定不同的研究尺度和空间分辨率的信息源，着重研究不同尺度信息的空间异质性特点，尺度变化对信息量、信息分析模型和信息处理结果的影响，并进行尺度转换的定量描述（赵英时，2003）。尺度效应不是一个新的概念，但它是遥感科学的关键问题之一，我们用几何光学模型来解释不同尺度上量的内涵变化、量的性质改变，以及物理定律的适用性。

7.6.3　反演策略与方法

传统的遥感地表参数反演都把观测的数据量（N）大于待反演的模型参数量（M）作为反演的必要条件，采用最小二乘法进行迭代计算。各种遥感反演都需要通过遥感手段获取一些能起关键作用的参数，但是由于地表的复杂多样性，所获取的参数相对于复杂的地表系统来说总是不够的，因此要实现 $N>M$ 在实际中是很困难的。

针对遥感模型反演的特点，学者们对模型反演的成功要素进行了总结。Goel（1988）提出四要素：①模型参数 M 要小于或等于测量样本数 N，对于非线性模型，要求 $M\ll N$；②模型本身必须是数字可反演的；③模型灵敏度，即指模型反演的抗噪声能力；④利用其他参数的辅助信息，即用测量值或估计值固定一些非常重要的参数。

李小文和王锦地（1995）采用排除法，提出了模型成功反演的基本要素。

（1）模型本身的特点，即注意模型中部分参数以"同形态"出现及参数的相关性。所谓参数以"同形态"出现，不是指独立参数，而是以函数组合的形式出现，如 λR^2 只能作为一个参数来反演。

（2）观测值的信息量和类型。由于测量数据本身含有噪声，而且或多或少不完全独立，成功反演的必要条件已不是数据的数量，而是观测数据中的信息量至少大于等于待反演参数的信息量（不确定的减少）。也就是使测量数据包含的信息量尽可能多，数据之间的相关性尽可能的小。增加信息量的方式可以有多种方式，如对某些参数的值域加以限定，或增加观测数量或利用先验知识等。

（3）地面实际情况下观测值对地表未知参数（反演参数）的敏感性。当地面实况使一个或几个反演参数变得不敏感时，这种不敏感参数的反演结果极不稳定，可能会使反演失败。则需通过先验知识的积累，事先对此有所了解，对其可能的取值范围做出估计，强行赋予它一个合理的值，而避免让不敏感参数参与反演。

7.6.4　遥感模型与应用模型的链接

在遥感应用研究中，遥感所获得的大量数据，必须转换为有用的信息。这里的关键在于通过各种处理、各种模型运算，从海量遥感数据中提取或反演出"实用"的专题信息、特征指标和地表参数。为此，人们发展了大量的遥感模型。这些模型中有简单算术运算的指数提取模型，如 NDVI 等；有运用数学、物理学的理论与算法，如线性与非线性回归分析、因子分析、主成分分析、小波分析、Bayes 理论、分形、分数维理论等；发展较为复杂的遥感前向模型和地表参数反演模型，如各种地表二向反射模型、地表真实温度反演模型、大气纠正模型等；也有与 GIS 结合的应用分析模型，如土壤侵蚀模型、作物估产模型等。

面对各种各样的遥感模型，对于实际应用领域来说，还存在着遥感模型与应用模型相互链接的问题。这是定量遥感实用化的关键。以遥感界应用最为广泛的 NDVI 为例，一方面人们根据不同的地域特征，经改造、修正的 NDVI 模型就不下数十种；另一方面，人们致力于研究 NDVI 与植被覆盖度、生物量、叶面积指数、叶绿素含量、农学参数（穗数、粒数、千粒重等）的相互关系，建立起两者间的相互分析模型以适应实际应用的需要。然而遥感参数 NDVI 与这些植被参数之间的关系并非简单的线性关系。如 LAI，由于随着 LAI 的增加植物叶子的红光反射减小，而近红外反射率增加，因而在植物生长的早、中期，NDVI 与 LAI 呈线性增长关系。但是，对于水平均匀植被而言，当 LAI 增加到一定程度（约大于 3）时，两者之间的线性关系开始变差，而当 LAI 达到 7 后，则趋于饱和，即 LAI 的增加，不再影响植被的反射特征。当然，这是一个非常粗略的概括，精确的定量描述还需要考虑到太阳的角度、叶面积密度（FAVD）与叶面积倾角（LAD）的空间分布，并要有足够的样本数。Curran 和 Williamson（1986）用遥感的比值植被指数估算草地的 LAI，发现要达到 5% 的估算精度和 95% 的置信度，至少需要 142～293 个样本，这对遥感是难以达到的。这里存在着遥感模型与各类应用模型的"链接"问题。它涉及对遥感数据的理解、遥感的机理研究、遥感模型的精度、地学过程的理解以及地表时空多变要素的反演（赵英时，2003）。

7.6.5　定量遥感的研究发展方向

基于以上定量遥感面临问题的分析，以下四个方向成为定量遥感需重点发展的方向

（李小文，2005）。

　　第一，要以尺度效应为核心，在像元尺度上对基本物理定律进行检验及修正，开展尺度转换研究，解决提高定量遥感精度的关键科学问题。国外虽然已经看到尺度效应的存在，但尚未抓住物理本质。

　　第二，开展遥感与非遥感信息数据融合的模拟试验，探索地表时空多变要素的尺度转换规律。国外虽然已经认识到地表要素并非完全自相似，运用纯数学的分形、多重分形、自仿射的方法，效果并不理想，但也尚未提出具体的思路和方法。

　　第三，进行多角度、多时相、多光谱相结合的混合像元分解和亚像元信息提取；运用多阶段的反演策略，显著提高反演的精度。在国外遥感界尚未提出比这种综合方法更有效的反演思路。

　　第四，基础研究和应用示范相结合，估算高难度的地表时空多变要素，有力推动相关学科的发展。

参 考 文 献

陈瀚阅. 2010. 劈窗算法陆表温度反演精度比较与敏感性分析. 福州: 福建师范大学硕士学位论文

陈述彭, 童庆禧, 郭华东. 1998. 遥感信息机理. 北京: 中国科学技术出版社

胡茂桂, 王劲峰. 2010. 遥感影像混合像元分解及超分辨率重建研究进展. 地理科学进展, 29(6): 747-756

江佳乐, 刘湘南, 刘美玲, 毕晓庆. 基于随机森林的香港海域海表盐度遥感反演模型. 海洋通报, 33(3): 333-341

李淑敏, 2010. 冬小麦叶面积指数(LAI)的遥感反演——经验模型和物理模型方法. 百度文库. https://wenku.baidu.com/view/8c744dcf05087632311212c1.html. 2016-10-15

李素, 李文正, 周建军, 等. 2007. 遥感影像混合像元分解中的端元选择方法综述. 地理与地理信息科学, 23(5): 35-38+42

李小文. 2005. 定量遥感的发展与创新. 河南大学学报(自然科学版), 35(4): 49-56

李小文, 王锦地. 2010. 光学遥感模型与植被结构参数化. 北京: 科技出版社

李小文, 王祎婷. 2013. 量遥感尺度效应刍议. 地理学报, 68(9): 1163-1169

梁顺林. 2009. 定量遥感. 北京: 科学出版社

梁顺林, 李小文, 王锦地, 等. 2013. 定量遥感理念与算法. 北京: 科学出版社

柳钦火, 辛晓洲, 唐娉, 等. 2010. 定量遥感模型、应用及不确定性研究. 北京: 科学出版社

栾海军, 田庆久, 余涛, 等. 2013. 定量遥感升尺度转换研究综述. 地球科学进展, 28(6): 657-664

毛克彪, 覃志豪, 施建成. 2005. 用MODIS影像和劈窗算法反演山东半岛的地表温度. 中国矿业大学学报, 34(1): 46-50

孟鹏, 胡勇, 巩彩兰, 等. 2012. 热红外遥感地表温度反演研究现状与发展趋势. 遥感信息, 27(6): 118-123+132

秦福莹. 2008. 热红外遥感地表温度反演方法应用与对比分析研究. 呼和浩特: 内蒙古师范大学硕士学位论文

施润和, 庄大方, 牛铮, 等. 2006. 基于辐射传输模型的叶绿素含量定量反演. 生态学杂志, 25(05): 591-595

覃志豪, Zhang M H, Arnon Karnieli, et al. 2001. 用陆地卫星TM6数据演算地表温度的单窗算法. 地理学报, 56(04): 456-466

田国良, 柳钦火, 陈良富. 2014. 热红外遥感(第2版). 北京: 电子工业出版社

王李娟, 牛铮. 2014. PROSAIL 模型的参数敏感性研究. 遥感技术与应用, 29(2): 219-223

许国鹏, 李仁东, 刘可群, 等. 2007, 基于 MODIS 数据的湖北省地表温度演研究. 华中师范大学学报(自然科学版), 41(1): 143-147

张良培, 张立福. 2003. 高光谱遥感. 北京: 测绘出版社

赵英时. 2003. 遥感应用分析原理与方法. 北京: 科学出版社

祝善友, 张桂欣. 2011. 近地表气温遥感反演研究进展. 地球科学进展, 26(7): 724-730

祝善友, 张桂欣, 尹球, 等. 2006. 地表温度热红外遥感反演的研究现状及其发展趋势. 遥感技术与应用, 21(5): 420-425

Allen W A, Gausman H W, Richardson A J, et al. 1969. Interaction of isotropic light with a compact plant leaf. Journal of the Optical Society of America, 59(10): 1376-1379

Breiman L. 2001. Random forests. Mach Learn, (45): 5-32

Curran P J, Willamson H D. 1986. Sample size for ground and remotely sensed data. Remote Sensing Enviroment, (20): 31-41

Franklin J, Strahler A H. 1988. Invertible canopy reflectance modelling of vegetation structure in semiarid woodland. IEEE Transaction on Geoscience and remote sensing, 26: 809-825

Franklin J, Turner D L. 1992. The application of a geom etric opticalcanopy reflectance model to semi-arid shrub vegetation. IEEE Transaction on Geoscience and remote sensing, 30(2): 293-301

Goel N S. 1988. Models of vegetation canopy reflectance and their use in estimation of biophysical parameters from reflectance data. Remote Sensing Reviews, 4: 1-212

Jacquemoud S, Baret F, Andrieu B, et al. 1995. Extraction of vegetation biophysical parameters by inversion of the PROSPECT + SAIL models on sugar beet canopy reflectance data.Application to TM and AVIRIS sensors.Remote Sensing of Environment, 52: 163-172

Li X, Strahler A H, Woodcock C E. 1995. A hybrid geometricoptical-adiative transfert approach for modeling albedo and directionalreflectance of discontinuous canopies. IEEE Transaction on Geoscience and remote sensing, 33: 466-480

Li X, Strahler A H. 1985. Geometric-optical modeling of a coniferforest canopy. IEEE Transaction on Geoscience and remote sensing, 23: 705-721

Myneni R B. 1991. Modelling radiative transfer and photosynthesis in three dimensional vegetation canopies. Agriculture Forest Meteorol, 55: 323-344

Nilson T, Kuusk. 1989. A canopy reflectance model for the homogeneous plant canopy and its inversion. Remote Sensing of Environment, 27, 157-167

Propastin P A. 2009. Spatial non-stationarity and scale-dependency of prediction accuracy in the remote estimation of LAI over a tropical rainforest in Sulawesi, Indonesia. Remote Sensing of Environment, 113: 2234-2242

Verhoef W. 1984. Light scattering by leaf layers with application to canopy reflectance modeling: The SAIL model. Remote Sensing of Environment, 16(2): 125-141

Wang Q, Adiku S, Tenhunen J, et al. 2005. On the relationship of NDVI with leaf area index in a deciduous forest site. Remote Sensing of Environment, 94: 245-255

Woodcock C E, Collins J B, Gopal S, et al. 1994. Mapping forest vegetation using Landsat TM imagery and a canopy refluence model. Remote Sensing of Environment, 50(3): 240-254

第8章 主动式遥感三维信息获取

按工作方式可将遥感技术分为主动式（有源式）和被动式（无源式）两种。被动式即直接接收来自目标物的辐射能量的遥感方式，其中绝大部分辐射能量来源于太阳对地物的辐射，其主要利用的电磁波为可见光和红外线。被动遥感技术对照射源依赖程度较高，且易受云、雨等天气状况影响。而主动遥感技术很好地弥补了这些不足。

主动遥感技术又称有源遥感，有时也称遥测，指从遥感台上的人工辐射源向目标物发射一定形式的电磁波，再由传感器接收和记录其反射波的遥感系统。其最大优势是具有全天时、全天候的特点，即不依赖太阳辐射，可以昼夜工作。主动遥感一般使用的电磁波是微波波段和激光，多用脉冲信号。

雷达（radio detection and ranging，Radar）是最常用的主动遥感设备。它可以利用电磁波探测目标位置。依据雷达发射的电磁波不同，主动式雷达遥感技术可以分为主动式雷达遥感和主动式激光雷达遥感两大类技术。通常所说的主动式雷达主要指用自然界的微波做辐射源的雷达，包括普通雷达、侧视雷达、合成孔径雷达、红外雷达等主动遥感系统。主动式激光雷达主要指用激光器作为辐射源的雷达，激光雷达（light laser detection and ranging，LiDAR）是激光探测及测距系统的简称。从工作原理上讲，主动式雷达和主动式激光雷达是相似的，都是向目标发射探测信号（微波或激光束），然后将接收到的从目标反射回来的信号（目标回波）与发射信号进行比较，做适当处理后，就可获得目标的有关信息，如目标距离、方位、高度、速度、姿态，甚至形状等参数，从而实现三维信息的获取，对目标进行探测、跟踪和识别。

本章主要从三维遥感信息提取的角度介绍主动雷达和激光雷达的工作原理及其应用。

8.1 主动雷达遥感

8.1.1 主动雷达遥感定义

通常提到的主动雷达遥感主要以微波作为辐射源，通过向目标地物发射微波并接收其后向散射信号来实现对地观测。雷达由发射机通过天线在很短时间内，向目标地物发射一束很窄的大功率电磁波脉冲，然后用同一天线接收目标地物反射的回波信号进行显示。不同物体，回波信号的振幅、相位不同，因此接收处理后，可得到目标地物的方位、高度、散射截面、形状等特征参数，也可得到目标至电磁波发射点的距离、距离变化率（径向速度）、角位置等运动参数。

电磁波在空间的传播速度是一定的。若雷达在 t_1 时刻发出一个脉冲，被目标反射后在 t_2 时刻接收到反射信息，则可根据这一时间差 Δt 计算出目标地物的距离 R：

$$R = \frac{\Delta t}{2}c = \frac{t_2 - t_1}{2}c \qquad (8\text{-}1)$$

式中，Δt 为 t_1、t_2 的时间差；c 为电磁波谱的传播速度，约为 3×10^8m/s。

根据多普勒效应，雷达还可以测定运动的目标物体。目标反射回波由于受到运动的影响，频率会发生改变，该频率变化与目标物体运动的速度呈正比，因此可计算出目标的速度。

相比于被动遥感，雷达遥感有以下特点。

（1）可穿透云雾、雨雪，具有全天候工作能力；

（2）不受太阳光照射影响，具有全天时工作能力；

（3）有一定的穿透能力，能探测地表以下几厘米至上百米的地物信息；

（4）能描绘或区分出目标几何特征。

主动式雷达可分为成像雷达和非成像雷达两种。成像雷达又可分为真实孔径侧视雷达和合成孔径侧视雷达。主动雷达遥感的主要应用领域包括地形测量、地质勘探、植被研究、农业应用、海洋研究、水文资源研究、大气研究等。

8.1.2　雷达成像原理及雷达影像特点

1. 雷达成像原理

成像雷达是一种主动成像系统，雷达主动向目标发射微波信号（通常是脉冲信号），利用接收目标反射信号成像。如图 8.1 所示，雷达成像的基本条件即雷达发射的波束照在目标不同部位时，要有时间先后差异，这样从目标反射的回波也同时出现时间差，才有可能区分目标的不同部位。

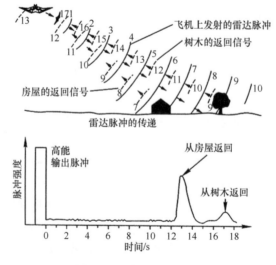

图 8.1　雷达成像基本原理

2. 测视雷达成像原理

如图 8.2 所示，侧视雷达是在飞机或卫星平台上由传感器向与飞行方向垂直的侧面发射一个窄的波束，覆盖地面上这一侧面的一个条带，然后接收在这一条带上地物的反射波，从而形成一个图像带。随着飞行器前进，不断地发射这种脉冲波束，又不断地接收回波，从而形成一幅一幅的雷达图像。

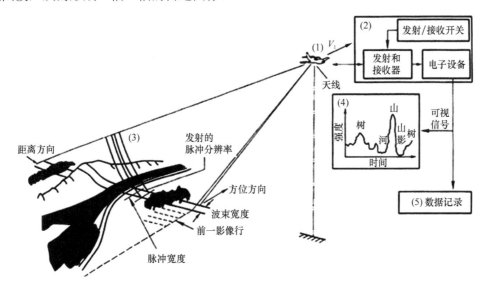

图 8.2 侧视雷达工作原理（梅安新等，2001）

与光学遥感影像不同，雷达影像的几何分辨能力具有方向性，被称为距离分辨率和方位分辨率，二者分别对应了如图 8.3 所示的雷达扫描的距离向和方位向。

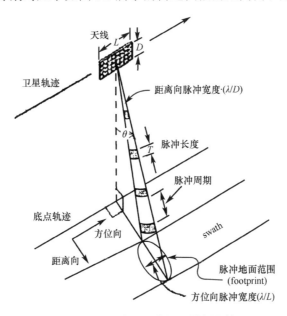

图 8.3 侧视雷达相关术语示意图（游新兆等，2002）

在侧视方向的分辨率——距离分辨率 P_g 为

$$P_g = c\tau / 2\sin\theta \tag{8-2}$$

式中，c 为光速；τ 为脉冲持续期（脉冲宽度）；θ 为视角。由公式可知，距离越近，距离向分辨率越低。

沿航线方向的分辨率——方位分辨率 P_a（也称沿迹分辨率）为

$$P_a = \beta \times R \tag{8-3}$$

$$\beta = \lambda / D \tag{8-4}$$

式中，β 为波束宽度（通常作为雷达角度分辨率的量度）；R 为天线到该像元的倾斜距离；λ 为天线辐射电磁波波长；D 为天线长度。由公式可知，天线孔径越大，D 越大，波长 λ 越短，方位分辨率越高。

3. 合成孔径雷达成像原理

合成孔径雷达（SAR）与侧视雷达类似，也是在飞机或卫星平台上由传感器向与飞行方向垂直的侧面发射信号。所不同的是将发射和接收天线分成许多小单元，每一单元发射和接收信号的时刻不同。由于天线位置不同，记录的回波相位和强度都不同。合成孔径雷达是一种高分辨率成像雷达，可以在能见度极低的气象条件下得到类似光学照相的高分辨雷达图像。合成孔径雷达利用雷达与目标的相对运动，把尺寸较小的真实天线孔径用数据处理的方法合成一较大的等效天线孔径的雷达，也称综合孔径雷达。合成孔径雷达的特点是分辨率高，能全天候工作，并有效地识别伪装和穿透掩盖物。所得到的高方位分辨率相当于一个大孔径天线所能提供的方位分辨力。且由于照射源可控，可以采用不同的系统参数，如频率、极化方式、入射角，以及干涉相位等，满足不同应用需求，较为全面地描绘或区分不同的目标特征。

SAR 在运动过程中不断发射电磁脉冲，同时接收目标散射回波，与真实孔径不同的是，SAR 通过孔径的合成改进了方位向分辨率。由上节内容可知，真实孔径雷达天线孔径 D 越大，对目标的分辨率越高。但实际应用中，不可能无限制地增大天线尺寸，因而真实孔径雷达的目标分辨率非常有限。此外，雷达方位向分辨率 ρ_a 正比于 R，对于远距离的雷达目标分辨率会更差。

引入合成孔径的原理可以解决方位向分辨率的问题。合成孔径天线示意图如图 8.4 所示。回波信号经过不同空间传输延迟被各天线阵元接收，将各个阵元接收信号经过相位补偿后同相相加来实现对目标的聚焦。而 SAR 的天线阵元并不是物理意义上的存在，而是通过天线与目标间的相对移动而实现的。SAR 随着平台飞行周期性地发射信号，可以认为雷达发射信号的空间位置在方位向排成一个线阵，阵元为雷达真实小天线。形成合成孔径的基本条件为：真实小天线相对于目标运动，发射并记录相干电磁波，接收电磁波经过适当的信号处理，实现同一目标回波信号的同相叠加。

设雷达以速度 v_s 平行于地面运动，发射信号的脉冲重复频率为 P_{rf}。当雷达天线在图 8.4a 处时，天线波束的前沿正好到达目标；在 b 处时，天线中心与目标平行，此时天线与目标间的距离为最小值 R；在 c 处，天线波束的后沿到达目标，此后天线波束将离

开目标。由此可知，SAR 天线的最大等效长度 L_s 为

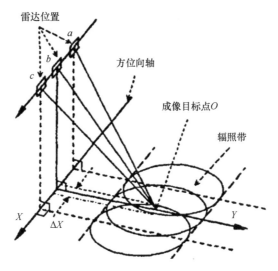

图 8.4　合成孔径雷达成像原理图（刘国祥，2004）

$$L_s = \frac{\lambda R}{D} \qquad (8\text{-}5)$$

等效波束宽度为

$$\beta_s = \frac{\lambda}{L_s} \qquad (8\text{-}6)$$

SAR 天线合成孔径的最大长度值决定于天线运动过程中所能接收到的来自同一个目标的回波信号的最大作用范围，等于其真实天线波束所能覆盖的方位向最大范围，对应合成孔径时间为

$$T_s = \frac{L_s}{v_s} \qquad (8\text{-}7)$$

对应的调频信号的发射脉冲个数为

$$N_s = P_{rf} T_s \qquad (8\text{-}8)$$

由于合成天线阵列的天线元属于收发共用天线元，电磁波在天线和目标间往返，引起方位向信号的双程相移，进一步锐化波束。SAR 方位向的空间分辨率为

$$\rho_s = \frac{1}{2}\beta_s R = \frac{\lambda R}{2L_s} = \frac{\lambda R}{2\dfrac{\lambda R}{D}} = \frac{D}{2} \qquad (8\text{-}9)$$

由以上公式可知，SAR 的方向位分辨率等于其实际天线孔径的一半，与波长和目标位置无关。在真实孔径雷达的情况下，方位分辨率却与波长和斜距有关。因此，SAR 可以大大减小方向位分辨率对目标环境依赖性，在任何高度、任何照射角都能获得一样的分辨率（梅安新等，2001）。

应该注意的是，这里所说的方位向的分辨率与雷达影像空间分辨率不是一个概念。

空间分辨率是指我们能够从雷达影像中直接分辨的地面最小空间范围尺寸,对于雷达图像来说,它包括距离分辨率和方位分辨率两个方面。理论上要获得高的空间分辨率,要求天线越长越好。实际上为获得适当清晰的影像,地面照射宽度、脉冲长度、天线尺寸、信号波长、脉冲发射频率等都会相互制约,不同的应用目的有不同的选择方式。

SAR和真实孔径雷达在距离向的成像分辨率完全相同。目前都是采用脉冲压缩技术实现距离向的高分辨率。常用的脉冲压缩技术是线性调频脉冲压缩和相位编码脉冲压缩,得到的距离分辨率 ρ_r 为

$$\rho_r = \frac{c}{2B} \tag{8-10}$$

式中,c 为光速;B 为是信号带宽,如 $B=150MHz$,$\rho_r=1m$。

4. 雷达影像特点

首先,从地物对雷达信号的响应来看,不同于可见光和红外光,地物对雷达微波的反射能力取决于本身的性质、形状,以及自身的介电常数。一般金属和各种良导体的反射能力强,这是由于导体中具有电子,微波可迫使这些自由电子做强烈的振动,使导电物体表面产生与探测波频率相同的交流电波,从而使地物获得了向周围空间再辐射的能力。而木质物体,如树木等,反射能力则很微弱。云雾、尘埃及大气空间所包含的自由电子都很少,因此,微波在大气中很少散射而能很好地透过。此外,由于微波具有极化特性,在垂直方向和在水平方向上的反射强度是不同的。微波反射还与地物的形状、大小有很大关系。所发射的波长越短,反射能力越强,发射波长大于物体的长度时,会产生绕射。表面光滑的地物产生镜面反射,表面粗糙的则产生漫反射。微波反射的这种特性,是利用雷达成像和判别不同地物的基础(梅安新等,2001)。

其次,合成孔径雷达影像的每个像素不仅仅反映了地表微波的反射强度,即灰度值,还包含与雷达斜距有关的相位值。相位信息中不仅包含距离信息,也包含地面分辨单元内部诸地物的附加相位贡献。而后者表现出极大的随机性,因此一般被视为噪声。反射强度和相位值量可用一个复数形式($a+b \cdot i$)表达,即

$$a+b \cdot i = \sqrt{a^2+b^2}\, e^{i\varphi} \tag{8-11}$$

式中,$\sqrt{a^2+b^2}$ 为振幅,对应灰度信息,表达了反射强度;$\varphi = \dfrac{1}{\tan\left(\dfrac{b}{a}\right)}$,为相位值。因此 SAR 影像又被称为复数影像。振幅越大,表示地表的反射强度越大。反射强度的大小取决于雷达侧视角度、雷达波长、雷达的极化方式、表面朝向、表面粗糙度等因素。例如,平静的湖面在雷达灰度图像中呈全黑色,而城市则呈现为亮区域。

从像素信息量看,SAR 影像比可见光遥感影像要丰富,因可见光遥感影像的每个像素仅包含灰度信息。而从视觉效果看,SAR 灰度影像受噪声影响而不如可见光遥感影像清晰。如图 8.5 所示的雷达影像上,这种斑点噪声效应是无法避免的,因此,要想获得好的视觉效果,一般会进行平滑处理,牺牲分辨率提高信噪比(刘国祥,2004)。

图 8.5　雷达影像上的噪声（光斑）

　　此外，由于常用的雷达传感器多为侧视雷达，雷达影像的方向分辨率与雷达波入射角有关（入射角小时，分辨率较高），且雷达成像的先后顺序取决于不同地形起伏地表反射雷达回波的到达先后顺序，故雷达图像常常存在变形或者移位，如图 8.6 所示。雷达变形像片上呈正方形的田块，在雷达图像上往往被压缩成菱形或长方形，这种变形称为斜距向几何畸变；有地形起伏时，背向雷达的斜坡往往照不到，产生阴影（shadow）；因为雷达图像是根据天线对目标物的射程远近记录在图像上的，故近射程的地面部分在图像上被压缩，而远射程的地面部分则延长；有地形起伏时，面向雷达一侧的斜坡在图像上被压缩，而另一侧则延长，由于前坡被压缩，导致前坡的能量集中，显得比后坡亮，这种现象被称为透视收缩（foreshortening）；观测角度进一步减小时，斜坡顶部反射的信号比底部反射的信号提前到达雷达，在图像上显示顶部与底部颠倒，这种现象被称为

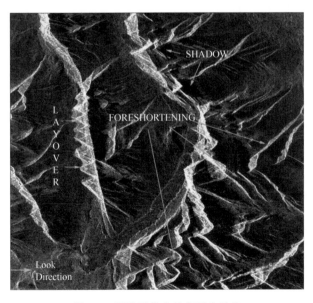

图 8.6　雷达影像上的变形和移位

顶底位移（layover）。正是由于雷达影像具有上述特殊的特点，在雷达图像的处理和分析与常规的可见光及红外影像也略有不同，这些在雷达影像地学应用中要加以注意。

8.1.3　干涉雷达技术

合成孔径雷达干涉测量技术（InSAR）是 20 世纪后期发展起来的新方法。InSAR 的基本原理是通过雷达卫星在相邻重复轨道上对同一地区进行两次成像，可以得到同一目标区域成像的 SAR 复图像对，若复图像对之间存在相干条件，SAR 复图像对共轭相乘可以得到干涉图（Interferogram，如图 8.7、彩图 8.7 所示），根据干涉图的相位值，得出两次成像中微波的路程差，这种处理就叫做干涉处理，根据干涉处理结果从而可以计算出目标地区的地形、地貌，以及表面的微小变化，解算并获取地形高程数据。

图 8.7　世界上第一幅 SAR 干涉图
（来源：百度图片）

InSAR 技术可以获取全球空前丰富的地表变化信息，目前该方法应用于地形测量（建立数字化高程 DEM）、地面形变监测（如地震形变、地面沉降、活动构造、滑坡和冰川运动监测）及火山活动等方面（张拴宏和纪占胜，2004）。

1. 合成孔径雷达干涉成像

SAR 传感器接收回波信号经过信号处理后提供给人们的是单视复图像数据（single looking complex，即 SLC 产品），SAR 干涉就是根据雷达复信号数据，提取地面三维信息。雷达复信号数据的实部（R_e）与虚部（I_m）包含了信号的振幅（a）与相位信息（φ）：

$$a = \arctan\left(\frac{I_m}{R_e}\right) \tag{8-12}$$

$$\varphi = \sqrt{I_{m}^{2} + R_{e}^{2}} \tag{8-13}$$

合成孔径雷达干涉（InSAR）就是将两个雷达信号组合，两幅雷达影像的相位差形成一幅干涉图，其中的干涉条纹表达 $0 \sim 2\pi$ 的相位值。

2. 合成孔径雷达干涉测量原理

如图 8.8 所示，S_1 和 S_2 分别表示两幅天线的位置，它们之间的距离用基线距 B 表示，基线与水平方向的夹角为 α，基线可分解为沿斜距方向的分量 $B_\parallel$ 和垂直于斜距方向的分量 $B_\perp$，H_i 表示卫星 S_i 的高度，θ_i 表示卫星 S_i 的入射角，R_i 表示卫星到地面上一点的斜距，其中 $i = 1, 2$，分别对应于卫星 S_1 和卫星 S_2，地面上点的高程用 Z 表示。另外假设 $R_2 = R_1 + \Delta R$。

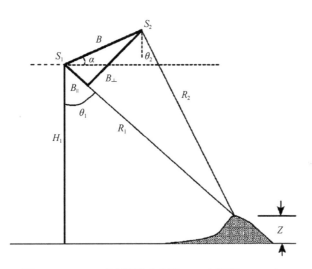

图 8.8　InSAR 干涉测量示意图（王志勇等，2007）

若不考虑散射特性引起的随机相位，则接收信号的相位只与传播路径有关，可表示为

$$\varphi_1 = -\frac{4\pi}{\lambda} R_1, \quad \varphi_2 = -\frac{4\pi}{\lambda}(R_1 + \Delta R) \tag{8-14}$$

则干涉图的相位就只与信号的路径差有关：

$$\varphi = \varphi_1 - \varphi_2 = \frac{4\pi}{\lambda} \Delta R \tag{8-15}$$

在图 8.8 中由余弦定理，可得

$$\sin(\theta_1 - \alpha) = \frac{R_1^2 + B^2 - R_2^2}{2R_1 B} = \frac{(R_1 + R_2)(R_1 - R_2)}{2R_1 B} + \frac{B}{2R_1} \approx -\frac{\Delta R}{B} + \frac{B}{2R_1} \tag{8-16}$$

对于星载雷达系统，通常雷达基线相对于雷达至成像点的距离小得多，即 $B \ll R_1$，再由式（8-13）可得

$$\theta_1 = \alpha - \arcsin\left[\frac{\lambda\varphi}{4\pi B}\right] \tag{8-17}$$

$$Z = H_1 - R_1\cos\theta_1 \tag{8-18}$$

式（8-17）和式（8-18）揭示了干涉相位差 φ 与高程 Z 之间的数学关系，若已知天线的位置参数和雷达成像的系统参数等，就可以从 φ 计算出地面的高程值 Z。

3. 合成孔径雷达差分干涉原理

合成孔径雷达差分干涉技术（differential intereferometric SAR，D-InSAR）属于干涉 SAR 的高级处理技术，应用差分干涉 SAR 可以监测地表的微小形变（波长级），对于研究精密大地测量、地震学、火山监测等都有重要的意义。SAR 差分干涉原理的几何示意图见图 8.9，轨道方向向里，即该图表示距离向平面图，所有角度按逆时针方向定义。地面点 P 位于椭球面高度 h，P_0 为 P 在椭球面的投影（即 $h=0$），相应的侧视角为 θ_0；$\theta=\theta_0+\delta\theta$。假设 1 与 2 这对影像地面无任何形变，无大气影响，无任何误差，称之为地形对（topo-pair）；而 1 与 3 之间存在形变，称之为形变对（defo-pair）。

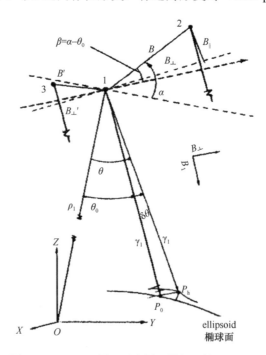

图 8.9　D-InSAR 原理示意图（游新兆等，2002）

对于地形对，基线的垂直与水平分量分别为：$B_{\perp 0} = B\cos(\theta_0 - \alpha)$ 和 $B_{\parallel 0} = B\sin(\theta_0 - \alpha)$，干涉相位为 $\varphi = -\dfrac{4\pi}{\lambda}B_{\parallel}$，改正到椭球面：

$$\varphi = -\frac{4\pi}{\lambda}\left(B_{\parallel}' - \Delta r\right) \tag{8-19}$$

对于形变对，假设在雷达视线方向（距离）形变量为 Δr，可表达为 $\Delta r = -\dfrac{4\pi}{\lambda}\varphi_{\Delta r}$，

$\varphi_{\Delta r}$ 为形变引起的相位。形变对的干涉相位为

$$\varphi' = -\frac{4\pi}{\lambda}\left(B'_{\parallel} - \Delta r\right) \tag{8-20}$$

根据图 8.9 所示的 D-InSAR 几何，可以导出形变 Δr 引起的 $\varphi_{\Delta r}$：

$$\varphi_{\Delta r} = \varphi' - \frac{B'_{\parallel 0}}{B'_{\parallel 0}}\varphi \tag{8-21}$$

这是利用 3 幅单视复图像（即 3 圈）数据提取地形变量的一个非常重要的公式，通过两幅干涉图垂直基线之比，便能提取地形变干涉条纹，无需解算 θ 值。要注意前面的假设，地形对无任何形变。

如果研究区域已有足够高精度的 DEM，$\varphi_{\Delta r}$ 可通过 DEM 数据、SAR 成像几何和轨道数据模拟合成，能直接从 2 幅单视复图像提取地形变信息。

8.1.4　基于 SAR 差分干涉技术的地表沉降监测实例

地表沉降是在自然因素和人为因素的共同作用下，由于地壳表层土体压缩而导致的区域性地面标高缓慢下沉的一种环境地质现象，是地质环境系统破坏所导致的恶果（郑铣鑫等，2002），严重时可发展为地质灾害。

传统的测量手段往往无法进行建筑物表面的大面积实测；GPS 观测手段在地形复杂且植被复杂的环境下，同样也难达到理想的监测精度；地面扫描方法受到遥测距离限制，以及复杂的数据处理过程，无法获得变形的实时分析结果。而合成孔径雷达干涉及其差分技术以其全天候高精度的连续观测和远距离高分辨率的监测能力，在大型工程监测、边坡监测、地表沉降监测等领域得到了广泛的应用。

然而，虽然 D-InSAR 以其覆盖面积广，时间、空间分辨率高等特点为地表沉降监测提供了有效的手段，但也存在一定的缺点，如"时间去相关性"使得雷达图像干涉性随时间跨度增大而减小，此外，大气相位延迟也对测量精度有较大影响。姚国清和母景琴（2008）将时间序列分析方法引入到差分干涉测量技术中，并和永久散射体技术（permanent scatterers technique，PS 技术）（Ferretti et al.，2001）相结合，提出一种基于相位稳定点（PS 点）的差分干涉时间序列分析方法。以干涉图上两个较近 PS 点的相位差为研究对象，可避免时间去相干（在成像时间间隔内，由于气象因素等影响，地物几何或散射响应发生了变化）因素的影响，而结合时间序列分析方法后，不仅需要的影像数据减小一半，也可以大大降低大气相位延迟对差分干涉处理的影响，具体技术路线见图 8.10。

利用该方法监测天津地区地表沉降情况，得到了天津地区地面沉降数据和沉降分布图。地面沉降监测流程图具体步骤如下。

（1）数据预处理。选择 2004 年 3 月至 2005 年 9 月的 8 景天津地区 ENVISAT 雷达原始图像数据，以 2004 年 8 月 27 日的影像为主影像，对其进行图像几何精校正处理，

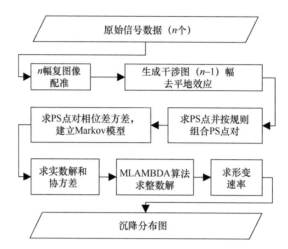

图 8.10 基于干涉雷达时间序列分析的地表沉降监测方法（姚国清和母景琴，2008）

为保持计算用 PS 点的相位特性，对图像不做滤波处理，经过精确配准和干涉得到 7 个干涉相位图，同样对干涉图也未进行滤波处理，但要进行去平地效应，消除地球椭球面本身的相位特性。

（2）求取 PS 点对。在 8 景原始图像上利用时间域上的 DA 方法求 PS 点，当阈值条件取 DA<0.25 时，获得天津地区所有 PS 点的数量为 2786445 个，为了更加有效的计算，仅取幅度值最大的前 2%用于实验，个数为 55728，其分布如图 8.11（彩图 8.11）所示。

图 8.11 天津地区 ENVISAT 雷达图像上的 PS 点分布图（姚国清和母景琴，2008）

（3）求沉降速率。根据时间序列分析算法经计算得到点对所在位置的沉降速率。具体做法主要是对干涉图上 PS 点对相位差求均值和方差，然后建立高斯-马尔可夫模型，对其进行求解，利用 MLAMBDA 算法求最优的整周相位模糊度，即可得到形变速率。

从求得的数据看，沉降主要集中在全区范围内几处明显的沉降点，天津城区北部的大毕庄镇、廊坊市区、王庆坨、胜芳镇、左各庄镇、津南区等 6 个沉降区域最为典型。限于篇幅，表 8.1 仅列举了天津市大毕庄镇部分沉降速率数据。

表 8.1　天津市大毕庄镇时间序列分析地面沉降监测结果

监测位置	监测点		监测点		地面沉降速率 / (mm·a^{-1})
	X 坐标	Y 坐标	X 坐标	Y 坐标	
大毕庄镇	9502	2069	9503	2074	14.1
	9815	2083	9823	2080	22.1
	10005	2108	10013	2105	70.4
	10021	2088	10027	2089	47.4
	10341	2135	10351	2132	36.3
	10398	2121	10404	2124	18.6

注：mm·a^{-1} 为地面沉降速率，以年（a）为计时单位。

（4）成图。为了展示宏观的沉降分布情况，将获得的所有实验结果数据经过网格化处理，然后再进行图形化显示得到天津地区沉降情况分布图，如图 8.12（彩图 8.12）所示。从该分布图可以看出天津地区地面沉降分布情况。

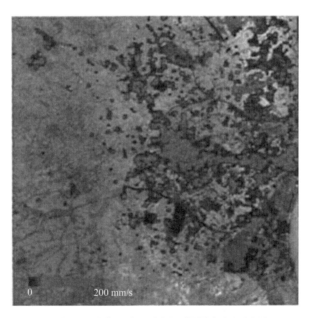

图 8.12　天津地区地表沉降分布图（姚国清和母景琴，2008）

实验结果显示，用时间序列分析方法得到的监测结果与几处明显沉降区的沉降量十分吻合，证明该方法能够得到比较精确的地面沉降监测结果，是一种可行并且有效的地面形变监测手段。同时，用 INSAR 及 D-INSAR 进行地面形变监测还有如下优点（张拴宏和纪占胜，2004；邹积亭和刘运明，2009）。

（1）覆盖范围广，方便迅速；

（2）成本低，不需要建立监测网；

（3）空间分辨率高，可获得某一地区连续的地震形变信息；

（4）可以监测或识别出潜在或未知的地面形变信息；

（5）全天候，不受云层及昼夜影响。

因此，相对于传统的遥感测绘方式，InSAR 及 D-InSAR 不仅可以实现全天时、全天候对地观测，而且还可以透过地表和植被获取地表以下的信息，不仅是传统测量方法的有效补充，而且开拓了全新的观测方式和应用领域，成为未来三维测图与区域地表形变监测领域最具潜力的新技术之一。

8.2 激光雷达遥感技术

8.2.1 激光雷达的概念

传统的雷达是以微波和毫米波波段的电磁波为载波的雷达。激光雷达（LiDAR）是"激光探测和测距"（light detection and ranging）的简称，是以发射激光束探测目标的位置、速度等特征量的雷达系统。激光是光波波段电磁辐射，波长比微波和毫米波短得多。激光雷达以激光作为载波，可以用振幅、频率和相位来搭载信息，作为信息载体。该技术可以同步、快速、精确地获取空间三维坐标，再现客观事物实时、真实的形态特性，为快速获取空间信息提供了简单有效的手段。

根据雷达平台的不同，可将激光雷达分为星载激光雷达、机载激光雷达、地面激光雷达三类。按激光雷达功能分类可分为跟踪雷达、测速雷达、动目标指示雷达、成像雷达和差分吸收雷达等。

如图 8.13 所示，激光雷达和微波雷达并无本质区别，在原理上十分类似。激光雷达也由发射、接收和后置信号处理三部分和使此三部分协调工作的机构组成。

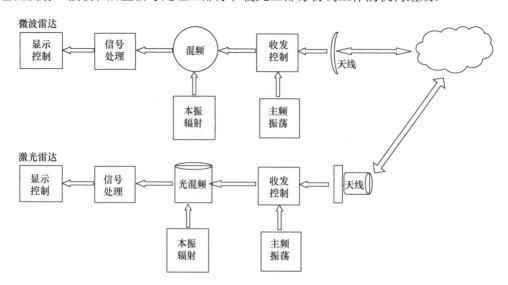

图 8.13　微波雷达和激光雷达探测原理的比较（戴永江，2002）

激光具有高亮度、低发散的特性。与微波雷达相比，激光雷达的优势在于速度分辨率高；有效绝对带宽很宽，可产生极窄脉冲，以实现高精度测距；抗有源干扰能力强、隐蔽性好，有利于对抗电子干扰和反隐身；低空探测性能好；体积小质量轻。

此外，激光光束发散角小，能量集中，探测灵敏度和分辨率高。多普勒频移大，可以探测从低速到高速的目标。天线和系统的尺寸可以做的很小。利用不同分子对特定波长的激光吸收、散射或荧光特性，可以探测不同的物质成分，这是激光雷达独有的特性。

而其缺点在于受天气和大气影响大，且由于激光雷达的波束极窄，在空间搜索目标非常困难，直接影响对非合作目标的截获概率和探测效率，只能在较小的范围内搜索、捕获目标，因而激光雷达较少单独直接应用于战场进行目标探测和搜索。

8.2.2　激光雷达系统工作原理

LiDAR 系统是一种集全球定位系统（global positioning system，GPS）、惯性导航系统（inertial navigation system，INS）和激光（laser）三种技术与一身的系统，可用于数据的获取并生成精确的 DEM。这三种技术的集合，可高度、准确、快速地定位激光束打在物体上的光斑的位置。激光本身具有非常准确的测距能力，其测距精度可达几个厘米，而 LiDAR 系统的精确度取决于激光、GPS 及惯性测量单元（inertial measurement unit，IMU）各自系统和三者同步等内在因素。随着 GPS 和 IMU 技术的快速发展，在移动平台上通过 LiDAR 获得高精度的数据已经获得成功并被广泛应用。

LiDAR 系统由一个单束窄带激光发射器和一个接收系统构成。激光发射器产生并发射一束光脉冲，打在物体上并反射回来，最终被接收器所接收。接收器能够准确地测量光脉冲从发射到被反射回来的传播时间。由于光脉冲以光速传播，所以接收器总会在下一个脉冲发出之前收到前一个被反射回的脉冲。光速是已知的，传播时间可以被转换为对距离的测量。结合从 GPS 得到的激光发射器的三维信息（X、Y、Z）和从 INS 得到的激光发射方向，我们可以准确地计算出每一个地面光斑点的坐标（x、y、z）。因为激光束发射的频率可以每秒从几个脉冲到几万个脉冲，所以 LiDAR 系统可以在短时间内获取大量的监测点信息。例如，一个频率为每秒一万次脉冲的系统，接收器将会在一分钟内记录六十万个点，这相对传统测量方法获取测量点数来说有不可比拟的优势（简程航，2013）。图 8.14 为激光雷达工作原理图。

系统中，激光被调制后作为信号光发射出去。它通过分束片和偏振片组成的光学系统和扫描系统来照明扫描区域。接受的激光回波信号，通过光学系统和激光干涉计等耦合到激光接收机的探测器。在探测器中，本振激光与目标的激光回波信号混频作为探测器的输出信号，由信号处理器进行信号处理。然后用户进行数据处理，提取有关目标位置、距离、速度和轮廓图像的信息。

激光雷达的工作原理可以采用一个方程进行描述，激光雷达向大气中发射激光，和大气中物质作用产生散射现象，通过望远镜收集射回波信号 $P(r)$，当距离为 r 时，$P(r)$ 的计算公式为（鲁芬和欧艺文，2016）。

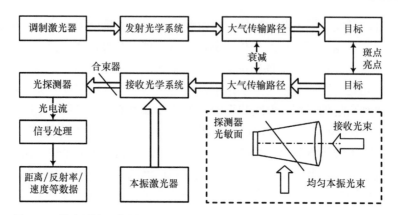

图 8.14 激光雷达工作原理图（http://www.docin.com/p-449275908.html）

$$P(r) = \frac{1}{2} P_0 Y(r) c r A_r r^2 \beta(r) T^2(r) \tag{8-22}$$

或

$$P(r) = \frac{1}{2} c E_0 Y(r) c r A_r r^{-2} \beta(r) T^2(r) \tag{8-23}$$

$$T(r) = \exp\left[-\int_0^r \sigma(r) \mathrm{d}r\right] \tag{8-24}$$

式中，c 为光速；P_0 为激光器发射的峰值功率；E_0 为发射的脉冲能量；$\sigma(r)$ 为消光系数。

当发射距离和接收距离相等时，激光雷达方程变为

$$V(r) = \frac{C E_r \beta(r) T^2(r)}{r^2} \tag{8-25}$$

式中，C 为校正因子。

由于分子和气溶胶的作用可以融合，上式又可变为

$$V(r) = \frac{C E_0 \left[\beta_a(r) + \beta_R(r)\right]}{r^2} T_a^2(r) T_R^2(r) \tag{8-26}$$

或

$$P(r) = \frac{1}{2} P c r^{-2} C E_0 \left[\beta_a(r) + \beta_R(r)\right] T_a^2(r) T_R^2(r) \tag{8-27}$$

式中，$T_a(r)$ 和 $T_R(r)$ 分别为分子和气溶胶的透过率。

射光电子数为 $N(r)$，那么与 $P(r)$ 之间的关系为

$$N(r) = \left(\frac{\eta\lambda}{hc}\right) P(r) \Delta t \tag{8-28}$$

式中，λ 为探测器的量子效率。

综合上式可得到大气回波信号光子数 N_S 为

$$N_S(r) = \frac{\eta\lambda}{hc} \times \frac{P_0}{r^2} K \beta(r) \exp\left[-\int_0^r \sigma(r) \mathrm{d}r\right] \tag{8-29}$$

激光雷达的接收机分为非相干和相干两种，非相干的能量接收方式主要是以脉冲计数为基础的测距雷达，相干接收方式是通过后置信号处理实现探测。图 8.15 表示了激光雷达的非相干和相干接收机工作原理上的差异。

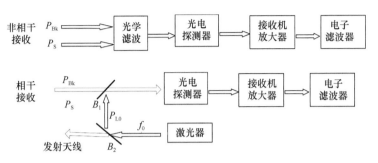

图 8.15　非相干接收机与相干接收机工作原理图（戴永江，2002）

非相干接收机除了信号光功率 P_S 以外，还包括背景光功率 P_{BK}。它是由太阳光和物体的自身辐射，物体对辐射的反射、漫反射和闪烁等引起的不必要的噪声信号在接收机非线性光探测器中变为电信号和被放大，经过匹配滤波器和其他抑制噪声的措施后，产生一个视频带宽的有效信号。在非相干探测模式下，激光雷达利用光电探测器将收到的激光回波直接转换为随时间变化的光电流或光功率。这种模式是利用强度调制，以及多种脉冲调制的激光信号搭载信息，而通过光电探测器实现直接的解调，获取所需的探测信息，所以又被称为直接探测（戴永江，2002）。由于激光回波中往往包含有较强的背景噪声（特别是白天探测），所以在接收光学系统中往往会加入滤光片。而激光回波本身的强度较弱，经过滤光片以后，信号功率进一步损失，所以在非相干探测模式下，直接接收微弱信号是很困难的，一般来说，光电探测器能探测到的光功率下限在 1~10nW。

相干探测模式主要解决的是微弱信号探测的问题，在该模式下，将含有噪声的微弱信号与另一路参考信号进行混合，并进行相关（相乘）积分（低通滤波）处理，利用有效信号与噪声不相关的原理消除噪声的影响，从而将有效信号检测出来，该模式可以有效提高信噪比。如图 8.15 所示，相干接收机中，除了激光器所发出的频率为 f_0 的信号光外还有经过光束分束器的本振光。信号光的回波和本振光一同耦合到光探测。除了接收到光信号光功率 P_S 外，还有本地震荡光功率 P_{L0}，它们一同与背景噪声项 P_{BK} 相竞争，结果就压抑了噪声。相干探测模式对激光光源要求较高，要求激光的准直、频率稳定性等，这种条件下光的相干条件较好，而且激光波长越短，越难以满足探测相干要求，因此通常情况下，一般使用长波的红外激光来实现相干探测。

8.2.3　激光雷达测量原理

激光扫描测量是通过激光扫描器和距离传感器来获取被测目标的表面形态。激光扫描器一般由激光发射器、接收器、时间计数器、微电脑等组成。激光脉冲发射器周期地驱动一激光二极管发射激光脉冲，然后由接收透镜接收目标表面后向反射信号，产生一接收信号，利用稳定的石英时钟对发射与接收时间差作计数，经由微电脑对测量资料进行内部微处理，显示或存储、输出距离和角度资料，并与距离传感器获取的数据相匹配，最后经过相应系统软件进行一系列处理，获取目标表面三维坐标数据，从而进行各种量算或建立立体模型。

在机载系统中，激光扫描测量系统与 DGPS 系统、INS 惯导系统，以及 CCD 数字相机集成在一起，激光扫描系统获得地面三维信息，DGPS 系统实现动态定位，INS 系统实现姿态参数的测定，CCD 相机获得地面影像。在地面测量系统中，将激光扫描测量系统搭载到固定平台上，从而使外方位元素中的角度参量及 Y_0 和 Z_0 均为定值（Z_0 为扫描器中心至参考水平面的距离），可在系统安装或集成时在实验室标定或在现场布设控制点一次性测定，简化测量和计算过程；X_0、s 和 θ 为变量。图 8.16 是激光扫描测量系统的工作原理和坐标系统（李清泉等，2000）。

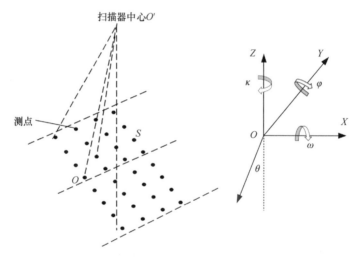

图 8.16   激光扫描测量系统坐标示意图（李清泉等，2000）

对于线扫描，在物方空间坐标系中，取扫描前进方向为 X 轴，Z 轴与天顶方向一致，扫描器激光发射中心 O 为原点，从而构成一个右手三维坐标系（图 8.16）。在此坐标系中，外方位元素为 $(X_0, Y_0, Z_0, \varphi, \omega, \kappa)$。地表面至扫描中心的距离 S 由激光扫描器测定，扫描线方向与 Z 轴夹角由速度传感器确定。对于每一脉冲有：$x = 0$，$y = -s \cdot \sin\theta$，$z = -s\cos\theta$。每一扫描点的空间坐标可按摄影测量原理中的共线方程计算：

$$\begin{bmatrix} X \\ Y \\ Z \end{bmatrix} = \begin{bmatrix} X_0 \\ Y_0 \\ Z_0 \end{bmatrix} + \begin{bmatrix} a_1 & a_2 & a_3 \\ b_1 & b_2 & b_3 \\ c_1 & c_2 & c_3 \end{bmatrix} \begin{bmatrix} 0 \\ -s \cdot \sin\theta \\ -s \cdot \cos\theta \end{bmatrix} \tag{8-30}$$

式中，$a_1 = \cos\varphi\cos\kappa - \sin\varphi\sin\omega\sin\kappa$；$a_2 = -\cos\varphi\sin\kappa - \sin\varphi\sin\omega\cos\kappa$；$a_3 = -\sin\varphi\cos\omega$；$b_1 = \cos\omega\sin\kappa$；$b_2 = \cos\omega\cos\kappa$；$b_3 = -\sin\omega$；$c_1 = \sin\varphi\cos\kappa + \cos\omega\sin\omega\sin\kappa$；$c_2 = -\sin\varphi\sin\kappa + \cos\omega\sin\omega\cos\kappa$；$c_3 = \cos\omega\cos\varphi$。

当观测值 $(X_0, Y_0, Z_0, \varphi, \omega, \kappa)$ 互相独立时，对式（8-30）微分，误差估算如下：

$$m_X^2 = a_{11}^2 m_{X_0}^2 + a_{12}^2 m_{Y_0}^2 + a_{13}^2 m_{Z_0}^2 + a_{14}^2 m_f^2 + a_{15}^2 m_\omega^2 + a_{16}^2 m_\kappa^2 + a_{17}^2 m_s^2 + a_{18}^2 m_\theta^2$$

$$m_Y^2 = a_{21}^2 m_{X_0}^2 + a_{22}^2 m_{Y_0}^2 + a_{23}^2 m_{Z_0}^2 + a_{24}^2 m_f^2 + a_{25}^2 m_\omega^2 + a_{26}^2 m_\kappa^2 + a_{27}^2 m_s^2 + a_{28}^2 m_\theta^2$$

$$m_Z^2 = a_{31}^2 m_{X_0}^2 + a_{32}^2 m_{Y_0}^2 + a_{33}^2 m_{Z_0}^2 + a_{34}^2 m_f^2 + a_{35}^2 m_\omega^2 + a_{36}^2 m_\kappa^2 + a_{37}^2 m_s^2 + a_{38}^2 m_\theta^2 \qquad (8\text{-}31)$$

式中，m_X、m_Y、m_Z 分别为 X 轴、Y 轴、Z 轴的方向中误差，且有：

$a_{11} = a_{22} = a_{33} = 1$；

$a_{12} = a_{13} = a_{21} = a_{23} = a_{24} = a_{31} = a_{32} = 0$；

$a_{14} = -s\{(\sin\varphi\sin\kappa - \cos\varphi\sin\omega\cos\kappa)\sin\theta - \cos\varphi\sin\omega\cos\theta\}$；

$a_{15} = -s\{(-\sin\varphi\cos\omega\cos\kappa)\sin\theta + \sin\varphi\sin\omega\cos\theta\}$；

$a_{16} = s\{(\cos\varphi\cos\kappa - \sin\varphi\sin\omega\sin\kappa)\sin\theta\}$；

$a_{17} = \{(\cos\varphi\sin\kappa + \sin\varphi\sin\omega\cos\kappa)\sin\theta + \sin\varphi\cos\omega\cos\theta\}$；

$a_{18} = s\{(\cos\varphi\sin\kappa + \sin\varphi\sin\omega\cos\kappa)\cos\theta - \sin\varphi\cos\omega\sin\theta\}$；

$a_{25} = s(\sin\omega\cos\kappa\sin\theta + \cos\omega\cos\theta)$；

$a_{26} = s\cos\omega\cos\kappa\sin\theta$；

$a_{27} = -(\cos\omega\cos\kappa\sin\theta - \sin\omega\cos\theta)$；

$a_{28} = -s(\cos\omega\cos\kappa\cos\theta + \sin\omega\sin\theta)$；

$a_{34} = s\{(\cos\varphi\sin\kappa + \sin\varphi\sin\omega\cos\kappa)\sin\theta + \sin\varphi\cos\omega\cos\theta\}$；

$a_{35} = -s(\cos\varphi\cos\omega\cos\kappa\sin\theta - \cos\varphi\sin\omega\cos\theta)$；

$a_{36} = s\{(\sin\varphi\cos\kappa + \cos\varphi\sin\omega\sin\kappa)\sin\theta\}$；

$a_{37} = \{(\sin\varphi\sin\kappa - \cos\varphi\sin\omega\cos\kappa)\sin\theta - \cos\varphi\cos\omega\cos\theta\}$；

$a_{38} = s\{(\sin\varphi\sin\kappa - \cos\varphi\sin\omega\cos\kappa)\cos\theta + \cos\varphi\cos\omega\sin\theta\}$。

从式（8-31）出发，定性分析系统的精度，可以得出：不同的扫描点有不同的定位精度，因为 8 个参数不可能同时相同；定位精度随角度 θ 的增加而减少，而且在 Y 方向的误差较大，这是因为角度 θ 的编码误差对定位的影响所致；距离增加时，精度降低，测距精度对 Z 轴有明显影响（李清泉等，2000）。

8.2.4　激光雷达数据处理流程

激光雷达获取的数据通常是无拓扑结构的空间离散坐标点集，通常称之为"点云"。这些点云数据包含了大量的粗差和系统误差，不能直接被使用。另外，所采集的点云数据包含了大量的冗余信息，这些冗余信息对后续的数据分析帮助不大甚至没有帮助，但却要占用大量的存储空间并耗费大量的运算时间。鉴于上述原因，数据分析前的预处理是必须的步骤（廖丽琼和罗德安，2004）。因点云数据的获取方式不同，其采样点的密度和精度也存在着差异，但对于这些点云数据的处理过程无显著差别。

以机载激光雷达数据处理为例，图 8.17 显示了具体的数据处理流程。

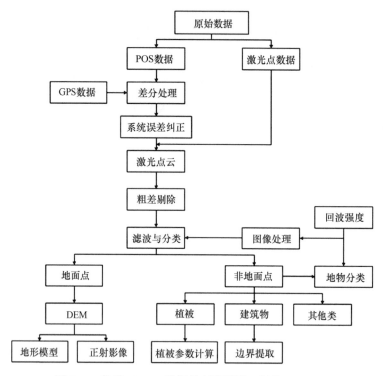

图 8.17　机载 LiDAR 数据处理流程图（彭莉，2015）

LiDAR 数据处理流程主要包括以下五个部分（廖丽琼和罗德安，2004；巩淑楠，2010；詹庆明和梁玉斌，2011）。

1. 剔除粗差

原始点云数据包含了大量的粗差、错误和无关信息。这些信息的产生原因是多方面的，如运动目标反射信号（如飞鸟或其他游离在激光雷达视场内的目标）产生的数据、局部的跳变数据（如低于地面的点）、前景遮挡数据，以及无回波信息的局部空洞（如激光穿透窗户或照射目标完全吸收了激光信号等情形）等。噪声点的存在会影响其他点云数据的浏览，也会影响对其他图层点云数据的提取。目前，已经有很多学者对粗差剔除方法进行了研究。Knorr 和 Ng（1998）提出了基于距离的方法进行异常值处理的概念，并进行了算法设计和实现。Jain 等（1999）应用基于聚类的方法进行 LiDAR 数据处理。Sithole（2001）应用基于密度的方法对机载 LiDAR 数据进行剔除粗差。这些粗差、错误或无关信息的修正和处理工作目前主要采用的是人工交互操作，利用仪器供应商提供的数据处理软件，在交互编辑环境下，实现粗差的剔除、与考察对象无关信息的剔除和系统性遗漏信息的弥补及修正。

2. 拼接模型

尽管激光雷达具有一定的穿透能力，和近景摄影一样，地面激光雷达的信息采集仍然存在前景遮挡后景现象。此外，要获取某对象的三维模型，往往需要环绕该对象设置多站，获取其不同视角下的点云数据。地面激光雷达直接输出的数据信息是基于该摄站坐标体系的局部坐标数据，为获得研究对象的整体三维模型，不同视角获取的点云数据必须借助于重叠信息并拼接融为一体，即将不同摄站的点云数据归并到某一个摄站坐标体系里去，这个过程即是所谓的模型拼接过程。在合并过程中，相邻重叠区域的取值有两种基本方式，取其中一个摄站的数据作为最后数据或是依据两个摄站的重叠区域数据重新采样。

3. 统一参考系

参考体系的统一是后续的数据处理和数据分析的前提。统一的方式主要有两种形式：归并到局部坐标系（如前面的模型拼接即为归并到某指定的摄站坐标系）和统一到某绝对坐标体系里（如投影到某城建坐标体系或国家坐标系中）。前一种方式根据重叠信息即可完成，后一种实际上是坐标投影变换。已知地面基站的精确 WGS-84 坐标和其在地方坐标系中的坐标，可以计算出两种坐标系间的转换参数。一般可采用七参数法（包括布尔莎模型、一步法模型、海尔曼特等）求出。另外 GPS 定位所提供的是以椭球面为基准的大地高，而实际所需要的是以大地水准面为基准的正常高，高程基准的转换可通过测区内若干已知正常高程的控制点拟合建立高程异常模型（当测区地形变化较大时应加地形改正）进行。

4. 点云滤波

点云滤波是利用滤波器或滤波算法滤去不感兴趣的数据的处理过程。通过点云滤波可滤去与目的无关的数据，保留有用数据，大大减少数据量，提高处理及分析效率。常用的滤波算法有动态轮廓算法（active contours）、规则化方法（regularization method）、逐层修改块最小值算法（hierarchical modified block minimum）、样条插值算法（spline interpolation）、渐进不规则三角网加密算法（progressive TIN densification）、逐层稳健插值方法（hierarchical robust interpolation）等。

图 8.18（a）的影像主要覆盖地势平坦的农田及房屋建筑。区块内主要地物为建筑、农田、树和低矮植被，整体地势起伏较小，地物表面高程与周围的地形在房屋边界和树边界表现较为明显。因此，设置初始格网大小为 50m，距离阈值为 1.5m，角度阈值为 4°。图 8.18（b）主要是各种类型房屋的聚集区域。主要的地物为房屋建筑，桥梁和部分植被，整体地形起伏较小，房屋边界高程突变较大。因此，设置初始格网大小为 100m，距离阈值为 1m，角度阈值为 4°。滤波前后对比如图 8.18 所示。

点云滤波器未来的研究方向在于引进其他数据源以改进滤波精度、研究能够评估滤波精度和效果的自检滤波器，以及能够对多种地物实现滤波和分类的算法。

5. 点云分割与自动识别

点云分割是点云数据的标记过程，经过标记后，属性相同或相近，且空间近邻的点

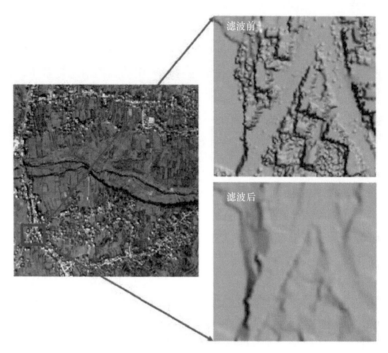

(a) 农田及房屋覆盖区

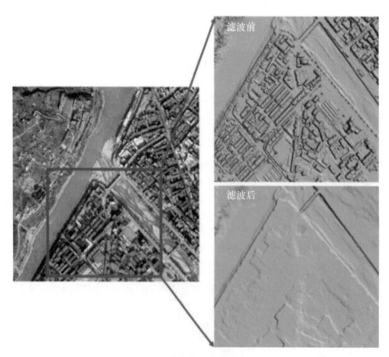

(b) 城市房屋建筑区

图 8.18　机载 LiDAR 数据滤波前后对比图（彭莉，2015）

被划分为一类。点云分割算法大致可以分为直接分割法和间接分割法。直接分割法是指利用 Hough 变换直接从点云数据中提取几何参数,在实现分割的同时获得地物的几何描述信息;间接分割法则是通过计算空间邻近度和几何导出值(如局部表面法向量和曲率),利用渐进算法(如基于聚类的分割法和区域增长算法)进行分割。基于聚类的分割法通过向量量化(vector quantization,VQ)技术把局部几何/辐射特征参数相似的数据归为一类。该算法首先定义扫描点的几何或辐射量测特征,在此基础上依据一定的规则对属于不同聚类的点进行分割。区域增长算法首先在点云中选取种子表面,基于空间近邻和几何相似性度量(法向量、坡度、曲率等)对事先确定的种子表面进行增长以实现点云数据的分割。

多数基于局部表面估计的分割算法的中心思想是将无结构的点云数据划归为空间离散的具有几何共性的面片,然而许多地物(如草、树叶)因为透射激光脉冲而无法在该框架下进行描述,因此需要研究更为通用的算法。机器视觉领域的研究人员通过谱分析方法统计离散扫描点的局部三维几何特征(点、线、面特征),在监督学习的框架下利用高斯混合模型(Gaussian mixture models,GMM)、马尔可夫随机场(Markov random field,MRF)等方法对点云识别进行建模,采用贝叶斯分类器和图切割等算法实现点云数据的自动分类识别。

针对基于点云数据的典型地物提取问题,国内外也进行了相关的研究。例如,针对建筑物点云分类问题,LiDAR 数据滤波后,所有的数据被分为地面点和非地面点,在地面点中往往包括地形信息、耕地等信息;在非地面点中包括建筑物、植被等信息。目前研究形成的建筑物分类方法可大致分为四种(彭莉,2015)。

1)基于纯 LiDAR 数据点的建筑物分类

当 LiDAR 数据中仅包含三维坐标信息(X,Y,Z)时,通常根据建筑物的几何特征来进行分类。德国波恩大学的 Brunn 和 Weidne(1997)提出了一种基于建筑物几何特征进行建筑物分类的方法。他们首先采用数学形态学算法进行滤波处理,从而生成 DSM 和 DEM;然后利用 DSM 和 DEM 作差,得到归一化的 DSM 值;再根据边缘几何信息,获得建筑物点。奥地利维也纳大学的 Rottensteiner 和 Briese(2002)提出一个分层内插的方法进行建筑物分类。首先,对 LiDAR 数据点进行滤波处理获得 DEM;然后,计算归一化的 DSM,并通过分析得到建筑物模板;最后,采用自上而下的方法,对建筑物模块进行曲率分割,从而生成多面体的建筑模型。尤红建和苏林(2005)提出基于统计的建筑物分类方法。首先采用曲面拟合计算出 DEM,然后生成归一化的 DSM,最后设置高差阈值判定为建筑物。

2)基于两次回波信息的建筑物分类

激光脉冲在遇到能穿透的物体时,会得到两次反射回波,通过计算两次回波的距离,测量到两次回波间的距离。如果遇到遮挡较大的物体,通常记录一次回波结果。对建筑物而言,它的临界部分通常包括两次回波,而在顶部等处易发生一次回波。对于两次回波数据,通过滤波可以去除大部分噪声数据,得到主要包含建筑物的区域,但还没有去除一些特殊的噪声，如浓密树木区的中心地带及其边缘区。Alharthy 和 Bethel（2002）对两次回波提取建筑物的方法进行了研究，他们根据局部方差的统计与分析，去除了树木等对建筑物的影响，根据渐近滤波的方法分类出建筑物点。黄先峰（2006）也对两次回波距离的纯激光测距点进行了研究，他根据扫描数据中包含的大量建筑物侧面及屋顶的信息，结合面片的拓扑关系，提取建筑物结果。

3）基于三维霍夫变换或 Delaunay 处理的建筑物分类

这种方法利用霍夫变换算法分类建筑物平面点，对点进行 Delaunay 三角网构建，并计算每个三角网的面积，再根据面积阈值进行建筑物分割。对分布不规则的点数据，荷兰代夫特大学的 Vosselman（1999）利用三维的霍夫变换，提取建筑物顶部的高度和方向信息。从不规则分布的"点云"中提取出屋顶面的信息（高度和方向），然后根据已知的建筑物平面轮廓进行三维模型重建。他认为建筑物可以被分割为规则的平面轮廓，然后再对这些平面进行霍夫变换分析点和初始面，从而得到拟合结果。此外为了避免在内插中信息失真，直接采用了密集的激光点来进行 Delaunay 三角网处理，再聚类分析得到建筑物的平面信息。最后连接分量，得到建筑物平面结果。

4）基于区域增长法的建筑物分类

该方法是将具有相似特征的像素集合起来构成目标区域。首先，选取种子像素，然后将种子进行相似性合并，最后重复增长直到结束。在实际应用中有三个问题待解决：代表性的种子像素选取、生长准则和停止条件。种子像素选取需要根据实际情况进行确定，增长准则依赖于本身与图像数据种类，一般的增长过程在无法搜索到满足准则像素时停止计算。

Morgan 和 Habil（2002）采用基于最小二乘平差的区域增长方法进行建筑物分类提取。首先将点进行增长，获得建筑物的外轮廓，判断其质量及有效性。然后用相邻平面轮廓来提取三维断裂线。最后应用形态学滤波方法来分割地面点和非地面点类型数据，从而分类出建筑物点。以上的研究集中在根据建筑物顶部为平面原则和其临界处高程变化明显等特征来进行建筑物点的分类，未考虑到建筑物在轮廓上的特征和其边界上的垂直变化。而等高线分割法综合考虑了建筑物轮廓和植被的轮廓特征，可根据其不同的形状特征将建筑物从植被中分离出来。

基于等高线的建筑物分类方法，既能考虑到建筑物的顶部突变特征，又能考虑到建筑物外部的轮廓特征，从而将其与植被区分开。以图 8.18 所示的研究区为例，设置屋顶最大容差阈值为 0.2m，植被最小阈值为 0.4m，地面偏移值为 3m，采用基于等高线的建筑物分类方法进行建筑物分类，分类结果如图 8.19 所示。

8.2.5　激光雷达应用

激光雷达技术与传统摄影测量技术相比，有很多的优点。例如，激光雷达具有数据密度高，采集数据点距可达到 0.15m 甚至更小，采集密度极大；数据精度高，激光具有

(a) 农田及房屋覆盖区建筑物提取结果

(b) 城市房屋建筑区建筑物提取结果

图 8.19　机载 LiDAR 数据建筑物分类结果图

极高的方向指向性，不受航测高度的影响；植被穿透能力强，可透过植被狭小的空隙，探测到被植被覆盖的地面真实地形；数据丰富，能采集到多种目标的信息，生成丰富的用途广泛的产品等。由于激光雷达能全天时对地观测，受地面背景、天空背景干扰小，分辨率和灵敏度高，可以快速、准确的获取物体的三维坐标及反射强度等信息，因此被广泛应用于环境监测、海洋探测、森林调查、地形测绘、深空探测、军事应用等方面（赵一鸣等，2014）。激光雷达典型应用包括调查监测、测绘建模和军事应用等几方面。

1. 测绘与三维建模

激光雷达测量精度要优于传统测量方法，所提供的地面点云数据，可详细反映出所测地物的立体形态，实现三维建模，满足高精度影像微分纠正的需要。图 8.20 分别为某地区滑坡群 2006 年和 2009 年的点云建模图，通过对比可以发现山体出现了细微的滑坡。同时，激光雷达真正实现了非接触式测量，减少了野外作业量，摆脱了数字摄影测量平台的限制，降低了地质测绘成本。

激光雷达技术也已经越来越广泛地应用于电力、石油管网、公路、铁路等大型工程测量中。工程初期，通过激光雷达对整个施工带域内的地势走向和植被分布进行探测，得到精确的三维数据。不但便于宏观立体式的规划设计，还可以对施工土方的面积、体积和砍伐树木的木材量准确估算，合理制订施工计划、调配施工资源。尤其在地形繁杂、

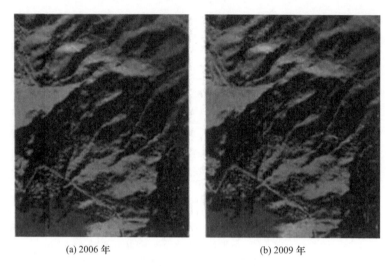

(a) 2006 年　　　　　　　　　　　　　(b) 2009 年

图 8.20　激光雷达监测山体滑坡不同年份对照图

地域跨度大，施工地区生活保障条件差、危险程度高等不适宜人工作业的情况下，更适宜使用激光雷达进行精确测量和分析。例如，尼日尔某原油管道施工工作中，沿线城镇少，可用交通资源不足，工程地域疾病频发，常有反政府武装袭击，为解决工程前期勘测难题，就采用了机载激光雷达进行勘测。激光雷达可以实时、准确地掌握目标地域的宏观场景和细节变化，也被应用在线路和管网巡检和维护中，利用高精度三维点云数据，分析查找细微变化，预先找到潜在事故点，极大地方便了维护管理和应急抢修。

　　在航天工程中，激光雷达以其质量轻、体积小、精度高的特点，为各国航天部门所关注，大力进行研发，在人类探索地外空间的进程中发挥了巨大作用。中国的嫦娥探月工程中就使用激光雷达对月球表面进行三维"扫描"，得到了月面的三维立体信息，为进一步探索月球做好了前期数据准备工作。"天宫"在与其他航天器空间交会对接过程中，使用激光雷达引导，调整速度、角度等方位参数完成对接；NASA 应用激光雷达研究自动着陆障碍避免技术，可以降低月球车的着陆风险；Sandia 国家实验室研制的无扫描成像激光雷达，能够快速检测航天器隔热层的受损程度；加拿大 Optech 公司利用激光雷达，对空间目标进行探测、定位、测距并获得目标三维信息，实现了对空间目标的有效监视。图 8.21 显示了利用星载激光雷达测量得到的月球高程图像。

图 8.21　利用星载激光雷达测量月球高程

数字城市建模领域，激光雷达在城市场景中更能体现其数据采集密度大、分辨率高，且不受阴影遮挡限制的优势。激光雷达数字地面模型 DEM 与 GIS 系统结合起来，可以将 2D 的数字城市"升级"为 3D 数字城市，更直观和真实地还原城市场景。因此，激光雷达被广泛应用于数字城市的三维建模、大型建筑物采样等大比例尺地物数据获取。利用点云数据对城市三维建模，可以进一步应用于道路、水电管网的立体化规划，通过专业软件对城市噪声分布、风场流向、热岛效应进行详细分析，以及城市灾害分析和抢险救灾指挥。在城市建设中，利用激光雷达数字地面模型与地理信息系统有机的结合，可以建立"数字城市"系统，并可对数据进行实时更新，极大地方便了城市的规划建设。激光雷达与航空摄影测量技术相比，机载激光雷达在表现对象几何特征上更加直接，在描述不连续变化上更具优势且自动化程度更高。图 8.22（彩图 8.22）显示了基于激光雷达点云数据的城市三维建模可视化显示结果。

图 8.22　基于激光雷达点云数据的城市三维建模可视化显示结果

图片来源：http://www.kepu.net.cn/gb/special/200912_03_xtcd/earth/radar-3-5.html

2. 林业调查

环境监控、森林土地管理、生物研究都需要及时准确地掌握森林植被信息。传统技术无法获取树高与森林密度值，激光雷达可以通过记录完整回波波形（大光斑 10～100m）反演出森林的垂直结构与生物量；或是记录少量的离散回波（小光斑 0.1～1m），利用高密度的激光点云数据，进行精确的单木高度估测。图 8.23 给出了利用点云数据进行地面及树冠高程识别图示，从而计算每株树木的高度值。

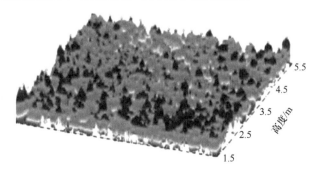

图 8.23　激光雷达测量林中单株树木树高

对于农作物和森林经营等资源来说，激光雷达技术能够精确地获取树木和林冠下地形地貌和农作物信息，因此在农业、林业调查与规划利用中，可以利用激光雷达数据，分析森林树木、农作物的覆盖率和面积，了解其疏密程度，以及不同树龄树木的情况、推算其数量，以便于人们对森林和农业进行合理规划和利用。

3. 水域监测

激光雷达已被用于海水深度测量、海浪波高观测及水下目标探测。激光雷达水深探测的基本原理如图 8.24 所示，根据激光雷达接收功率可以计算出海表和海底返回脉冲的时间间隔，结合光速则可计算出水深。对于水中目标探测来说，传统探测装置是声呐，根据声波的发射和接收方式，声呐可分为主动式和被动式，可对水中目标进行警戒、搜索、定性和跟踪。但它体积很大，重量一般在 600kg 以上，有的甚至达几十吨重。而激光雷达是利用机载蓝绿激光器发射和接收设备，通过发射大功率窄脉冲激光，探测海面下目标并进行分类，既简便精度又高。

同时，激光雷达对于河流、湖泊的水量监控和水患治理也有极其重要的作用，利用激光雷达产生的三角网高程三维模型，可直观显示洪水的覆盖范围，测算出水位淹没区域面积和水体体积，预测危害程度，采取有效措施进行救援。通过对比激光点云数据还可以监测海岸侵蚀情况。例如，在水利建设与监测中，由于激光雷达数据构成的三角网高程值可以用颜色赋值渲染，即可以用不同颜色表示不同高度的水位，对于水利测量、水灾评估都极有用处。

激光雷达也可用于对海水中浮游生物、透明度、盐度、水温、叶绿素浓度和油污染等数据进行精确测量。其中叶绿素浓度测量与估计海洋初级生产力、全球通量和众多海洋现象研究相关，是海洋学家最为关注的问题之一。图 8.25 显示了波长为 532nm 的激光发射到海水中，海水激发的典型光谱，而叶绿素分子在 685nm 处的荧光强弱与叶绿素浓度密切相关，因此可以通过记录叶绿素分子在 685nm 的荧光信号来获取叶绿素浓度信息。

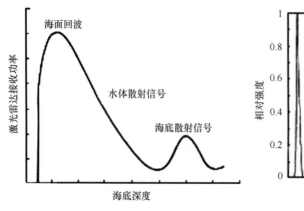

图 8.24   海洋激光雷达接收信号功率

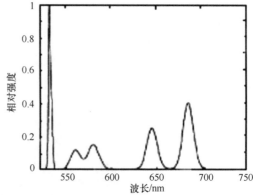

图 8.25   532nm 激光海水激发的典型光谱

4. 大气监测

激光雷达作为一种先进的大气和气象环境监测仪器，已经在大气探测和气象监测中广泛应用于大气温度、湿度、风速、能见度、云层高度、城市上空污染物浓度等的测量。激光雷达具有更高的时空分辨率，激光波长为微米量级时，可以实现对微粒目标探测，能够对大气的垂直结构和成分构成进行有效分析。通过对相应波段激光在大气气溶胶粒子、分子和原子中发生米氏散射、瑞利散射、拉曼散射、荧光散射，以及共振色散等效应的数据进行反演，可以为大气污染、大气边界层、空气分子分析等方面的深入研究提供可靠的数据依据。此外，激光雷达利用激光的多普勒效应，可以测量激光在大气传播中产生的多普勒频移，能够反演和预测空间风速分布信息。图 8.26 显示了用于监测空气质量的 3D 可视型激光雷达设备。

图 8.26   监测空气质量的 3D 可视型激光雷达设备
图片来源：http://news.mydrivers.com/1/457/457059.htm

5. 基础设施监测

在电力、通信网络建设与维护中，利用激光雷达的数据，可以了解整个线路设计区域的地形与地面上物的情况，以评估建设方案的可行性与建设成本；在线路发生灾难时，可以及时发现倒塌的部位，便于抢修和维护。激光雷达技术作为近年来航空遥感技术发展的一个重要里程碑，无疑代表着航空遥感技术未来的发展方向。而机载激光雷达优化选线技术自身的优势及未来电网工程施工、数字电网建设，以及运营维护等对三维空间信息的需求，都将使其成为未来电力优化选线技术的发展趋势，其在电网工程建设中必将具有很好的应用前景。图 8.27 显示了利用激光雷达系统监测电力线的结果。

在交通、输油气建设与维护中，激光雷达技术可以为公路、铁路设计提供高精度的地面高程模型（图 8.28），以方便线路设计和施工土方量的精确计算。另外激光雷达技术能够在为通信网络、油管、气管等线路设计提供很大的帮助。和常规的航空摄影测量相比，激光雷达技术在数据获取条件方面具有独特的优势：不会因阴影和太阳高度角而影响高程数据精度，不受航空高度的限制；获得地面的信息更丰富；产品更加多样化。激光雷达技术为遥感领域开辟了一种全新的数据获取手段，随着激光雷达技术在交通运输方面的广泛应用，它必将在我国的国民经济建设中发挥更大的作用。

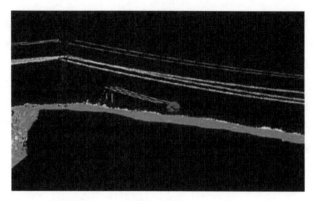

图 8.27　利用激光雷达系统监测电力线

图片来源：http://www.kepu.net.cn/gb/special/200912_03_xtcd/earth/radar-3-2.html

 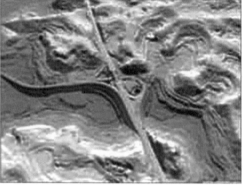

图 8.28　利用激光雷达系统监测道路

图片来源：http://www.kepu.net.cn/gb/special/200912_03_xtcd/earth/radar-3-3.html

6. 文物古迹数字化

目前，国内外部分文物保护单位为完善文物古迹的研究、修缮、传播手段，开始应用激光雷达采集文物古迹的三维数据，建立相关数据库，辅以计算机技术，实现珍贵文物的三维虚拟再现。图 8.29 为使用高精度测量激光雷达虚拟还原的恐龙骨骼化石三维模

图 8.29　利用激光雷达对文物 3D 建模

型。与实物文物的不可再生性不同，数字文物可以无限共享，更具传播意义。高精度的文物三维信息也使文物的修复和仿制工作变得更加容易。

7. 自动导航、障碍规避

激光雷达可以快速精确地获取环境的深度信息，抗干扰能力强，而且受环境变化的影响小，通过激光定向或全向扫描，能够采集大量的精确有效信息。基于激光雷达探测数据，应用聚类-拟合等相关算法识别目标特征，完成对道路的提取、障碍感知和临近目标的检测。激光雷达因分辨率高、成本低的优点，近年来在障碍物判断、路面识别、定位及导航等诸多方面得到广泛应用。2010 年，谷歌推出无人驾驶系统，在公路实测的 22.5 万 km 中，从未有过失控或造成人畜伤害的事故发生。

8. 军事领域应用

激光雷达具有无可替代的显著优点，其在民用领域的实际应用，很多都可以直接或间接用于军事用途。例如，激光雷达可以用于靶场测量、战场侦察、军用目标识别、火力控制、水下探测、局部风场测量等。而当基础材料、辐射材料、快速跟踪定位和成像技术等方面研究取得重大突破后，也必将首先应用于军事。

8.3　遥感三维信息获取技术发展前景

首先，在差分干涉雷达技术发展方面，在过去的三十多年里，已有的多颗 SAR 卫星（ERS-1、ERS-2、JERS-1、Radarsat-1）进行了许多成功的干涉应用，但这些 SAR 系统都不是专门针对 SAR 干涉测量应用。新一代 SAR 系统，ENVISAT、Radarsat-2 和 ALOS 都充分考虑了 SAR 干涉测量应用，因此丰富的 SAR 数据资源为开展最为深入和广泛的 D-InSAR 研究与应用提供了数据基础。因此，可以建立旨在长期监测活动地震带、火山和其他地表变化现象的专用航天任务，地表变化可测量到 1cm 或更高的精度。一方面，为了优化 D-InSAR 监测任务，可采用更长的雷达波长（如 L 波段，波长为 24cm），更宽的扫描带宽（100km 或更宽），更长的使用期限（3 年或更长），双天线（用同一轨道可获取高分辨率、高精度的地形数据），如果可能的话也应包括多种航天器（在重复观测周期内增加空间覆盖度）。另一方面，实现地表细微变化的 D-InSAR 测量也将进一步扩大其应用范围，如探测由于土地翻耕、掘松，以及压实而引起的厘米级的高程变化，监测区域的板块构造活动，极地冰块及其内部的细微移动和移动的变化，同时测定潮汐作用，监测湿地生态系统的土壤湿度、水文状态（如溢满与淹没程度），以及地面生物量的变化。可以预见，随着 SAR 系统的完善和 D-InSAR 技术的不断深入，D-InSAR 技术将在各个领域得到更多的应用（王超等，2002）。

其次，在激光雷达技术发展方面，近年来激光雷达系统中各种新的技术和新的体制的应用，使得激光雷达越来越多元化，如干涉雷达技术、被动微波合成孔径成像技术、三维成像技术，以及植物穿透性宽波段雷达技术会变得越来越重要，成为实现全天候对地观测的主要技术，大大提高环境资源的动态监测能力。激光雷达的发展为获取高时空分辨率的地球空间信息提供了一种全新的技术手段，提高了观测的精度和速度，使数据的获取和处理朝智能化和自动化方向发展。从激光雷达行业应用及服务的角度，伴随着激光雷达技术在我国的全面推广及相关技术的飞速发展，激光雷达技术门槛将大大降低，会使越来越多的用户使用激光雷达技术来获得所需的空间信息，从而创造更大的经济利益和社会效益。

此外，随着全息技术的不断发展与成熟，全息技术在三维信息获取与建模方面的发展也取得了巨大的成就。全息技术是一门正在蓬勃发展的光学分支，主要运用了光学原理，是一种不用透镜而用相干光干涉得到物体全部信息的二部成像技术，即利用激光的相干性原理，将物体对光的振幅和相位反射（或透射）同时记录在感光板上，也就是把物体反射光的所有信息全部记录下来，并能够再现出立体的三维图像。全息学的原理适用于各种形式的波动，如 X 射线、微波、声波、电子波等，只要这些波动在形成干涉花样时具有足够的相干性即可（于美文，1996）。

全息遥感技术是全息学的一个典型的应用。全息遥感技术亦称"全息遥感"，是一种利用光波的干涉记录被摄物体辐射（或透射）光波中信息（振幅、相位）的照相技术。全息遥感是通过一束参考光和被摄物体上反射的光叠加在感光片上产生干涉条纹而成。全息遥感不仅记录被摄物体（地物）反射光波的振幅（强度），而且还记录反射光波的相对相位（干涉条纹）。

目前，全息遥感技术家族中，除光学全息外，还发展了红外、微波和超声全息技术，这些全息技术在军事侦察和监视上有重要意义。众所周知，一般的雷达只能探测到目标方位、距离等，而全息照相则能给出目标的立体形象，这对于及时识别飞机、舰艇等有很大作用。但是由于可见光在大气或水中传播时衰减很快，在不良的气候下甚至于无法进行工作。为克服这个困难发展出红外、微波及超声全息技术，即用相干的红外光、微波及超声波拍摄全息照片，然后用可见光再现物象。超声全息照相能再现潜伏于水下物体的三维图样，因此可用来进行水下侦察和监视。由于对可见光不透明的物体，往往对超声波透明，因此超声全息可用于水下的军事行动探测，也可用于医疗透视以及工业无损检测等。

目前全息影像技术的应用领域主要在军事、地理、科学研究、媒介等领域，随着技术的成熟，今后实现全息技术民用化将会成为现实。全息遥感技术近年来已渗透到社会生活的各个领域并被广泛地应用于近代科学研究和工业生产中，特别是在现代测试、生物工程、医学、艺术、商业、安保及现代存储技术等方面已显示出特殊的优势。随着全息技术的快速发展，全息技术的产品正越来越多地走向市场、应用于现代生活中。

参 考 文 献

戴永江. 2002. 激光雷达原理. 北京: 国防工业出版社

巩淑楠, 陈云, 徐敏. 2010. 机载激光雷达数据处理方法的研究与应用. 测绘与空间地理信息, 33(5): 165-167

黄先锋. 2006. 利用机载 LiDAR 数据重建 3D 建筑物模型的关键技术研究. 武汉: 武汉大学博士学位论文

简程航. 2013. 浅谈激光雷达 LiDAR 的发展及应用. 城市建设理论研究, 36

李清泉, 李必军, 陈静. 2000. 激光雷达测量技术及其应用研究. 武汉测绘科技大学学报, 25(5): 87-392

廖丽琼, 罗德安. 2004. 地面激光雷达的数据处理及其精度分析. 四川测绘, 27(4): 153-155

刘国祥. 2004. SAR 成像原理与图像特征. 四川测绘, 27(3): 141-143

鲁芬, 欧艺文. 2016. 激光雷达数据的采集以及处理研究. 激光杂志, 37(9): 87-90

梅安新, 彭望琭, 秦其明. 2001. 遥感导论. 北京: 高等教育出版社

彭莉. 2015. 地基和机载激光雷达数据处理关键技术及应用研究. 成都: 电子科技大学硕士学位论文

王超, 张红, 于勇, 等. 2002. 雷达差分干涉测量. 地理学与国土研究, 18(3): 13-17

王志勇, 张继贤, 张永红. 2007. 从 InSAR 干涉测量提取 DEM. 测绘通报, 7: 27-30

姚国清, 母景琴. 2008. D-InSAR 技术在地面沉降监测中的应用. 地学前缘, 15(4): 239-243

尤红建, 苏林. 2005. 基于机载激光扫描数据提取建筑物的研究现状. 测绘科学, 5: 113-116

游新兆, 乔学军, 王琪, 等. 2002. 合成孔径雷达干涉测量原理与应用. 大地测量与地球动力学, 22(3): 109-116

于美文. 1996. 光全息学及其应用. 北京: 北京理工大学出版社

詹庆明, 梁玉斌. 2011. 激光雷达数据处理信息提取与应用. 地理信息世界, (2): 39-41

张拴宏, 纪占胜. 2004. 合成孔径雷达干涉测量(InSAR)在地面形变监测中的应用. 中国地质灾害与防治学报, 15(1): 112-117

赵一鸣, 李艳华, 商雅楠. 2014. 激光雷达的应用及发展趋势. 遥测遥控, 35(5): 4-21

郑铣鑫, 武强, 侯艳声, 等. 2002. 关于城市地面沉降研究的几个前沿问题. 地球学报, 23(3): 279-282

邹积亭, 刘运明. 2009. D—InSAR 在地面形变监测中的应用研究. 北京测绘, (2): 19-22

Alharthy A, Bethel J. 2002. Heuristic filtering and 3D feature extraction from LiDAR data. International Archives of Photogrammetry Remote Sensing and Spatial Information Sciences, 34(3/A): 29-34

Brunn A, Weidner U. 1997. Extracting buildings from digital surface models. In: IAPRS, 32: 3-4W2. Stuttgart

Ferretti A, Prati C, Rocca F. 2001. Permanent scatters in SAR interferometry. IEEE Transactions on Geoscience and Remote Sensing, 39(1): 8-20

Jain A K, Murty M N, Flynn P J. 1999. Data clustering: A review. Acm Computing Surveys, 31: 324-325

Knorr E M, Ng R T. 1998. Alogrithms for Mining Distance-Based Outliers in Large Datasets. San Francisco: Morgan Kaufmann

Morgan M, Habib A. 2002. Interpolation of LiDAR data and automatic building extraction. ACSM -ASPRS Annual conference proceedings ASPRS Annual conference proceedings ASPRS Annual conference proceedings , 432-441

Rottensteiner F, Briese C. 2002. A new method for building extraction in urban areas from highresolution LiDAR data. International Archives of Photogrammetry Remote Sensing and Spatial Information Sciences, 34(3/A): 295-301

Sithole G. 2001. Filtering of laser altimetry data using a slope adaptive filter. International Archives of Photogrammetry and Remote Sensing, 34: 203-210

Vosselman G. 1999. Building reconstruction using planar faces in very high density height data. International Archives of Photogrammetry and Remote Sensing, 32(2W5): 87-94

彩　　图

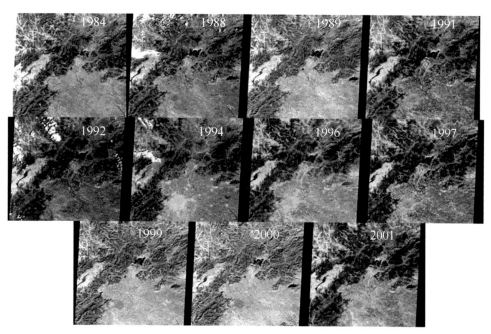

图 1.5　美国拉斯维加斯城市扩张过程（1984 ～ 2001 年，Landsat 影像）

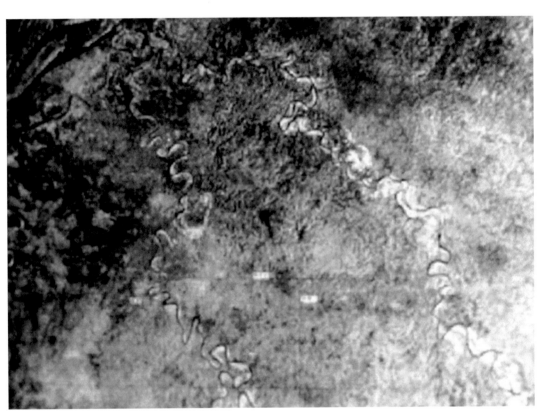

图 2.5   遥感影像上的霾状晕

(a) 灰度　　　　　　　　　　　　　　　　(b) 色彩

图 3.1　遥感影像的灰度和色彩

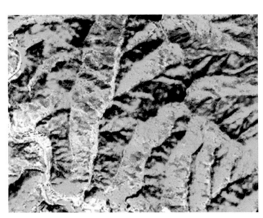

(a) 本影　　　　　　　　　　　　　　　　(b) 落影

图 3.4　遥感影像的本影和落影

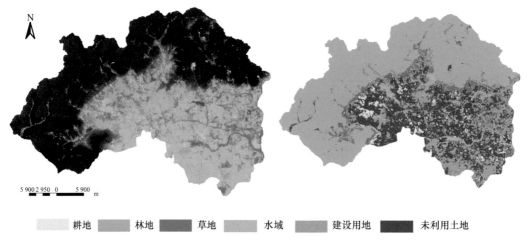

图 3.6　HJ-1B-CCD2 多光谱遥感影像分类（Ming et al.，2016）

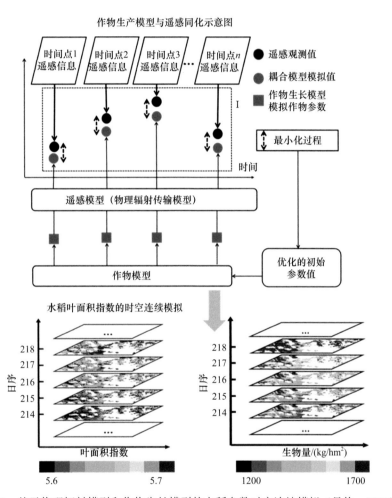

图 3.8　基于物理辐射模型和作物生长模型的水稻参数时空连续模拟（吴伶，2013）

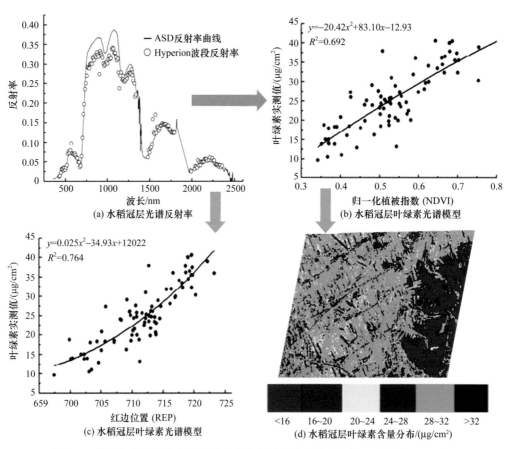

图 3.9　基于统计模型的水稻参数高光谱定量反演叶绿素含量（李婷等，2012）

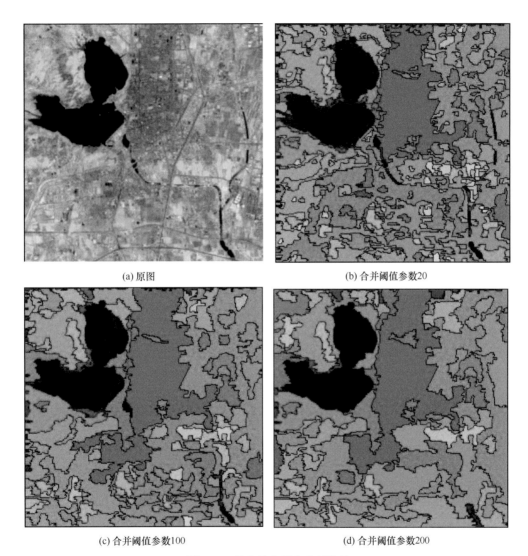

(a) 原图

(b) 合并阈值参数20

(c) 合并阈值参数100

(d) 合并阈值参数200

图 5.11　分水岭多尺度分割结果

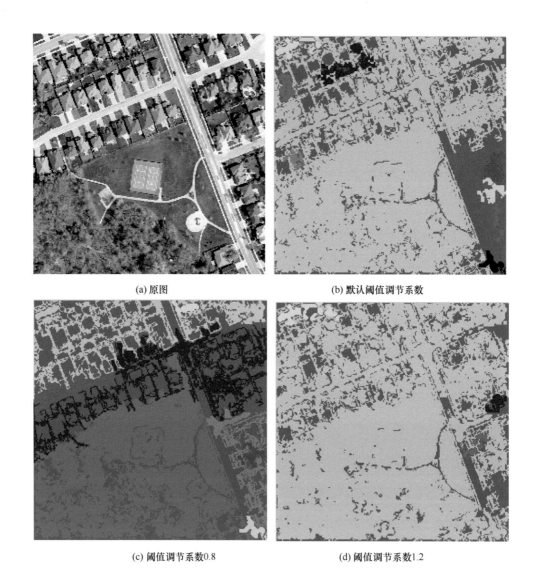

(a) 原图

(b) 默认阈值调节系数

(c) 阈值调节系数0.8

(d) 阈值调节系数1.2

图 5.12 区域生长多尺度分割结果

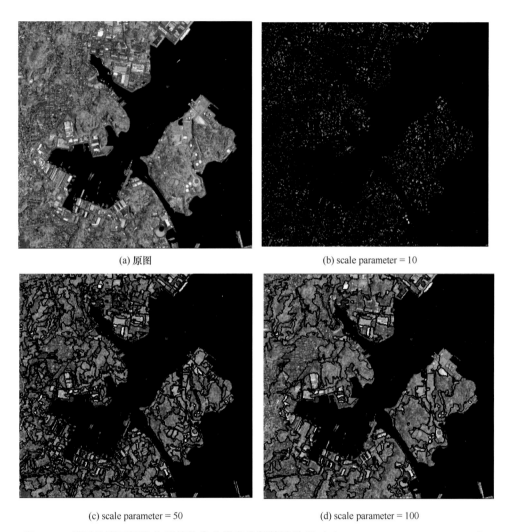

(a) 原图

(b) scale parameter = 10

(c) scale parameter = 50

(d) scale parameter = 100

图 5.13　基于分形网络进化思想的多分辨率分割算法结果（Shape：0.1；compactness：0.5）

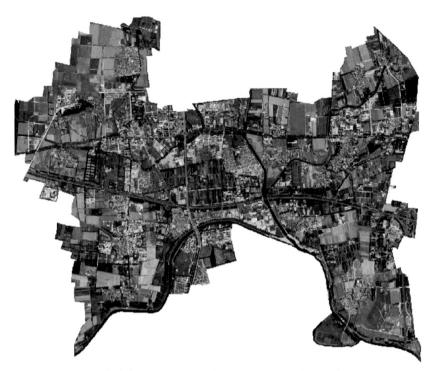

图 5.21　北京市昌平区小汤山镇 SPOT 5 融合影像（灰度显示）

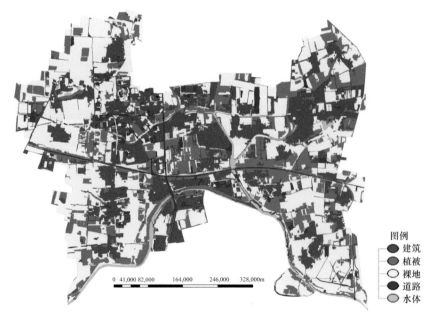

0　41,000 82,000　　164,000　　　246,000　　　328,000m

图例
- 建筑
- 植被
- 裸地
- 道路
- 水体

图 5.25　基于区域划分的面向对象分类结果图

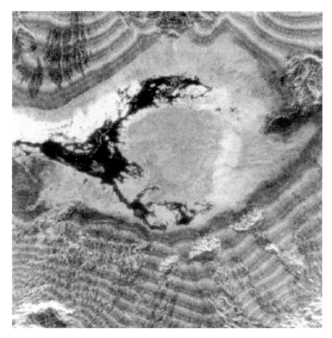

图 8.7　世界上第一幅 SAR 干涉图

（来源：百度图片）

图 8.11　天津地区 ENVISAT 雷达图像上的 PS 点分布图（姚国清和母景琴，2008）

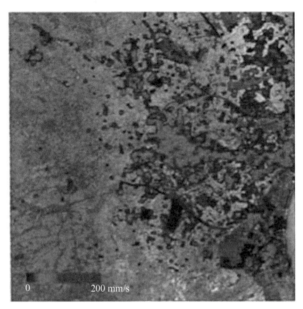

0   200 mm/s

图 8.12   天津地区地表沉降分布图（姚国清和母景琴，2008）

图 8.22   基于激光雷达点云数据的城市三维建模可视化显示结果

图片来源：http://www.kepu.net.cn/gb/special/200912_03_xtcd/earth/radar-3-5.html